嫦娥五号月球样品研究前沿与进展

(2022)

主　编　贺怀宇
副主编　柳　骊　何雨旸　魏　勇

科学出版社
北　京

内 容 简 介

2020年12月17日，嫦娥五号样品舱成功着陆内蒙古四子王旗，带回了1731 g月球样品，这是我国首次完成地外天体样品采集，也是人类44年来再次取回新的月球样品。2021年7月12日，国家航天局在中科院国家天文台举行嫦娥五号任务第一批月球科研样品发放仪式起，大量国内单位参与到了月球相关的科学研究中，并取得了大量成果。为宣传嫦娥五号的科研成果，在国内外期刊上发表过相关研究文章的作者将研究成果以中文介绍的形式呈现给读者。本书共集结了截至2023年1月的已发表文章51篇，均由一线研究人员撰写，力求准确详实、通俗易懂，向愿意了解月球研究的读者展示我国最新科研进展，提供第一手资料。

本书读者对象为相关方向科研、技术人员，管理人员，各大专院校相关专业师生，以及对月球科学感兴趣的普通读者。

图书在版编目(CIP)数据

嫦娥五号月球样品研究前沿与进展. 2022 / 贺怀宇主编. —北京：科学出版社，2024.1
ISBN 978-7-03-077074-5

Ⅰ. ①嫦⋯ Ⅱ. ①贺⋯ Ⅲ. ①月球探索–研究 Ⅳ. ①V1

中国国家版本馆 CIP 数据核字(2024)第 076972 号

责任编辑：孟美岑 韩 鹏 / 责任校对：王 瑞
责任印制：肖 兴 / 封面设计：北京图阅盛世

科学出版社 出版
北京东黄城根北街16号
邮政编码：100717
http://www.sciencep.com

北京中科印刷有限公司印刷
科学出版社发行 各地新华书店经销

*

2024年1月第 一 版　开本：787×1092　1/16
2024年1月第一次印刷　印张：14 3/4
字数：347 000

定价：199.00元
(如有印装质量问题，我社负责调换)

序

月球是地球唯一的天然卫星，也是人类探索太空的起点和中转站。1969 年，阿波罗 11 号飞船载着来自地球的客人——宇航员抵达月球，人类第一次在月球采集了 21.55 千克月球样品，并携带返回地球。随后，美国航空航天局又实施了五次载人登月和月球样品采集任务。六次载人登月任务共采集 82.9 千克月球样品返回地球。1970~1976 年，苏联实施了三次无人自动月球采样返回任务，共获得 380 克月球样品。通过对这些月球样品的研究，建立了月球撞击成因、月球岩浆洋和 39 亿年前陨石大规模撞击地月系统的假说，为太阳系形成演化、行星科学和早期地球演化研究做出了重大贡献。

2020 年，嫦娥五号任务首次实现地外天体采样返回，是我国迄今为止复杂程度最高、技术跨度最大的航天工程，也是世界上单次地外样品返回量最大的无人自动采样任务。通过对嫦娥五号月球样品的分析研究，科学领域不断产生令人惊喜的成果：人类首次发现了月表迄今最年轻的火山岩样品，将月球曾是内部动力活跃天体的寿命延长了 10 亿年；发现月球中纬度月壤中保存了高含量的太阳风成因水，为人类开发利用月球资源打开了一扇窗户；发现了月球上的新矿物，预示月球演化还有我们未知的新故事。这些新发现仅仅是嫦娥五号月球样品科学研究成就的一个小视角。尽管目前，我们只发放了嫦娥五号月球样品总量的 4.5%，但所取得的科学研究成就却涵盖了月球形成、演化、太空风化作用与机制以及资源利用等多个领域，还有更多的嫦娥五号月球样品等待科学家去探索与发现，我们相信该书的发表必将进一步推动我国月球与行星科学的发展。

嫦娥五号月球样品之所以能取得国内外广泛关注的科学成就，公平公正、科学理性分配月球样品是关键之一。早在月球样品返回之前，在探月与航天工程中心的支持下，由本书主编贺怀宇研究员牵头，组织国内相关领域的科研人员对美国阿波罗号月球样品、苏联月球号样品、日本小行星样品的申请评审、分配方式和成果产出进行了系统调研，与国内外科研人员进行了交流。通过深入调研进一步明确，国际上对地外样品的分配主要是由所在国航天主管部门参考专家委员会对科学问题的评议做出最终决定，其具体分配方式主要有按专业方向组建专门研究小组和自由申请两种。探月与航天工程中心根据我国行星科学研究基础比较薄弱的实际情况，制定了服务国家深空探测战略需求、促进行星科学发展和人才队伍建设的方针，目前主要是采用自由申请的分配办法。

对月球样品进行保存管理，也是保障科学研究产出的重要环节。为此，中国科学院国家天文台地面应用系统建设了国际先进的月球样品实验室，负责月球样品存储、初步分析与描述，形成了月球样品制备、存储、处理和分析的完整能力。

在广泛调研和多次研讨的基础上，2020 年 12 月 17 日，国家航天局发布了《月球样品管理办法》，规范了月球样品的保存、管理和使用。2021 年 3 月 29 日，国家航天局成立月球样品专家委员会，对用于科学研究的月球样品事项进行评议和咨询。2021 年 4 月，在完成样品初步分析与描述后，嫦娥五号月球样品面向全国开放科研借用申请。截至 2023 年 6 月，月球样品专家委员会已组织 6 次评审，共发放月球样品 77.7 克。

目前，嫦娥五号月球样品研究初步实现了服务我国深空探测需求、牵引我国月球与行星科学发展的目标。在科学方面，取得了一系列突破性的认识，推动了新技术的发展，刷新了人类对月球演化的认识；在学科和人才队伍建设方面，国内的地外样品研究团队由原来的几个发展到现在的一百多个；在国际合作方面，2023 年 11 月，嫦娥五号月球样品开放国际申请，多国科研人员积极申请。我们相信，嫦娥五号月球样品将为中国行星科学走向世界做出应有的贡献。

嫦娥五号工程实现了我国探月工程"绕、落、回"三步走战略的圆满收官，更重要的是，胡浩总师带领的工程技术团队，从立项开始就特别注重工程技术与科学研究协同发展。他们不仅在工程实施方面取得了一系列技术突破，而且多次组织科学研究团队对嫦娥五号探测器着陆区选址以及相关科学问题进行深入探讨。正是有了工程技术团队勇于创新和甘为人梯的无私奉献精神，才使得中国乃至世界行星科学家获得了重新认识月球演化历史的样品，每一位获得嫦娥五号月球样品的科研人员都应该感谢胡浩总师所带领的工程技术团队。

该书用简洁通俗的文笔汇集了嫦娥五号样品科学研究成果，既具有交叉学科研究的鲜明特色，也体现了工程技术与科学研究协同发展的创新魅力。我很高兴看到这本书问世，相信它能给航空航天、地球科学和行星科学等领域的读者以启迪。

是为序。

中国科学院院士
第一届月球样品专家委员会主任
2023 年 12 月 8 日

前　言

月球，是与地球共同演化了数十亿年的唯一的天然卫星，是人类走向深空的第一站。从"两弹一星"到"深空探测"，中国航天事业走出了一条自立自强的中国特色发展之路。2020年12月17日，嫦娥五号探测器成功携带1731克月球样品返回地球，自此，中国拥有了自己取回的地外天体样品。

为使珍贵的月球样品充分发挥其科研价值与社会效益，国家航天局颁布了《月球样品管理办法》，规范了月球样品的借用和使用；组建了月球样品专家委员会，对科研样品申请进行评议。中国科学院国家天文台地面应用系统团队经过近4个月准备，完成了对月球样品的解封、分类、分析、制备等工作，嫦娥五号月球科研样品于2021年4月正式对国内科研团队开放借用申请。截至2023年6月，国家航天局已经完成6批嫦娥五号月球科研样品的发放，累计向40家科研机构的114个科研团队发放月球样品258份，共计77.7克。

嫦娥五号月球样品自发放以来，已有70余项成果在 Science、Nature、National Science Review 等国内外重要学术期刊发表，主要涵盖月球样品玄武岩年代学和成因、月球样品物性/化性研究、太空风化研究、着陆区物质、撞击玻璃和撞击过程、月壤利用等方向，其中，很多成果引起了学术界广泛关注和高度评价，如：证实月球最"年轻"玄武岩年龄为20亿年；月表中纬度地区具有高含量的太阳风成因水；发现月球新矿物"嫦娥石"等。

月球样品研究吸引了地学、天文、物理、化学、生物等各学科研究者的广泛兴趣，推动了我国行星科学的发展，培养了行星科学研究的人才队伍，初步形成了科学、技术、工程融合创新发展的局面。这些研究成果来之不易，汇聚了国家战略的投入、工程技术人员的智慧和科研人员的心血。为了加强成果的交流与推广，让更多人了解嫦娥五号月球样品研究成果，在探月与航天工程中心和月球样品专家委员会的支持下，我们邀请2021~2022年产生成果的研究团队撰写了相关成果介绍，分为八大板块，共计51篇论文。本书力求通俗易懂，简明扼要，使读者可以快速全面了解当前嫦娥五号月球样品的研究进展。

随着更多研究团队的加入，研究工作的持续深入以及未来更多的国际合作研究，会有越来越多的高水平研究成果持续涌现。我们将继续做好成果整理，进一步扩大中国深空探测事业的影响力。

本书的编撰工作得以顺利完成，要感谢论文作者们的通力合作和全力支持，感谢月球样品专家委员会的悉心指导。最后，特别感谢国家航天局对月球样品研究和本书出版的大力支持！

编　者
2023年10月

目　　录

玄武岩年代学和成因

嫦娥五号玄武岩岩屑与玻璃球粒年代学研究 / 3

嫦娥五号样品揭示月球二十亿年前仍存在岩浆活动 / 8

嫦娥五号玄武岩月幔源区极"干" / 12

嫦娥五号年轻玄武岩的非克里普成因 / 16

嫦娥五号玄武岩揭开月球年轻火山成因之谜 / 20

橄榄石微量钛确定嫦娥五号玄武岩低钛属性 / 23

一个高钛玄武岩岩屑的矿物化学成分和三维断层成像研究 / 26

嫦娥五号月壤玄武岩岩屑的精细岩石学成因研究 / 29

嫦娥五号玄武岩的硫同位素组成及其对月幔源区的制约 / 33

嫦娥五号玄武岩磷灰石揭示岩浆氯同位素分馏 / 37

辉石冷却速率揭示嫦娥五号玄武质熔岩流规模 / 41

风暴洋克里普地体年轻月海玄武岩的矿物学和年代学特征 / 46

嫦娥五号玄武岩的 Fe-Mg 同位素研究 / 50

斜长石微量元素揭示嫦娥五号玄武岩成因 / 54

月壤物理化学性质

中子活化分析揭秘嫦娥五号月壤成分 / 59

嫦娥五号月球样品的尺寸、形貌与组成分析 / 62

嫦娥五号月壤的矿物组成和化学成分特征及其地质意义 / 66

嫦娥五号月壤样品的显微红外光谱研究 / 70

嫦娥五号月壤演化的拉曼光谱学新认识 / 74

嫦娥五号月壤化学成分揭示月球年轻玄武岩的起源和表生改造 / 77

嫦娥五号年轻月壤的成熟组分 / 81

基于嫦娥五号月球样品的月壤残余内摩擦角预测 / 85

太空风化作用

嫦娥五号样品的太空风化特征及形成机制 / 93

嫦娥五号月壤中铁橄榄石分解成因的纳米金属铁 / 96

嫦娥五号月壤中撞击诱导的共析反应成因磁铁矿 / 99

嫦娥五号月壤中蒸发沉积成因的蓝辉铜矿 / 103

嫦娥五号样品揭示月表中纬地区高含量的太阳风成因水 / 106

嫦娥五号样品揭示月壤矿物中高含量的 OH/H_2O / 109

撞击玻璃珠：月表太阳风成因水储库 / 112

嫦娥五号月壤的表面特征研究 / 115

嫦娥五号月壤微观形貌特征及其对太空风化的指示意义 / 121

月壤玻璃：捕获并保留月球上氦资源的关键物质 / 125

遥感和撞击坑定年

基于嫦娥五号样品的月球撞击坑年代函数优化 / 133

去偏的撞击坑密度揭示月球撞击体的通量和来源 / 137

嫦娥五号样品——月球遥感定量反演的新地面真值 / 142

新方法新技术

嫦娥五号月壤样品单颗粒分析工作流程图 / 149

嫦娥五号月壤单颗粒中铁价态的原位微区分析
——FIB、AES 和 TEM-EELS 联用技术 / 156

µXRF 与 3D XRM 联合无损技术鉴别和定量分析嫦娥五号月壤单颗粒中的钛铁矿 / 159

月壤热改造过程的透射电镜原位加热模拟实验研究方法 / 164

一种以极低的样品消耗同时测定嫦娥五号月壤粒度和矿物组成的新方法 / 168

嫦娥五号玄武岩存在显微尺度 K 同位素不均一性 / 172

着陆区外来物质

结合 TIMA-SEM-EPMA 技术首次在嫦娥五号角砾岩样品中定位并识别月球高地岩屑 / 179
硅酸盐液相不混溶作用对嫦娥五号月壤中年轻的高度演化岩屑成因的意义 / 183
嫦娥五号月壤中外来岩屑指示月球上仍存在未被认识的地质单元 / 187

撞击玻璃和撞击过程

嫦娥五号着陆区的成壤过程：来自撞击玻璃颗粒微观构造的启示 / 193
嫦娥五号月壤样品中赛石英和斯石英的发现 / 197
嫦娥五号撞击玻璃成分揭示撞击熔融和玄武岩成因 / 201
微陨石撞击对月壤的改造：嫦娥五号月壤中歧化反应成因的纳米相铁 / 204
月球表面普遍存在撞击成因的三价铁 / 208

月 壤 应 用

嫦娥五号月球土壤的地外光合作用 / 215
月壤原位资源利用用于高效地外燃料和氧气资源供给 / 221

玄武岩年代学和成因

嫦娥五号玄武岩岩屑与玻璃球粒年代学研究

车晓超[1,*]，龙涛[1]，Alexander Nemchin[1,2]，石玉若[1]，谢士稳[1]，刘敦一[1]

1. 中国地质科学院地质研究所，北京离子探针中心，北京 102206
2. School of Earth and Planetary Sciences, Curtin University, Perth, WA 6845
* 通讯作者：cxc@bjshrimp.cn

摘要

嫦娥五号采样着陆区位于月球风暴洋吕姆克山以东，处于月表最年轻的玄武岩单元。返回月壤样品的岩石、矿物、地球化学研究表明，嫦娥五号月壤主要来源为本地 EM4 玄武岩单元，也包含少量的外来物质。玻璃球粒的铀-铅年代学证据表明嫦娥五号月壤中至少记录了时间跨度从数个百万年至约 20 亿年的 17 组独立的撞击事件。月壤中玄武岩岩屑的铀-铅年龄约为 20 亿年，比美国"阿波罗（Apollo）"任务和苏联"月球（Luna）"任务返回样品以及已报道的月球陨石中记录的最年轻的岩浆事件年轻了约 8 亿～10 亿年。

亮点介绍

- Chang'e-5 Lunar soil appears to be mainly derived from a single underlying basaltic unit, but a few rarer exotic components observed in those samples may be linked to other types of mare basalts and non-mare lithologies.
- Chang'e-5 Glass beads have 17 statistically significant groups, ranging from 6 ± 3 Ma to 2139 ± 140 Ma.
- Chang'e-5 basalt was formed at about 2 billion years.

---

① 原文发表于 *Science*, 2021, 374: 887-890；*Science Advances*, 2022, 8(8): eabq2542。

嫦娥五号月壤样品粒径较细，绝大多数小于 5 μm（Li et al., 2021），本次研究对象为 CE5C0400 和 CE5C0000 月壤中大于 1 mm 的玄武岩岩屑、角砾岩岩屑、胶结玻璃（熔结碎屑）以及大于 25 μm 的玻璃球粒（图 1）。

玄武岩岩屑　　角砾岩岩屑　　胶结玻璃　　玻璃球粒

图 1　嫦娥五号样品 CE5C0400 中的玄武岩岩屑、角砾岩岩屑、胶结玻璃与玻璃球粒

电子探针结果表明，角砾岩、胶结玻璃与玄武岩岩屑中绝大多数矿物具有相似的地球化学组成，但角砾岩与胶结玻璃中少量岩石、矿物碎屑的组成与本地玄武岩（EM4）具有明显不同（Li et al., 2021；Che et al., 2021；Tian et al., 2021），与阿波罗高钛/低钛玄武岩、克里普玄武岩以及高地岩石相一致，表明嫦娥五号月壤中存在一定量的非本地月海玄武岩与非月海物质。215 颗玻璃球粒中大约有 80% 与本地玄武岩在化学成分上相似，20% 可能为外来（表现为高镁、高铝或低铝）（图 2，Long et al., 2022），高于角砾岩与胶结玻璃中外来物质的比例，表明玻璃球粒的飞行距离要大于矿物和岩屑。

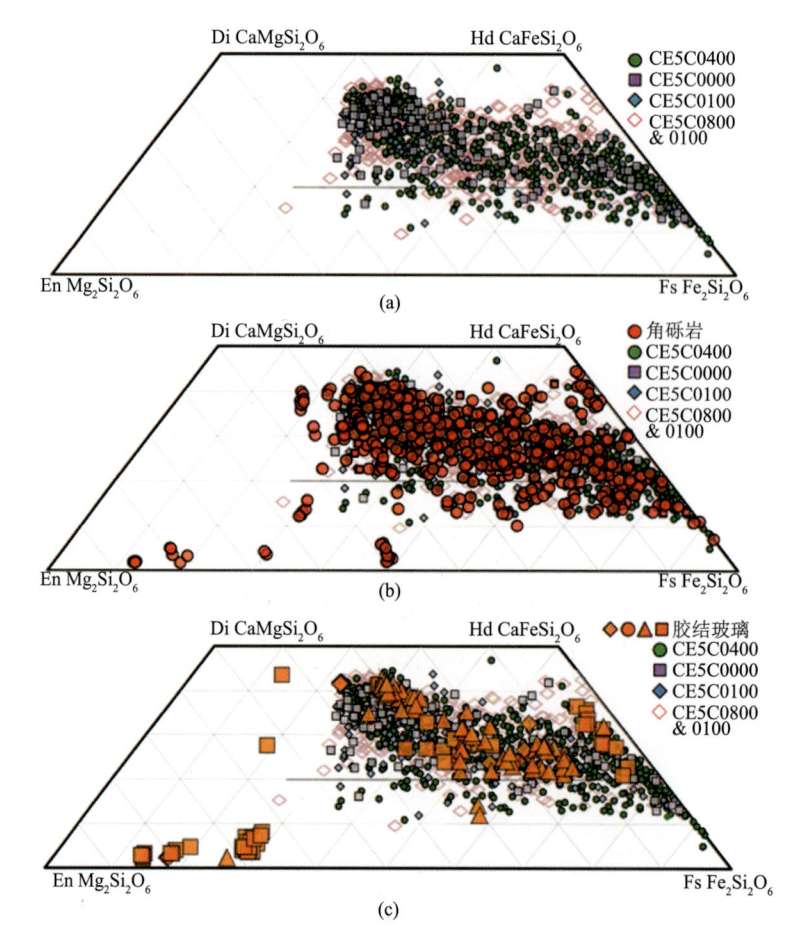

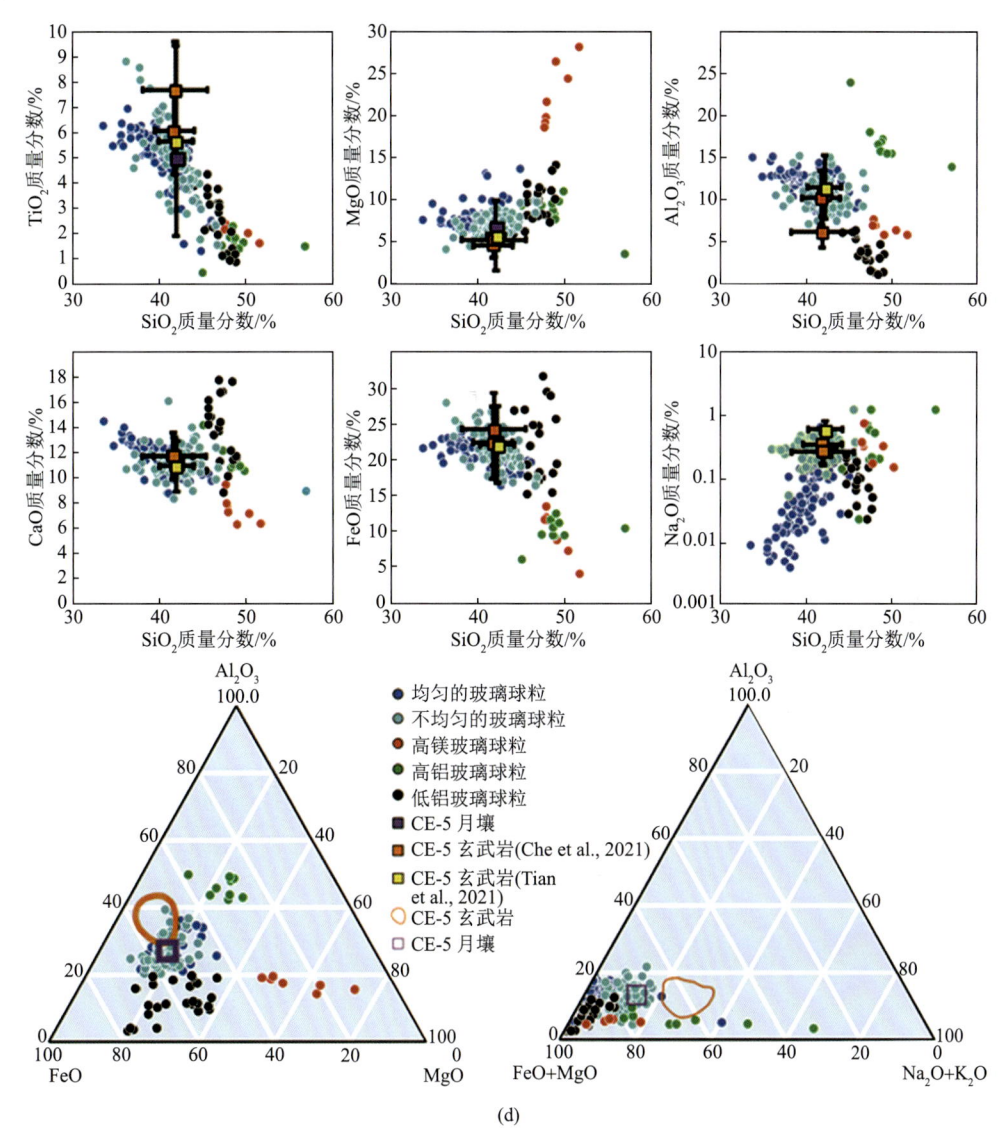

图 2 嫦娥五号月壤中：(a)玄武岩岩屑辉石四边形图；(b)角砾岩岩屑辉石四边形图；
(c)胶结玻璃辉石四边形图；(d)玻璃球粒元素协变图/三角图

通过 CE5C0400 月壤中撞击成因玻璃球粒的地球化学成分与同位素年龄、撞击溅射物数值建模、登陆区周围超过 10 万个潜在源撞击坑筛选等多种方法研究，识别出嫦娥五号玻璃球粒中 17 组从几百万年到 20 亿年的撞击年龄，且撞击频率会随着时间发生变化，其中多组撞击年龄与小行星带内撞击/裂解事件年龄对应(图 3)。

通过 CE5C0000YJYX03501GP 中玄武岩岩屑的岩石、矿物、地球化学和年代学研究，证明嫦娥五号玄武岩形成于约 20 亿年前，将月球"已知"地质寿命延长约 8 亿~10 亿年(图 4)。此年代同时修正了广泛用于内太阳系天体表面定年的月球年代学函数。嫦娥五号玄武岩具有极高的全岩 Fe/Mg 值，其源区低 $^{238}U/^{204}Pb$ 值(μ)表明其仅混入了小于 2%的克里普组分。

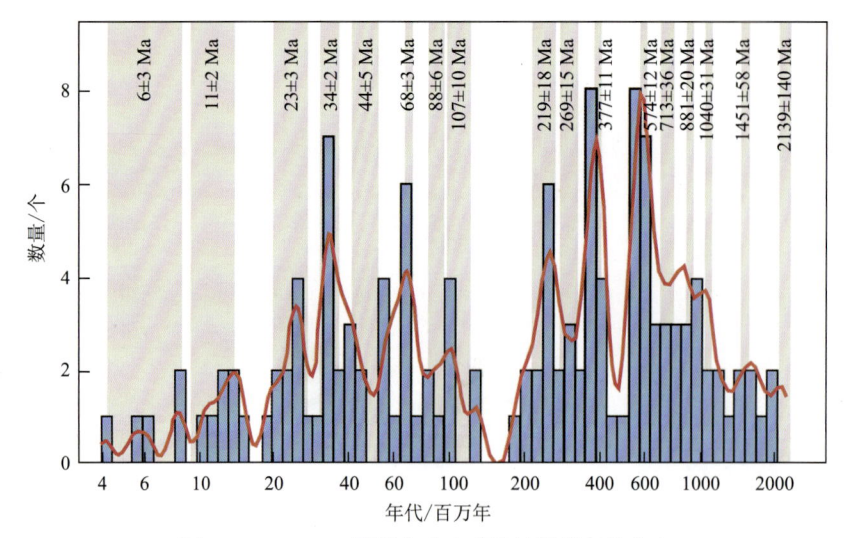

图 3　CE5C0400 月壤中玻璃球粒的铀铅年龄分布

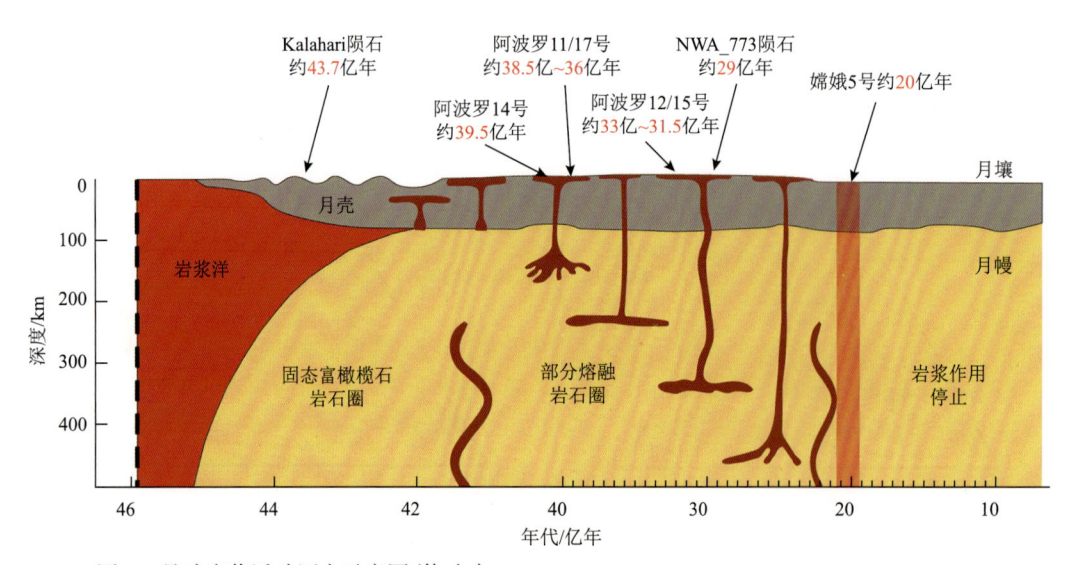

图 4　月球岩浆活动历史示意图（修改自 Hiesinger and Head，2006；Tartèse et al.，2019；Che et al.，2021；Li et al.，2021）

致谢

月球样品（CE5C0400、CE5C0000YJYX03501GP）由国家航天局提供，本研究由国家重点研发计划（2020YFE0202100）、国家国防科技工业局民用航天技术预先研究项目（D020204、D020206、D020203、D020205）和国家自然科学基金（40234045、41842045）资助。

参考文献

Che X, Nemchin A, Liu D, et al. 2021. Age and composition of young basalts on the Moon, measured from samples returned by Chang'e-5. Science 374, 887-890.

Hiesinger H, & Head J W III, 2006. New views of Lunar geoscience: an introduction and overview. Reviews in Mineralogy and Geochemistry 60, 1e81.

Li C, Hu H, Yang M-F, et al. 2022. Characteristics of the lunar samples returned by the Chang'E-5 mission. National Science Review 9(2), nwab188.

Li Q-L, Zhou Q, Liu Y, et al. 2021. Two-billion-year-old volcanism on the Moon from Chang'e-5 basalts. Nature 600, 54-58.

Long T, Qian Y, Norman M D, et al. 2022. Constraining the formation and transport of lunar impact glasses using the ages and chemical compositions of Chang'e-5 glass beads. Science Advances 8, eabq2542.

Tartèse R, Anand M, Gattacceca J, et al. 2019. Constraining the evolutionary history of the Moon and the inner Solar System: a case for new returned lunar samples. Space Scince Review 215, 54.

Tian H-C, Wang H, Chen Y, et al. 2021. Non-KREEP origin for Chang'e-5 basalts in the Procellarum KREEP Terrane. Nature 600, 59-63.

嫦娥五号样品揭示月球二十亿年前仍存在岩浆活动[①]

摘要

本工作对嫦娥五号样品中的 4 种结构共计 47 块玄武岩岩屑分别进行了离子探针原位 Pb-Pb 等时线定年，论证了他们来自同期次岩浆活动，获得综合等时线年龄为 2030 ± 4 Ma，并根据初始 Pb 组成计算出岩浆源区的 μ 值 (^{238}U/^{204}Pb) 为 684 ± 40。嫦娥五号玄武岩为目前发现的最年轻月球岩浆活动产物，将月球岩浆活动结束的时限较之前的认知延长了 8 亿年以上。较低的源区 μ 值指示嫦娥五号玄武岩来自亏损克里普组分的岩浆组分。嫦娥五号玄武岩的高精度同位素年龄为撞击坑统计定年曲线的标定提供了关键锚点，将大幅提高该方法的定年精度。

亮点介绍

- The Chang'e-5 basalt was precisely dated as 2030 ± 4 Ma by in-situ SIMS Pb-Pb analyses.
- This youngest crystallization age reported so far for lunar basalt extends the duration of lunar volcanism by more than 800 million years.
- This age provides a pivotal calibration point for crater-counting chronology in the inner Solar System.

李秋立[1]，周琴[2]，刘宇[1]，肖智勇[3]，林杨挺[1]，李金华[1]，马红霞[1]，唐国强[1]，郭顺[1]，唐旭[1]，原江燕[1]，李娇[1]，吴福元[1]，欧阳自远[4]，李春来[2,*]，李献华[1,*]

1. 中国科学院地质与地球物理研究所，北京 100029
2. 中国科学院国家天文台，北京 100101
3. 中山大学大气科学学院，珠海 519082
4. 中国科学院地球化学研究所，贵阳 550081

* 通讯作者：
licl@nao.cas.cn
lixh@gig.ac.cn

[①] 原文发表于 *Nature*, 2021, 600: 54-58。

作为地球的唯一卫星，月球已经紧密伴随我们生活的地球 45 亿年之久。肉眼可见的月球表面可分为较为明亮的高地和较暗的月海，月陆主要为年老的浅色斜长岩，而只占月表面积 17%的月海区域是较其他地质单元持续更长时间的玄武质岩浆岩(Shearer et al., 2006)。对阿波罗计划采集回的月球样品进行了年龄测定，发现其都形成于 30 亿年前，即使加上收集到的几百块月球陨石，也最多推迟到 28 亿年前(Borg et al., 2004)。按照这些信息，传统观点认为月球在 28 亿年前就失去了一个星球继续演化的内动力。然而，撞击坑统计定年法显示还可能存在 30 亿～10 亿年期间更年轻的岩浆活动，不足之处是这种方法误差非常大，需要返回样品的同位素年龄进行校准。北京时间 2020 年 12 月 17 日 1 时 59 分，嫦娥五号返回器携带 1731 g 月球样品安全着陆。本次任务的主要科学目标就是采集可能的年轻玄武岩来进一步揭示月球演化的奥秘。

1　精确测定嫦娥五号玄武岩年龄

对玄武岩颗粒进行分析统计，可识别出样品中的 4 种结构类型，即(次)辉绿结构、嵌晶结构、等粒结构和斑状结构。阿波罗计划返回样品中通常发现多期次岩浆活动，考虑到嫦娥五号样品同样可能存在不同期次的岩浆活动，研究团队进一步对不同类型的玄武岩分别进行了定年研究。研究团队在 47 块不同结构的玄武岩碎屑中快速定位出 3～8 μm 直径的含锆矿物，即斜锆石、静海石和钙钛锆石。之后，通过基于离子探针实验室自主研发的超高空间分辨率 U-Pb 定年技术，以 3 μm 的束斑(图 1)对 51 颗含锆矿物进行了精准测试。最终，科研人员认识到不同结构类型的玄武岩其实来源于同一期次的岩浆活动，综合起来得到了一个精确的年龄：20.30 ± 0.04 亿年(图 2)。这一发现将月球最年轻的玄武岩样品年龄更新到 20 亿年前，月球的"地质寿命"延长了 8 亿～9 亿年。

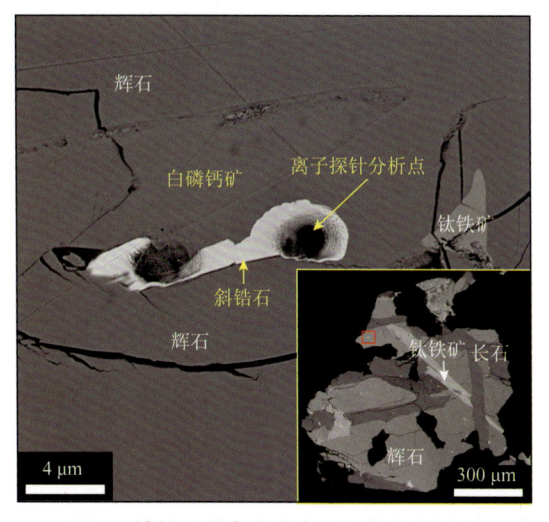

图 1　嫦娥五号玄武岩离子探针分析测点
右下为岩屑整体的背散射图像

图 2　嫦娥五号玄武岩 Pb-Pb 年龄等时线图

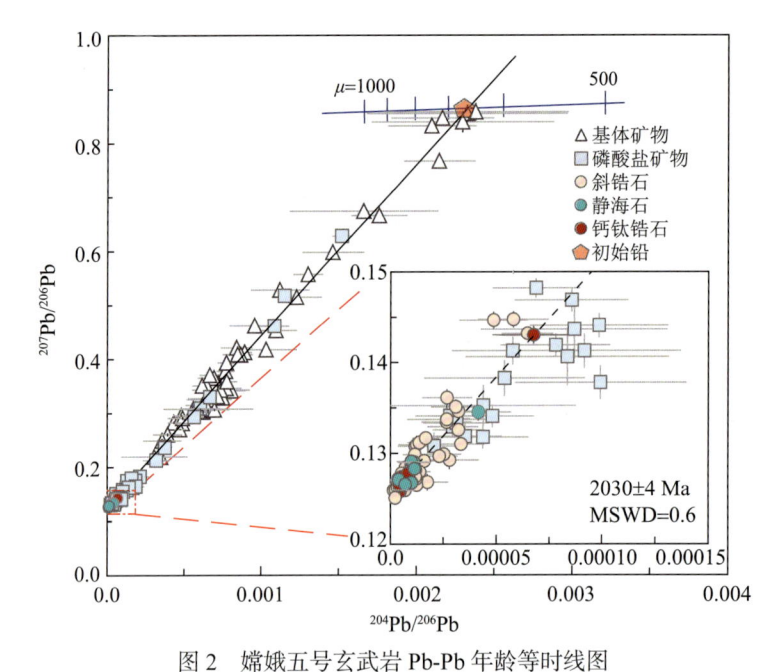

图中五边形点标示初始 Pb 组成，获得月球两阶段 Pb 演化模式计算出的源区 μ 值为 684 ± 40

2　识别嫦娥五号玄武岩源区特征

嫦娥五号带回来的玄武岩如此年轻，不仅刷新了我们此前对月球岩浆活动的认知，同时也对月球热演化历史发出了追问：月球的直径不到地球的 1/3，对于具有如此大表面积/体积比的星球来说，为什么月球的火山活动却可以持续到 20 亿年前？要让固态的岩石发生熔融，自然会想到需要增加额外的热。因此，传统观点认为，月球之所以能够持久存在火山活动，得益于岩浆的源区富集克里普组分来提供放射性热。然而，由于此前所收集到的样品都远远"老"于嫦娥五号玄武岩，这个假说还没有被年轻玄武岩样品所证实。从嫦娥五号玄武岩本身来说，初步的分析显示，它的确比较富含 Th，但岩浆分离结晶过程也会导致残余岩浆 Th 含量的升高，因此，初步分析结论并不意味着源区就富集 Th。

要识别岩浆起源时是否富含克里普物质，还需要采集其源区的同位素信息加以验证，其原理是如果因为长时间放射性衰变带来的热，那么源区熔融时候就应该累积了较多的放射性子体元素，必然应存在较高的 μ 值（^{238}U/^{204}Pb）。本工作通过 106 颗主要矿物（长石和辉石）的 U-Pb 测试，发现 5 个颗粒具有低于 0.01 的 U/Pb 值，限定了初始 Pb 的 ^{207}Pb/^{206}Pb 为 0.860 ± 0.019。根据 47 个岩屑中 159 个矿物测点拟合的等时线方程和初始 ^{207}Pb/^{206}Pb 计算了初始 ^{204}Pb/^{206}Pb 为 0.00228 ± 0.00011。根据初始 Pb 组成计算出玄武岩源区的 μ 值为 684 ± 40（图 2）。嫦娥五号玄武岩源区的 μ 值与古老的阿波罗玄武岩源区 μ 值（300～1000）在范围内一致，而与克里普组分（2600～4000）具有显著区别（Snape et al., 2016），说明嫦娥五号的月幔源区与克里普岩的特征具有明显差异，这一发现说明维持月球长期火山活动的并非月幔中富含的克里普组分。

3 优化撞击坑统计定年曲线

之前不同研究者对嫦娥五号着陆区进行过大量撞击坑统计定年工作，得到的年龄主要在 12 亿年和 27 亿年之间(Qian et al.，2021)。相同方法得到的年龄范围如此之广，最主要的原因是根据已有样品建立的撞击坑统计定年曲线上的限定点并不多，尤其是 10 亿年到 30 亿年之间完全是空白(Hiesinger et al.，2010)。本次嫦娥五号样品的精确年龄为这条定年曲线在空白中心的 20 亿年处提供了一个关键锚点，可以极大地提高撞击坑统计定年方法的精确度，这不仅对月球其他区域的定年工作十分重要，对于内太阳系其他星体表面的定年工作也同样适用。

致谢

样品分析工作和论文成文讨论过程中得到杨蔚、陈意、惠鹤九、田恒次等科研人员的帮助。本工作得到中国科学院重点部署项目(ZDBS-SSW-JSC007-13)、中国科学院地质与地球物理研究所重点部署项目(IGGCAS-202101)、国家自然科学基金项目(41773044)和国家国防科技工业局民用航天技术预先研究项目(D020203)资助。

参考文献

Borg, L.E. et al. Prolonged KREEP magmatism on the Moon indicated by the youngest dated lunar igneous rock. Nature 432, 209-211（2004）.

Hiesinger, H. et al. Ages and stratigraphy of lunar mare basalts in Mare Frigoris and other nearside maria based on crater size-frequency distribution measurements. J. Geophys. Res., Planets 115, E03003（2010）.

Qian, Y.Q. et al. Young lunar mare basalts in the Chang'e-5 sample return region, northern Oceanus Procellarum. Earth Planet. Sci. Lett. 555, 116702（2021）.

Shearer, C.K. et al. Thermal and magmatic evolution of the Moon. Rev. Mineral. Geochem. 60, 365-518（2006）.

Snape, J.F. et al. Lunar basalt chronology, mantle differentiation and implications for determining the age of the Moon. Earth Planet. Sci. Lett. 451, 149-158（2016）.

嫦娥五号玄武岩月幔源区极"干"[①]

摘要

月球内部水是月球形成和演化的"血液",是月球大碰撞起源、岩浆洋结晶模式、岩浆活动范式等重大科学问题的关键线索和研究热点。嫦娥五号(CE5)带回了迄今为止最年轻的月海玄武岩样品,为研究月球内部水含量提供了新的线索。本文报道了 CE5 玄武岩中钛铁矿内的熔体包裹体和磷灰石中的水含量和氢同位素组成,估算母岩浆最大的水含量为 283±22 ppm[②],结合 CE5 玄武岩源区低程度部分熔融以及高比例分离结晶,得到月幔源区的水含量为 1~5 ppm,这指示了一个"极干"的月幔,表明月球迄今最年轻的火山活动并非源区富水更容易熔融所致。对比发现,嫦娥五号玄武岩源区的水含量处于 40 亿~20 亿年之间月球样品估算月幔水含量的最低端,这可能是持续的火山活动对源区水的熔融抽提作用导致的,或说明月幔源区水含量分布不均匀。

亮点介绍

- We clarified the CE5 mantle water abundance and ruled out the possibility that a high-water abundance in the lunar mantle reservoir, by lowering its melting point, could be one of the main causes of the prolonged volcanic activity in the PKT.
- We observed that the water abundance in the Moon's interior may have to some extent decreased from 4.0−2.8 Ga to 2.0 Ga.

胡森 [1,*], 何会存 [1], 计江龙 [1], 林杨挺 [1,*], 惠鹤九 [2,3], Mahesh Anand [4,5], Romain Tartèse [6], 闫艺洪 [1], 郝佳龙 [1], 李瑞瑛 [1], 谷立新 [1], 郭倩 [7], 贺怀宇 [7], 欧阳自远 [8]

1. 中国科学院地质与地球物理研究所,地球与行星物理重点实验室,北京 100029
2. 南京大学地球科学与工程学院,内生金属矿床成矿机制研究国家重点实验室,南京 210023
3. 中国科学院比较行星学卓越中心,合肥 230036
4. School of Physical Sciences, The Open University, Milton Keynes, MK7 6AA, UK
5. Department of Earth Sciences, The Natural History Museum, London, SW7 5BD, UK
6. Department of Earth and Environmental Sciences, The University of Manchester, Manchester, M13 9PL, UK
7. 中国科学院地质与地球物理研究所,岩石圈演化国家重点实验室,北京 100029
8. 中国科学院地球化学研究所,月球与行星科学中心,贵阳 550081

* 通讯作者:
husen@mail.iggcas.ac.cn
linyt@mail.iggcas.ac.cn

[①] 原文发表于 *Nature*,2021,600:49-53。
[②] 1 ppm=10^{-6}。

1 月球内部水含量研究概况

月球内部水含量不仅是验证月球大碰撞假说的关键线索，对月幔的熔融和岩浆的结晶也有重要影响。阿波罗任务最先掀起了月球样品研究的热潮，对返回的月壤进行水含量和氢同位素研究，结果显示月球内部几乎不含水。然而，随着分析技术的提高，这种认识在2008年发生了变化，月球火山玻璃珠原位分析结果显示水、氟、氯和硫含量在玻璃珠中具有核部高边部低的环带特征，说明玻璃珠喷发时发生了明显的挥发分丢失，经过丢失校正后计算火山玻璃喷发前的初始水含量可以高达745 ppm（Saal et al., 2008），刷新了以往月球内部纯"干"的传统认识（Boyce et al., 2010; McCubbin et al., 2010; Hauri et al., 2011; Hui et al., 2013; McCubbin et al., 2015）。月球内部到底是"干"还是"湿"，再次成为月球探测要解决的关键科学问题。

2 嫦娥五号玄武岩水含量的研究

嫦娥五号采集并返回了月球迄今最年轻的玄武岩（Che et al., 2021; Li et al., 2021），样品来源单一、地质背景清晰，从而为回答月球内部的"干"与"湿"之争提供了绝佳的研究样本。同时，水能降低月幔熔点，从而促进月幔部分熔融，对CE5玄武岩中的水含量进行研究也有助于理解该区域的岩浆活动为何持续如此之久。

包裹体是矿物在岩浆结晶过程中捕获的岩浆样品。不同包裹体实际上代表了岩浆在整个上升和结晶过程不同阶段采集的样本。通过对熔体包裹体的分析，可以勾画出水在岩浆结晶过程中的演变。

分析结果表明，包裹在钛铁矿中的岩浆包裹体，氘/氢比值很低，并与水含量呈负相关，反映其母岩浆中的水在岩浆结晶过程发生过明显的丢失，由于轻的同位素丢失速度快，使剩余岩浆中的水具有重的氢同位素组成。在不断去气的过程中，熔体中的 δD 值持续升高（图1），因此，氘/氢值最低的包裹体，代表了最早被捕获在矿物中的岩浆，其水含量约为280 ppm。

由于水是强不相容物质，部分熔融和分离结晶的过程对熔体中的水有显著的富集效果，结合CE5玄武岩源区低程度的部分熔融及高比例分离结晶（Tian et al., 2021）估算出的月幔源区的水含量仅为1~5 ppm（假设水在矿物和熔体之间的分配系数为0），这表明嫦娥五号玄武岩的源区非常"干"。

这一结果比之前基于阿波罗月岩和月球陨石估算的月幔水含量偏低，落在月幔水含量估值的最低端。对于这一结果，存在两种解释：一种可能性是嫦娥五号着陆区的月幔经过了长时间的岩浆活动，月球内部的水通过多次的岩石熔融，进入到岩浆中，然后随着岩浆喷出月表而丢失；另一种可能性是月幔的水含量非常不均一，但目前仍需要有新的机制来解释这种差异。

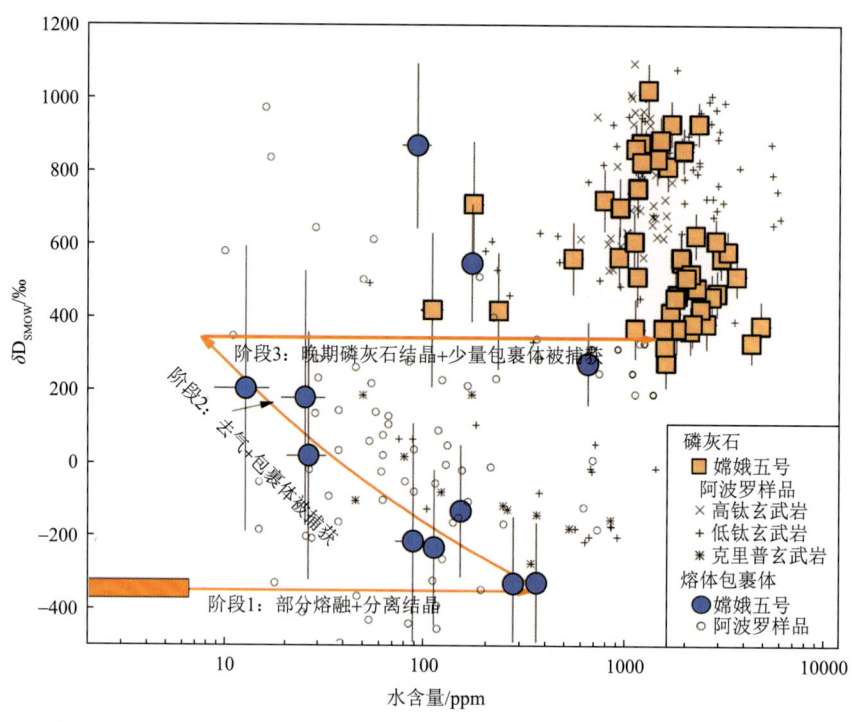

图 1 CE5 玄武岩钛铁矿内的熔体包裹体及磷灰石的水含量和氢同位素组成(改自 Hu et al., 2021)

3 结论

嫦娥五号玄武岩的源区极其贫水，月球年轻的火山活动并不是由于月幔水含量高所致，这些新发现与此前对月球的认识有很大不同，并对未来的科学研究和月球探测提出了新的目标。

致谢

感谢中国科学院战略性先导科技专项（XDB41000000）、中国科学院重点部署项目（ZDBS-SSW-JSC007-15）、中国科学院地质与地球物理研究所重点研究项目（IGGCAS-202101、2011904）、国家自然科学基金项目（41973062）以及国家国防科技工业局民用航天技术预先研究项目（D020201、D020203、D020205）的支持。

参考文献

Boyce, J.W., Liu, Y., Rossman, G.R., Guan, Y., Eiler, J.M., Stolper, E.M., Taylor, L.A., 2010. Lunar apatite with terrestrial volatile abundances. Nature 466, 466-469.
Che, X., Nemchin, A., Liu, D., Long, T., Wang, C., Norman, M.D., Joy, K.H., Tartese, R., Head, J., Jolliff, B., Snape, J.F., Neal, C.R., Whitehouse, M.J., Crow, C., Benedix, G., Jourdan, F., Yang, Z., Yang, C., Liu, J.,

Xie, S., Bao, Z., Fan, R., Li, D., Li, Z., Webb, S.G., 2021. Age and composition of young basalts on the Moon, measured from samples returned by Chang'e-5. Science 374, 887-890.

Hauri, E.H., Weinreich, T., Saal, A.E., Rutherford, M.C., Van Orman, J.A., 2011. High pre-eruptive water contents preserved in lunar melt inclusions. Science 333, 213-215.

Hu, S., He, H., Ji, J., Lin, Y., Hui, H., Anand, M., Tartese, R., Yan, Y., Hao, J., Li, R., Gu, L., Guo, Q., He, H., Ouyang, Z., 2021. A dry lunar mantle reservoir for young mare basalts of Chang'e-5. Nature 600, 49-53.

Hui, H., Peslier, A.H., Zhang, Y., Neal, C.R., 2013. Water in lunar anorthosites and evidence for a wet early Moon. Nature Geoscience 6, 177-180.

Li, Q.L., Zhou, Q., Liu, Y., Xiao, Z., Lin, Y., Li, J.H., Ma, H.X., Tang, G.Q., Guo, S., Tang, X., Yuan, J.Y., Li, J., Wu, F.Y., Ouyang, Z., Li, C., Li, X.H., 2021. Two-billion-year-old volcanism on the Moon from Chang'e-5 basalts. Nature 600, 54-58.

McCubbin, F.M., Steele, A., Hauri, E.H., Nekvasil, H., Yamashita, S., Hemley, R.J., 2010. Nominally hydrous magmatism on the Moon. Proc Natl Acad Sci U S A 107, 11223-11228.

McCubbin, F.M., Vander Kaaden, K.E., Tartèse, R., Klima, R.L., Liu, Y., Mortimer, J., Barnes, J.J., Shearer, C.K., Treiman, A.H., Lawrence, D.J., Elardo, S.M., Hurley, D.M., Boyce, J.W., Anand, M., 2015. Magmatic volatiles (H, C, N, F, S, Cl) in the lunar mantle, crust, and regolith: abundances, distributions, processes, and reservoirs. American Mineralogist 100, 1668-1707.

Saal, A.E., Hauri, E.H., Cascio, M.L., Van Orman, J.A., Rutherford, M.C., Cooper, R.F., 2008. Volatile content of lunar volcanic glasses and the presence of water in the Moon's interior. Nature 454, 192-195.

Tian, H.C., Wang, H., Chen, Y., Yang, W., Zhou, Q., Zhang, C., Lin, H.L., Huang, C., Wu, S.T., Jia, L.H., Xu, L., Zhang, D., Li, X.G., Chang, R., Yang, Y.H., Xie, L.W., Zhang, D.P., Zhang, G.L., Yang, S.H., Wu, F.Y., 2021. Non-KREEP origin for Chang'e-5 basalts in the Procellarum KREEP Terrane. Nature 600, 59-63.

嫦娥五号年轻玄武岩的非克里普成因[①]

田恒次[1,†]，王浩[2,†]，陈意[2,†]，杨蔚[1,*]，周琴[3]，张驰[1]，林红磊[1]，黄超[2]，吴石头[2]，贾丽辉[2]，许蕾[2]，张迪[2]，李晓光[2]，常睿[1]，杨岳衡[2]，谢烈文[2]，张丹萍[2]，张广良[3]，杨赛红[3]，吴福元[2]

1. 中国科学院地质与地球物理研究所，地球与行星物理院重点实验室，北京 100029
2. 中国科学院地质与地球物理研究所，岩石圈演化国家重点实验室，北京 100029
3. 中国科学院国家天文台，北京 100101

† 共同一作
* 通讯作者：yangw@mail.iggcas.ac.cn

摘要

月球火山活动是月球最主要的内动力地质作用的表现，是揭示月球内部物质组成和热演化历史的重要窗口。高精度同位素定年技术证实我国返回的嫦娥五号月球玄武岩的年龄为 20 亿年，刷新了人类对月球岩浆活动和热演化的认识。同时，也引出了新的科学问题：月球火山活动为什么持续如此之久？本文对该年轻玄武岩开展了岩石学、矿物学和地球化学研究工作，表明嫦娥五号玄武岩源区并不富集克里普组分。玄武岩全岩和矿物低 Mg# 以及富集微量元素的特征很可能是由其源区经过低比例熔融和高程度分离结晶形成。这一研究成果表明克里普物质并非维持月球年轻火山岩的必要条件，为构建新的月球热演化模型奠定了基础。

亮点介绍

- Bulk rock compositions have moderate titanium and high iron contents with KREEP-like rare-earth-element and high thorium concentrations. The Sr-Nd isotopes indicate that these basalts were derived from a non-KREEP mantle source.
- To produce the high abundances of rare-earth elements and thorium, low-degree partial melting and extensive fractional crystallization are required.
- Absolving the need to invoke heat-producing elements in their source implies a more sustained cooling history of the lunar interior to generate the Moon's youngest melts.

[①] 原文发表于 *Nature*，2021，600：59-63。

月球火山活动是月球最主要的内动力地质作用的表现，是揭示月球内部物质组成和热演化历史的重要窗口。对月球遥感探测数据的研究表明月球的火山活动可以从四十多亿年前一直持续到十几亿年前。然而，自阿波罗计划实施以来，返回样品和月球陨石的年代学研究还未曾发现月球有如此年轻的玄武岩(<28亿～29亿年)。

2020年底，我国嫦娥五号任务顺利从月球正面风暴洋北部地区返回样品。精确的年代学研究表明嫦娥五号玄武岩非常年轻，约20亿年(Che et al., 2021; Li et al., 2021)，这一结果不仅刷新了人类对月球岩浆活动和热演化历史的认知，也提出了新的科学问题：月球火山活动为什么持续如此之久？年轻火山岩的月幔源区组成？月幔源区水和挥发分含量？其中，一种可能的假说是富含放射性元素U、Th、K等的克里普组分为月球持续的火山活动提供热源，这与遥感探测发现的高Th含量相一致。针对上述科学问题，中国科学院地质与地球物理研究所研究团队对该年轻火山岩样品开展了岩石成因研究。

研究团队利用嫦娥五号玄武岩矿物体积含量及主量成分，重构了玄武岩全岩成分，发现嫦娥五号玄武岩不同于阿波罗和月球号样品，属于新类型，具有高的FeO含量(质量分数约为22.2%)、中钛(质量分数约为5.7%)、低钾(质量分数约为0.1%)和高铝(质量分数约为11.6%)等地球化学特征。根据玄武岩中辉石的微量元素组成，反演了平衡母岩浆的成分(近似代表玄武岩全岩成分)，发现嫦娥五号玄武岩相比阿波罗和月球号样品具有高的稀土元素含量、轻重稀土分异明显以及高Th元素含量特征，比较类似于克里普岩的特征。然而，原位斜长石Sr同位素和磷酸盐Nd同位素组成与大部分阿波罗样品和陨石相似，而明显远离克里普端元(图1)。这一结果表明嫦娥五号玄武岩月幔源区并不富集克里普组分。

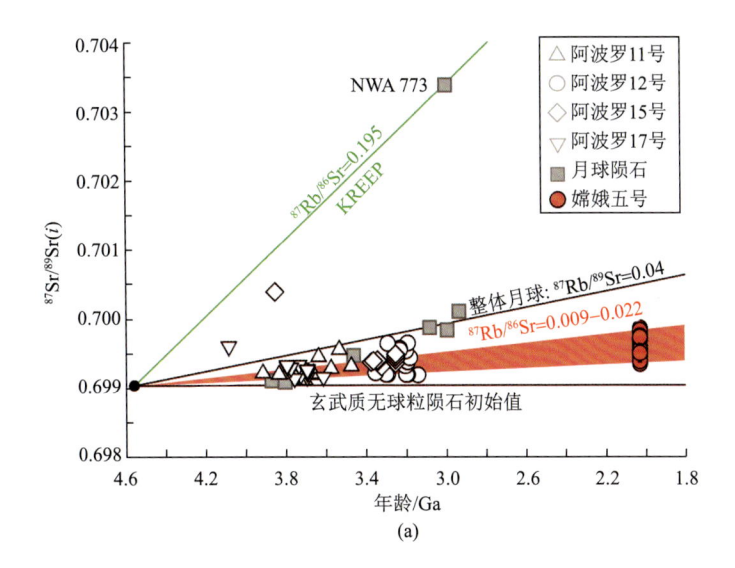

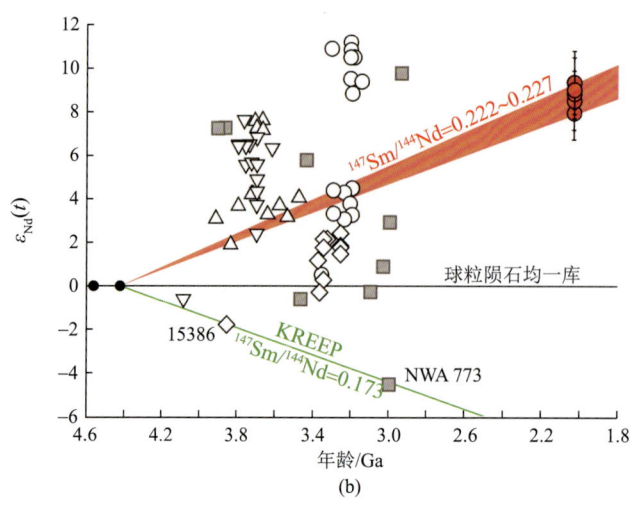

图 1　嫦娥五号玄武岩的 Sr 和 Nd 同位素组成

研究团队通过与阿波罗样品的对比研究,限定了嫦娥五号玄武岩源区的物质组成为 86PCS+2%TIRL(PCS：指月球岩浆洋结晶到 86%时的矿物组合；TIRL：与 86%矿物组合平衡的瞬时熔体成分)(图 2)。此外,玄武岩全岩成分整体比阿波罗和月球号的 Mg# 指数低(前者为 43~61,后者为约 32),这一特征也反映在橄榄石和辉石化学成分上(Mg#<62)。这表明嫦娥五号年轻玄武岩的演化程度要高于阿波罗和月球号样品。本研究中以玄武岩中辉石最高的 Mg#(约 59)代表了玄武岩喷出月表前所经历的最低程度分离结晶产物进行模拟计算。结果表明,月幔源区需经过 2%~3%部分熔融和 43%~78%分离结晶能够形成玄武岩所具有的富集不相容微量元素的特征(图 2)。这也是在月球上首次发现岩浆高程度演化的产物,并为研究月球岩浆演化规律创造了有利条件。

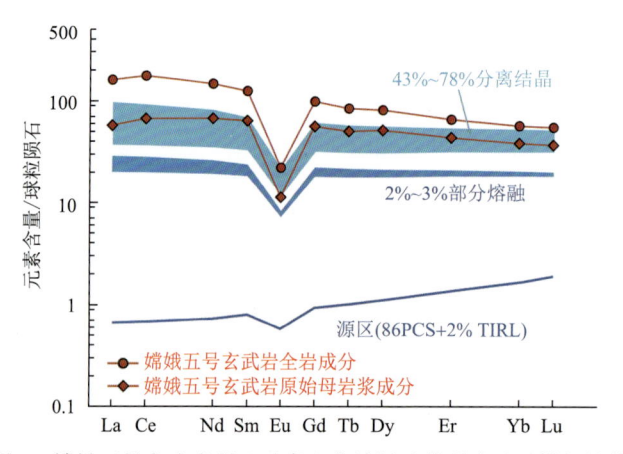

图 2　嫦娥五号玄武岩稀土元素配分特征及其形成过程模拟计算

致谢

感谢中国科学院重点部署项目、中国科学院战略性先导科技专项(B 类)、国家国防科技工业局民用航天技术预先研究项目和中国科学院地质与地球物理研究所重点部署项目等的资助。

参考文献

Che X, Nemchin A, Liu D, et al. 2021. Age and composition of young basalts on the Moon, measured from samples returned by Chang'e-5. Science, 374(6569): 887-890.

Li QL, Zhou Q, Liu Y, et al. 2021. Two-billion-year-old volcanism on the Moon from Chang'e-5 basalts. Nature, 600(7887): 54-58.

嫦娥五号玄武岩揭开月球年轻火山成因之谜[①]

摘要

月球形成于约 45 亿年以前，它的质量只有地球的约 1%，对于如此小的天体来讲，理论上它应该快速冷却而早早地停止火山活动。然而，中国科学家对嫦娥五号玄武岩的研究，证实月球直到 20 亿年前仍存在岩浆活动，不仅刷新了人类对月球岩浆活动和热演化历史的认知，也提出了新的科学问题：月球火山活动为什么持续如此之久？本工作对嫦娥五号玄武岩进行岩石学研究，发现其月幔源区富含的岩浆洋晚期堆晶体会降低月幔熔点并诱发年轻火山形成。

亮点介绍

- The young Chang'e-5 source magma had higher calcium and titanium dioxide contents than the Apollo counterparts.
- A reservoir of easily-melted cumulates from the lunar magma ocean triggered mantle melting for the young volcanism on the Moon.
- The lunar mantle experienced a sustained, slow cooling of ～80℃ from some 3 billion years to 2 billion years ago.

苏斌 [1,†,*], 原江燕 [1,†], 陈意 [1,*], 杨蔚 [2], Ross Mitchell [1], 惠鹤九 [3,4], 王浩 [1], 田恒次 [2], 李献华 [1], 吴福元 [1]

1. 中国科学院地质与地球物理研究所，岩石圈演化国家重点实验室，北京 100029
2. 中国科学院地质与地球物理研究所，地球与行星物理重点实验室，北京 100029
3. 南京大学地球科学与工程学院，南京 210023
4. 中国科学院比较行星学卓越创新中心，合肥 230026

† 共同一作

* 通讯作者：
subin@mail.iggcas.ac.cn
chenyi@mail.iggcas.ac.cn

[①] 原文发表于 *Science Advances*，2022，8：eabn2103。

月球玄武岩是月幔部分熔融形成的岩浆经火山喷发至月球表面冷却结晶形成的岩石。对持续冷却的月球来讲，月幔发生部分熔融，有两种可能的途径：①加热（如放射性元素生热）；②降低熔点（如月幔富含水或其它挥发分）。学术界曾通过撞击坑统计定年法，预测富含放射性元素的风暴洋克里普地体中的一些区域仍有年轻火山活动，所以主流假说认为，放射性元素生热是月球年轻火山活动的主要驱动力（Wieczorek and Phillips，2000）。然而，首批嫦娥五号玄武岩的研究揭示其月幔源区并不富含放射性生热元素（Tian et al.，2021），直接否定了这一主流假说。同时研究还发现嫦娥五号玄武岩的源区非常"干"（Hu et al.，2021），进一步排除了月幔富含水而降低熔点这一猜想。因此，月球火山活动为什么持续如此之久，成为新一轮月球研究中的未解之谜。

月幔发生部分熔融的本质，是月幔温度超过其固相线。因此，月球火山活动既可以通过其他加热作用（比如潮汐作用和冲击作用），使得月幔升温至固相线以上再熔融，还可以通过改变月幔源区物质组成，使得固相线向低温方向移动，从而诱发月幔熔融。因此，破解月球年轻火山成因的突破口，在于准确限定火山岩浆起源的温度和压力，恢复其月幔源区物质组成，在此基础上与古老的阿波罗玄武岩进行对比，重建月球热-岩浆演化模型。限定嫦娥五号玄武岩的起源温度和压力，恢复其初始岩浆成分是关键。

基于这一研究思路，本工作选取了27块代表性嫦娥五号玄武岩岩屑（粒径大、内部矿物颗粒多、分布均匀），采用扫描电镜能谱定量面扫描技术分析了岩屑的全岩主量成分，结合一系列岩浆分离结晶模拟和热力学模拟计算，恢复了嫦娥五号玄武岩和阿波罗低钛玄武岩的初始岩浆成分，限定了不同时期月球火山岩的幔部源区组成，获得了它们熔融的温压条件，取得的认识如下：

（1）与古老的阿波罗低钛玄武岩相比，年轻的嫦娥五号玄武岩的初始岩浆含有更多 CaO 和 TiO_2，以及更少 MgO（图1）。

（2）与阿波罗低钛玄武岩相比，嫦娥五号玄武岩的源区含有更多的（约 20%）岩浆洋晚期形成的单斜辉石-钛铁矿堆晶体，它们的加入会显著降低月幔的熔点，诱发年轻火山的形成。

（3）嫦娥五号玄武岩与阿波罗玄武岩起源深度大致相当，但嫦娥五号玄武岩形成温度更低，指示月球内部温度从38亿～31亿年前到20亿年前仅降低约80℃。

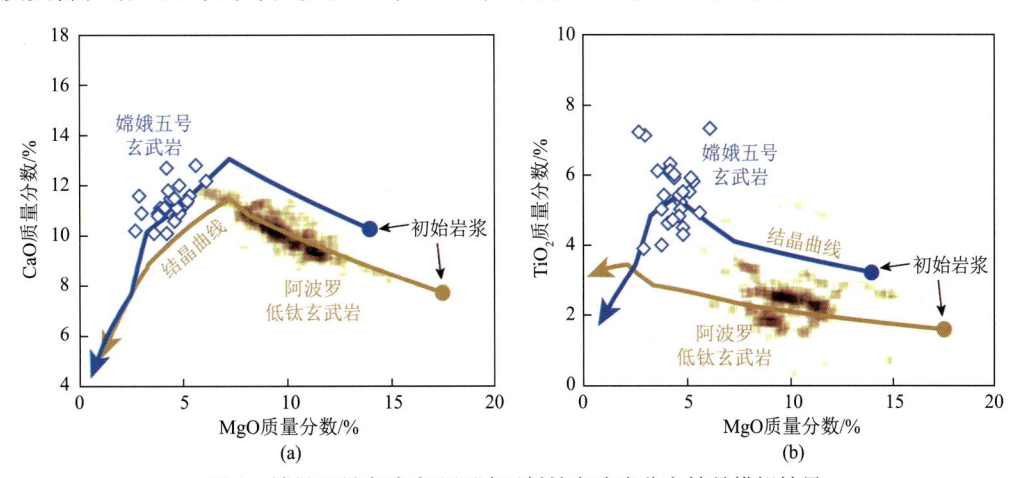

图1 嫦娥五号玄武岩和阿波罗低钛玄武岩分离结晶模拟结果

本工作表明，尽管月球内部在持续缓慢冷却，但由于岩浆洋晚期堆晶体翻转引起的月幔物质混合作用可能在月球长期演化历史中逐渐加强，这一过程不仅可以改变月幔源区物质组成，还可以有效降低源区岩石的熔点，抵消月幔逐渐缓慢变冷的大趋势，引发长期持续的月球火山作用。此项工作为"月球年轻火山成因"这一重要科学问题提供了一种全新的解释，深化了我们对月球起源和热演化历史的认知。

致谢

该研究受中国科学院重点部署项目（ZDBS-SSW-JSC007-15）和中国科学院地质与地球物理研究所重点部署项目（IGGCAS-202101）共同资助。

参考文献

Hu S, He H C, Ji J L, et al. 2021. A dry lunar mantle reservoir for young mare basalts of Chang'E-5. Nature, 600: 49-53.

Tian H C, Wang H, Chen Y, et al. 2021. Non-KREEP origin for Chang'E-5 basalts in the Procellarum KREEP Terrane. Nature, 600: 59-63.

Wieczorek M A, Phillips R J. 2000. The "Procellarum KREEP Terrane": implications for mare volcanism and lunar evolution. Journal of Geophysical Research, 105: 417-430.

橄榄石微量钛确定嫦娥五号玄武岩低钛属性[①]

张迪[1,2]，苏斌[1,*]，陈意[1,2]，杨蔚[3]，毛骞[1]，贾丽辉[1]

1. 中国科学院地质与地球物理研究所，岩石圈演化国家重点实验室，北京 100029
2. 中国科学院大学地球与行星科学学院，北京 100049
3. 中国科学院地质与地球物理研究所，地球与行星物理重点实验室，北京 100029

* 通讯作者：subin@mail.iggcas.ac.cn

摘要

嫦娥五号月壤样品揭示月球在 20 亿年前仍存在岩浆活动，刷新了科学界对月球演化历史的认知。然而，目前对嫦娥五号玄武岩属于低钛还是高钛月海玄武岩仍存在争议。本研究从橄榄石钛含量这一新视角，揭示嫦娥五号玄武岩属于低钛月海玄武岩，比大多数阿波罗低钛月海玄武岩具有更高的钛含量，该发现可为研究月球最年轻火山成因机制奠定基础。

亮点介绍

- Ti in olivine from the Chang'e-5 basalts reveals ilmenite crystallization later than olivine and clinopyroxene.
- The Chang'e-5 basalts can be classified as low-Ti mare basalt.
- Olivine has a great potential to illuminate the magmatic origin and evolution of lunar basalts.

[①] 原文发表于 *Lithos*，2022，414-415：106639。

对嫦娥五号玄武岩的研究揭示了月球在 20 亿年前仍存在火山活动，比以往认知推迟了 8 亿~9 亿年，刷新了人类对月球演化历史的认知。与地球玄武岩相比，月球玄武岩 TiO_2 含量(质量分数)变化极大(约 0.3%~15%)，通常分为高钛(>6%)、低钛(1%~6%)和极低钛(<1%)三种类型，它们对应不同的月幔源区、起源深度和岩浆演化过程。因此，准确识别月海玄武岩的类型是认识月球岩浆活动的前提，对研究月幔不均一性和月球热演化历史具有重要指示意义。

然而，当前对嫦娥五号玄武岩属于低钛(Tian et al.，2021；Li et al.，2022)还是高钛月海玄武岩(Che et al.，2021；Jiang et al.，2022)还存在较大争议。前人区分月海玄武岩的类型主要基于全岩成分，而嫦娥五号玄武岩的全岩成分只能通过亚毫米-微米级岩屑来获得，常规方法是使用矿物平均成分、矿物体积含量和密度计算获取全岩成分。然而，微细岩屑是否具有代表性以及矿物普遍发育成分环带都将显著影响玄武岩岩屑全岩成分的准确获取，导致目前报道的嫦娥五号玄武岩岩屑成分变化范围巨大(图 1)，不能准确区分嫦娥五号玄武岩的类型。因此，我们需要建立一种针对岩屑样品判别月海玄武岩类型的新标准。

实验岩石学研究发现，高钛和低钛玄武岩经历不同的矿物结晶序列，从而呈现不同的化学成分演化规律。橄榄石作为岩浆最早期结晶的矿物相，其钛含量受控于岩浆钛含量，基本不受结晶温度影响，因此可用来限定结晶分异过程中岩浆钛含量的变化趋势，揭示矿物结晶序列，进而判别月海玄武岩类型。

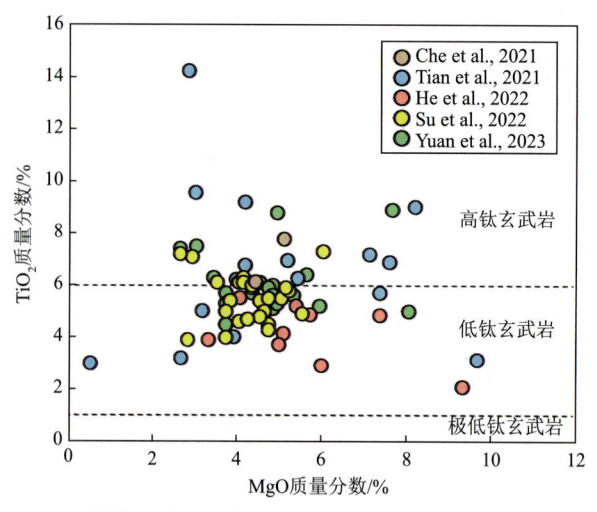

图 1 嫦娥五号玄武岩岩屑全岩 MgO vs. TiO_2 成分图解

本工作采用橄榄石微量元素电子探针高精度分析方法，对嫦娥五号玄武岩岩屑中的橄榄石开展系统分析。结果显示，随着橄榄石镁指数[摩尔比 Mg/(Mg + Fe) × 100]降低，其钛含量先升高后降低(图 2)，记录了岩浆从早期钛铁矿不饱和到晚期钛铁矿饱和的演化过程，与低钛玄武岩结晶演化趋势一致。通过镁指数最高的橄榄石的钛含量计算获得母岩浆 TiO_2 含量(质量分数)约为 4.4%，进一步证实嫦娥五号玄武岩属于低钛月海玄武岩。

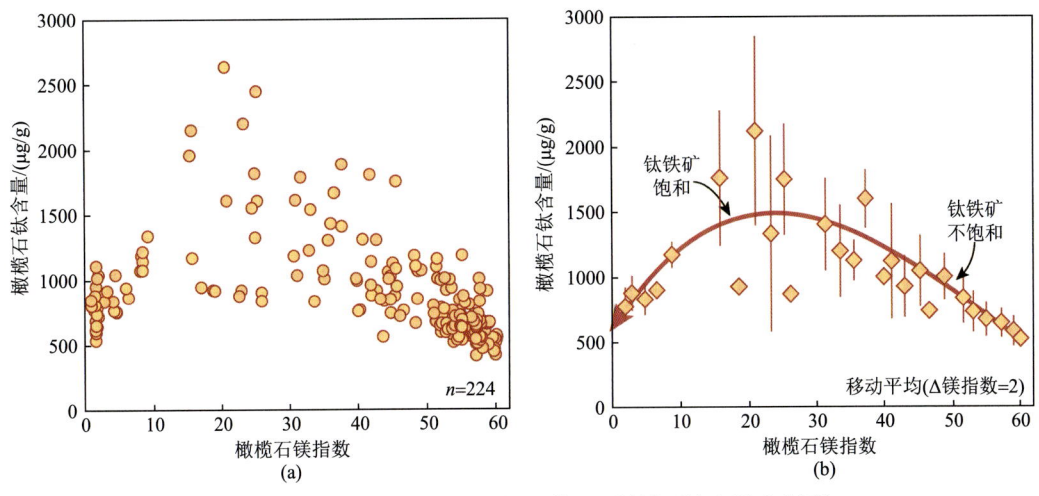

图 2　嫦娥五号玄武岩橄榄石镁指数 vs. 橄榄石钛含量成分图解

虽然嫦娥五号玄武岩是低钛型，但是与阿波罗低钛玄武岩相比（TiO_2 质量分数集中于 2%~3%），嫦娥五号玄武岩具有更高的钛含量，暗示嫦娥五号玄武岩与大多数阿波罗玄武岩的初始岩浆成分不同，可能反映月球年轻火山和古老火山的月幔源区组成、岩浆起源深度或者喷发演化过程不同。这些发现不仅为未来研究月球年轻火山活动机制提供了具体目标，也为研究月球热演化历史奠定了基础。

参考文献

Che X C, Nemchin A, Liu D Y, et al. 2021. Age and composition of young basalts on the Moon, measured from samples returned by Chang'e-5. Science, 374: 887-890.

He Q, Li Y, Baziotis I, et al. 2022. Detailed petrogenesis of the unsampled Oceanus Procellarum: the case of the Chang'e-5 mare basalts. Icarus, 383: 115082.

Jiang Y, Li Y, Liao S Y, et al. 2022. Mineral chemistry and 3D tomography of a Chang'E 5 high-Ti basalt: implication for the lunar thermal evolution history. Science Bulletin, 67(7): 755-761.

Li C L, Hu H, Yang M F, et al. 2022. Characteristics of the lunar samples returned by the Chang'E-5 mission. National Science Review, 9(2): nwab188.

Su B, Yuan J Y, Chen Y, et al. 2022. Fusible mantle cumulates trigger young mare volcanism on the cooling Moon. Science Advances, 8: eabn2103.

Tian H C, Wang H, Chen Y, et al. 2021. Non-KREEP origin for Chang'E-5 basalts in the Procellarum KREEP Terrane. Nature, 600: 59-63.

Yuan J Y, Huang H, Chen Y, et al. 2023. Automatic bulk composition analysis of lunar basalts: novel big-data algorithm for energy-dispersive X-ray spectroscopy. ACS Earth and Space Chemistry, 7: 370-378.

一个高钛玄武岩岩屑的矿物化学成分和三维断层成像研究[①]

摘要

利用高分辨率显微 CT、扫描电镜和电子探针等技术对首批申请的一个嫦娥五号玄武岩岩屑样品（编号 CE5C0000YJYX065）开展了详细的矿物化学成分和无损的三维断层成像研究。结果显示，样品可能含有高丰度的钛铁矿（体积分数 17.8%）（图 1），并富含磷酸盐矿物（体积分数 0.5%）；主要组成矿物如高钙辉石和长石的化学成分和演化趋势与阿波罗任务和月球任务返回的高钛玄武岩比较一致（图 2），该岩屑是在距熔岩流表层以下约 0.8 m 深度处快速冷却结晶形成的。

亮点介绍

- The combination of high-resolution X-Ray tomographic microscopy (HR-XTM), EDS-based SEM, and EPMA was used to reveal the three-dimensional petrology and mineralogy of a CE-5 basalt sample (CE5C0000YJYX065).

- The clast has a high ilmenite modal abundance (17.8 vol%) and contains a significant amount (0.5 vol%) of whitlockite. The mineral chemistry and compositions trends agree with that of Apollo and Luna High-Ti basalts.

蒋云 [1,2,†]，李晔 [1,2,†]，廖世勇 [1,2]，殷宗军 [3]，徐伟彪 [1,2,*]

1. 中国科学院紫金山天文台，行星科学重点实验室，南京 210023
2. 中国科学院比较行星学卓越创新中心，合肥 230026
3. 中国科学院南京地质古生物研究所，现代古生物学和地层学国家重点实验室，南京 210008

† 共同一作
* 通讯作者：wbxu@pmo.ac.cn

[①] 原文发表于 *Science Bulletin*，2022，67：755-761。

月海玄武岩主要分布在月球的盆地中，且以月球正面居多。月海玄武岩可能是100～400 km 深处的月幔部分熔融形成的。和地球上的同类岩石相比，它具有较高且变化较大的 TiO_2 含量，质量分数从0.2%到16.5%，相差达到约80倍。如此大的成分变化范围不仅反映了月幔深处堆晶岩分布的不均一性，也反映了月球内部岩浆过程的高度复杂性。通过不同类型的月海玄武岩，可以研究月球深部物质成分、岩浆过程随时间和空间的演化规律。

本文对首批申请的一个嫦娥五号玄武岩岩屑样品（编号 CE5C0000YJYX065，8.7 mg）开展了高分辨率显微 CT 成像研究（图 1），结果显示其含有高丰度的钛铁矿（体积约17.8%）。利用扫描电镜和电子探针对该岩屑开展了详细的矿物化学成分分析，发现主要组成矿物如高钙辉石和长石的化学成分和演化趋势与阿波罗任务和月球任务返回的高钛玄武岩一致（图2），并估算该岩屑是在距熔岩流表层以下约0.8 m 深处快速冷却结晶形成的。

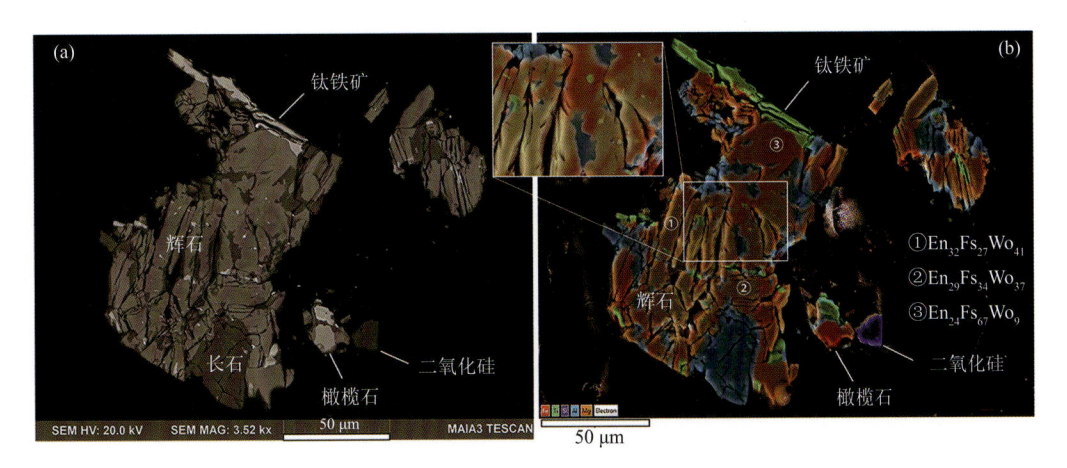

图1 嫦娥五号玄武岩岩屑的背散射电子图像和元素面扫描分布图[图(a)～(b)]以及不同角度深度的 X 射线断层成像[图(c)～(d)]

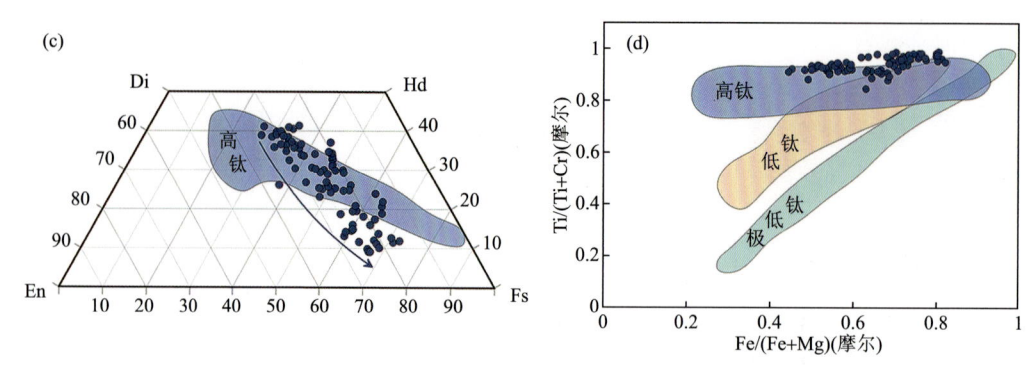

图 2　一个小颗粒岩屑的背散射电子图像[图(a)]和元素面扫描分布图[图(b)]
以及辉石的化学成分分布图[图(c)～(d)]

高钛、低钛和极低钛玄武岩数据引自 Papike et al.，1976；Nielsen and Drake，1978；Robinson et al.，2012

致谢

感谢中国科学院战略性先导科技专项（XDB 41000000）、国家国防科技工业局民用航天技术预先研究项目（D020202、D020302）、国家自然科学基金项目（41773059、41873076、41803051、41973060、42073060、42173044）、国家重点研发计划项目（2021YFA0716100）以及小行星基金会的支持。

参考文献

Nielsen R. L., Drake M. J. The case for at least three mare basalt magmas at the luna 24 landing site. New York: Pergamon Press; 1978.

Papike J. J., Hodges F. N., Bence A. E. Mare basalts' crystal chemistry, mineralogy, and petrology. Rev Geophys Space Phys 1976; 14: 475-540.

Robinson K. L., Treiman A. H., Joy K. H. Basaltic fragments in lunar feldspathic meteorites: connecting sample analyses to orbital remote sensing. Meteorit Planet Sci 2012; 47: 387-399.

嫦娥五号月壤玄武岩岩屑的精细岩石学成因研究

何琦[1,*]，李毅恒[1]，Ioannis Baziotis[2]，钱煜奇[1]，肖龙[1,*]，汪在聪[1]，张文[1]，骆必继[1]，Clive R. Neal[3]，James M. D. Day[4]，潘发斌[1]，佘振兵[5]，巫翔[1]，胡兆初[1]，宗克清[1]，王璐[1]

1. 地质过程与矿产资源国家重点实验室，中国地质大学地球科学学院，武汉 430074
2. Department of Natural Resources Management & Agricultural Engineering, Agricultural University of Athens, Iera Odos 75, Athens 11755, Greece
3. Department of Civil and Environmental Engineering and Earth Sciences, University of Notre Dame, Notre Dame, IN 46556, USA
4. Scripps Institution of Oceanography, University of California San Diego, La Jolla, CA 92093-0244, USA
5. 中国地质大学生物地质与环境地质国家重点实验室，武汉 430078

* 通讯作者：
heqi@cug.edu.cn
longxiao@cug.edu.cn

摘要

月海玄武岩为研究月球的岩浆过程和热演化提供了探针。中国的嫦娥五号月壤采样任务从一个年轻的、迄今尚未采样的月海区域中带回了珍贵的月壤样品，为了解月球火山历史提供了千载难逢的新机遇。本文对嫦娥五号月壤中的玄武岩岩屑碎片和玻璃进行了详细的岩石学研究。挑选了相对较大（100～400 μm）的玄武岩碎片。它们多为次辉绿结构，无斑或少斑，低钛至中钛（质量分数 2.1%～5.5%），低 Mg#（Mg#=19～47），与橄榄石和熔体平衡计算一致（Mg#=34）。发现了一系列高度演化的玄武岩碎片，由于晚期硅酸盐液相不混溶，出现了多数的铁橄榄石、后成合晶，以及硅酸盐液相不混溶共存的富 Si 和富 K 的玻璃。玄武质的玻璃与玄武岩碎片的成分一致，是原地玄武岩受冲击熔融形成的。玄武岩的喷发温度为 1150～1230℃。结合岩相学特征，部分玄武岩显示高度演化的特征，指示其经历了相对高程度的分离结晶作用。MELTS 模拟显示高演化的玄武质岩浆是在还原条件下通过低压简单分离结晶产生的。该过程与嫦娥五号采样区地层单元 Em4/P58 膨胀熔体流（约 50 m 厚）的形成相关。

亮点介绍

- Young basaltic lavas with low to intermediate-Ti content from the Chang'e-5 (CE-5) site are highly evolved, with an average Mg#=33.
- Some basalts show silicate liquid immiscibility (SLI) textures that have undergone significant fractional crystallization.
- The simple fractional crystallization at relatively low pressure (1 bar to 5 kbar) under reduced conditions could produce the highly evolved magma.
- Crystallization of the Chang'e-5 basalts that led to the compositions and SLI textures likely occurred in the 50 m thick Em4/P58 flow sampled by Chang'e-5.

---

① 原文发表于 *Icarus*，2022，383：1-12。

月海玄武岩是月球表面的火山活动的主要产物。嫦娥五号玄武岩的地球化学特征显示其源区既不富集放射性生热元素（KREEP 组分，Tian et al.，2021），也较干（Hu et al.，2021）。因此，何种因素导致了月幔熔融尚不清楚。目前，对嫦娥五号玄武岩样品的研究在年龄、岩石学和地球化学方面取得了重要进展（Che et al.，2021；Tian et al.，2021；Li et al.，2021；Hu et al.，2021），然而，对于其详细的结构和岩石学成因研究还较少，对于玄武岩形成过程和母岩浆演化的细节尚未报道。本文详细研究了嫦娥五号月壤中的低-中钛和高度演化的玄武岩碎片，并与阿波罗玄武岩进行了对比。

1 岩石学和地球化学特征

1.1 玄武岩碎片

玄武岩是月壤样品 CE5C0400 中的主要岩屑。岩屑的结构有嵌晶、斑状、次辉绿、隐晶结构等。本文选取了 8 个细粒玄武岩岩屑（无斑晶）进行 LA-ICP-MS 全岩成分分析。这些玄武岩具有低至中等的 TiO_2（质量分数 2.10%～5.52%，平均值为 4.03%）、低 Al_2O_3（质量分数 4.89%～13.0%，平均值=9.44%）、低 CaO（质量分数 10.5%～14.0%，平均值为 12.5%）、低 MgO（质量分数 3.37%～9.36%，平均值=5.75%）、高 FeO（质量分数 19.3%～25.6%，平均值为 22.2%）和低 Mg#（19～47，平均值为 33）。其组成与遥感光谱估算（Qian et al.，2021）和原位分析（Tian et al.，2021）的结果相当。

在月壤样品中发现了一系列高度演化的玄武岩岩屑。这些岩屑（50～150 μm，图 1）由钾长石（$An_{14～21}Ab_{3～4}Or_{76～82}$）、K-Si 玻璃、铁橄榄石（$Fo_{5～15}$）和钙铁辉石共生（$Fs_{64}Wo_{34}$，Mg#=14～20）、钛铁矿和少量磷灰石组成。由于岩屑相对较小，它们可能起源于月海玄武岩的晚期充填物部分。少数岩屑还存在可能是由硅酸盐液体不混溶（SLI，图 1）形成的富 Si+K 晚期残余物区域。Pernet-Fisher 等（2014）和 Potts 等（2016）将这种结构描述为"筛状"结构。本研究中的晚期残余物显示了成熟和不成熟的筛状结构，富含 Si+K 的熔体被包裹在橄榄石颗粒中（图 1）。这结构暗示这些玄武质碎屑经历了 SLI 分解为富 Si-K 和富 Fe 的熔体（Pernet-Fisher et al.，2014）。

1.2 玄武质玻璃

CE-5 月壤中的玻璃质（不包括凝集物）主要分为两类：球状玻璃珠和不规则形状玻璃碎片，大小从 50 μm 到 300 μm 不等。这些玻璃具有低 MgO/Al_2O_3 值（0.75）特征。我们将其定义为"玄武质玻璃"，与 CE-5 着陆点原地的玄武岩成分一致。玄武质玻璃的球粒陨石标准化 REE 配分模式显示其富集 LREE，$(La/Sm)_N$ 为 1.24～1.61，$(La/Yb)_N$ 为 1.59～2.04。这种相对高的稀土含量和配分模式，与部分年轻的月球陨石 Northwest Africa（NWA）032、NWA 4734、LaPaz Icefield（LAP）02205 相似，反映这些玄武岩可能是月幔经历了低部分熔融程度的产物。此外，玄武质撞击玻璃，其微量元素成分与玄武岩岩屑一致，暗示其可能是原地的玄武岩碎屑撞击熔融的产物。

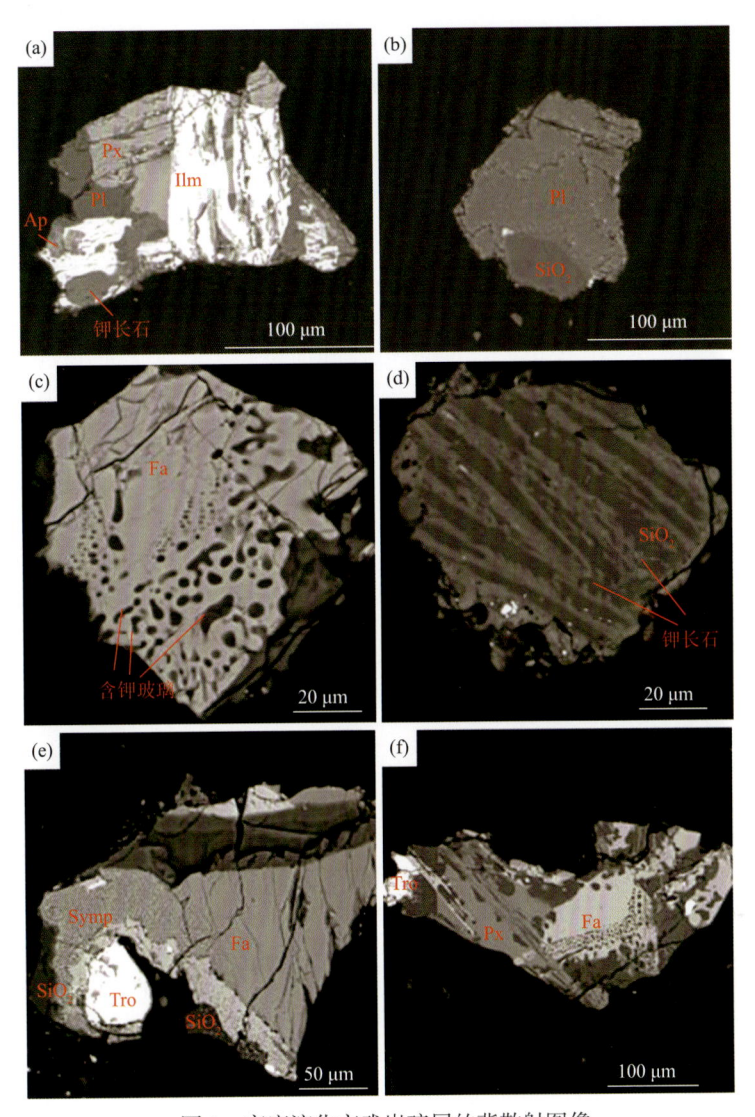

图 1 高度演化玄武岩碎屑的背散射图像

(a)高度演化的月海玄武岩碎屑，玄武质碎屑由辉石、斜长石和钛铁矿组成，含钾长石、磷灰石和富铁橄榄石；(b)斜长石与石英共生；(c)含有 K-Si 或石英玻璃包裹体的铁橄榄石；(d)钾长石与石英共生，代表月海玄武岩中的晚期残余物；(e)玄武岩碎屑中含有较高比例的后成合晶，由铁辉石、铁橄榄石和二氧化硅组成。后成合晶中亮色为铁橄榄石，灰色为铁辉石，深灰色为二氧化硅；(f)由硅酸盐液相不混溶作用形成的富 Si+K 熔体的玄武质碎屑。Px，辉石；Pl，斜长石；Tro，陨硫铁；Symp，后成合晶；Fa，铁橄榄石；Ilm，钛铁矿；Ap，磷灰石

2 MELTS 模拟结果和玄武岩的演化成因分析

本文用较为原始的玄武岩的成分作为初始成分对其进行了 MELTS 模拟计算。高度演化的玄武岩碎屑可能是在还原环境中，低压(1 bar 到 5 kbar 的压力)下发生分离结晶作用的产物。玄武岩岩屑中高度演化的矿物组合和液相不混溶等结构，可能与嫦娥五号采样区地层单元 Em4/P58 熔体流的形成相关。按照物理火山学的模拟显示，该熔岩流在缓

慢冷却和流淌过程中，初始厚度约 20 m，最终膨胀达到 50 m 的厚度（Wilson et al., 2022），在此过程中可能发生高度分离结晶和晚期液相不混溶现象。

致谢

此次研究样品来自汪在聪教授作为责任人申请的首批嫦娥五号月壤样品（CE5C0400）。感谢雅典农业大学的扬尼斯·巴齐奥蒂斯（Ioannis Baziotis）助理教授，美国圣母大学的克利伟 R. 涅（Clive R. Neal）教授和加州大学圣地亚哥分校的詹姆斯 M. D. 戴（James M. D. Day）教授对论文的指导。项目受到国家国防科技工业局民用航天技术预先研究项目的资助（D020205）。

参考文献

Che, X., Nemchin, A., Liu, D., Long, T., Wang, C., Norman, M.D., Webb, S.G., 2021. Age and composition of young basalts on the moon, measured from samples returned by Chang'e-5. Science 374（6569），887-890.

Hu, S., He, H., Ji, J., Lin, Y., Hui, H., Anand, M., Ouyang, Z., 2021. A dry lunar mantle reservoir for young mare basalts of Chang'E-5. Nature 1-8.

Li, Q.L., Zhou, Q., Liu, Y., Xiao, Z., Lin, Y., Li, J.-H., Ma, H.-X., Tang, G.Q., Guo, S., Tang, X., Yuan, J.-Y., Li, J., Wu, F.-Y., Ouyang, Z., Li, C., Li, X.H., 2021. Two-billionyear-old volcanism on the moon from Chang'E-5 basalts. Nature 600（7887），54-5

Pernet-Fisher, J.F., Howarth, G.H., Liu, Y., Chen, Y., Taylor, L.A., 2014. Estimating the lunar mantle water budget from phosphates: Complications associated with silicate-liquid-immiscibility. Geochim. Cosmochim. Acta 144, 326-341.

Potts, N.J., Tartèse, R., Anand, M., van Westrenen, W., Griffiths, A.A., Barrett, T.J., Franchi, I.A., 2016. Characterization of mesostasis regions in lunar basalts: understanding late-stage melt evolution and its influence on apatite formation. Meteorit. Planet. Sci. 51（9），1555-1575.

Qian, Y., Xiao, L., Head, J.W., van der Bogert, C.H., Hiesinger, H., Wilson, L., 2021. Young lunar mare basalts in the Chang'e-5 sample return region, northern Oceanus Procellarum. Earth Planet. Sci. Lett. 555, 116702.

Tian, H.C., Wang, H., Chen, Y., Yang, W., Zhou, Q., Zhang, C., ... Wu, F.Y., 2021. Non-KREEP origin for Chang'e-5 basalts in the Procellarum KREEP Terrane. Nature 600（7887），59-63.

Wilson, L., Head J.W, Qian, Y., Xiao, L., 2022. Modelling the eruption of the lavas sampled by the Change'e-5 mission. Lunar Planet. Sci. Conf. 53, abstract #1624.

嫦娥五号玄武岩的硫同位素组成及其对月幔源区的制约[①]

刘小莹[1,2]，郝佳龙[1]，李瑞瑛[2]，何雨旸[1]，田恒次[1]，胡森[1]，李静[1]，谷立新[1]，杨蔚[1]，林杨挺[1,2,*]

1. 中国科学院地质与地球物理研究所，地球与行星物理重点实验室，北京 10029
2. 中国科学院大学地球与行星科学学院，北京 10049

* 通讯作者：
linyt@mail.iggcas.ac.cn

摘要

嫦娥五号玄武岩是迄今获得的最年轻的月球样品，对其源区挥发分的相关研究有助于拓展对月球年轻火山活动的认识。在本项研究中，我们对嫦娥五号玄武岩中的硫化物开展了系统的岩相学、矿物化学和原位硫同位素分析。硫化物以陨硫铁为主，以及极微量的黄铜矿、方铜矿和镍黄铁矿。硫同位素分析结果表明嫦娥五号玄武岩中陨硫铁的 $\delta^{34}S$ 分布于 –1.6‰ 至 2.0‰，无明显非质量分馏。$\delta^{34}S$ 值与陨硫铁的岩相背景有关，结晶越晚的陨硫铁颗粒的 $\delta^{34}S$ 普遍越轻。这表明随着结晶和岩浆去气，岩浆的 $\delta^{34}S$ 呈下降趋势。据此校正去气导致的 S 丢失可得到喷发前熔体的初始 S 丰度。根据嫦娥五号玄武岩经历的低比例部分熔融和高程度分离结晶，最终计算得到源区的 S 丰度为约 1～10 ppm，明显低于阿波罗玄武岩源区。强烈的 S 亏损与贫 H_2O 特征相一致，进一步支持嫦娥五号源区可能经历多次熔体抽取事件，将挥发分带离源区。

亮点介绍

- The $\delta^{34}S$ of troilite in the Chang'e-5 basalts range from –1.6‰ to +2.0‰.
- The $\delta^{34}S$ of troilite in the fine-grained mesostasis are lighter than the inclusions in pyroxene, explained mainly by magma degassing.
- It is expected that the mantle source of the Chang'e-5 basalts is depleted in S, which is ～1–10 ppm with a $\delta^{34}S$ of ～0.5‰.

[①] 原文发表于 *Geophysical Research Letters*，2022，49(15)：1-9。

中国的嫦娥五号任务从月球采样带回了最年轻的月海玄武岩，证实月球的火山活动至少可持续到20亿年以前(Che et al., 2021; Li et al., 2021)。但对于异常延长的火山活动的认识还很有限(Hu et al., 2021; Tian et al., 2021)，需要进一步制约岩浆源区的地球化学性质。硫同时具有不相容性和中等挥发性，在月幔部分熔融过程中易进入熔体，广泛参与岩浆过程，并最终结晶形成硫化物赋存于玄武岩中(Steenstra et al., 2018)。结合硫同位素组成以及元素丰度，可以约束嫦娥五号玄武岩的岩浆过程和月幔源区的相关特征，尤其对于评估源区挥发分含量这一关键因素具有重要意义。

对嫦娥五号玄武岩碎屑的岩相研究表明陨硫铁(FeS)是 S 的主要载体，还可见极微量的黄铜矿(CuFeS$_2$)、方铜矿(CuFe$_2$S$_3$)和镍黄铁矿[(Fe, Ni)$_9$S$_8$](图1)，它们的矿物模式丰度为质量分数约 0.1%。陨硫铁主要有三种岩相背景(图1)：包裹于辉石或斜长石中，结晶相对较早；分布于填隙物中，结晶较晚；分布于胶结物。不同岩相背景的陨硫铁具有相似的化学成分，主要是 Fe 和 S，以及微量的 Ni、Co 和 Ti (质量分数小于 0.05%)。但它们的硫同位素组成有明显差异，其中结晶较早的陨硫铁颗粒的 δ^{34}S 偏重，平均为 1.5‰±0.3‰，而分布于填隙物中的细粒陨硫铁具有较宽的分布范围(–1.6‰～1.3‰)，平均为–0.2‰±0.3‰。

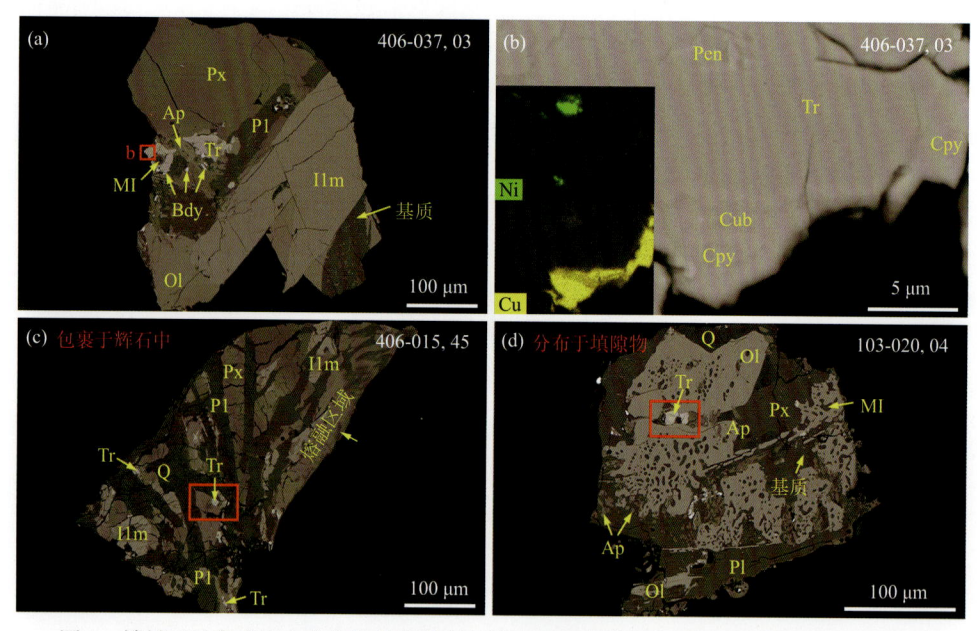

图 1　嫦娥五号玄武岩中硫化物的背散射扫描电子显微镜图像(修改自 Liu et al., 2022)
矿物缩写：Tr, 陨硫铁；Ol, 橄榄石；Px, 辉石；Pl, 斜长石；Ap, 磷灰石；Ilm, 钛铁矿；Cpy, 黄铜矿；Cub, 方铜矿；Pen, 镍黄铁矿；Q, 石英；Bdy, 斜锆石；MI, 熔体包裹体

上述分馏趋势表明随着结晶和去气，岩浆的 δ^{34}S 值变轻，这与岩浆去气导致残余熔体的 δ^{34}S 逐渐降低相一致(Fiege et al., 2015)。如果将 δ^{34}S 的变化全部归因于岩浆去气，并且将陨硫铁包体的最高 δ^{34}S 值视为最初结晶陨硫铁的 δ^{34}S 值，根据陨硫铁与熔体之间的分馏系数，即可得到初始熔体去气前的 δ^{34}S (0.5‰)以及熔体的平均 δ^{34}S (–1.0‰)。利用 Saal 和 Hauri (2021)建立的岩浆去气模型，熔体的 δ^{34}S 从最初的 0.5‰演化到–1.0‰需

要 40%的 S 从熔体中去气丢失（图 2）。在这种去气丢失程度下，熔体喷发前的初始 S 丰度从约 360±180 ppm 校正为约 600±300 ppm。由于嫦娥五号玄武岩经历了 2%～3%的部分熔融和 43%～88%的分离结晶(Tian et al., 2021)，计算得到对应源区的 S 丰度约为 1～10 ppm，明显低于阿波罗玄武岩源区的 78.9 ppm（Hauri et al., 2015）。嫦娥五号玄武岩源区强烈的 S 亏损与贫水特征是一致的(Hu et al., 2021)，进一步支持嫦娥五号月幔源区可能经历过多次熔体抽取事件，将挥发性物质（如 S、H_2O 等）带离源区，而贫挥发分的岩浆源区对于长期的火山活动是一个挑战。

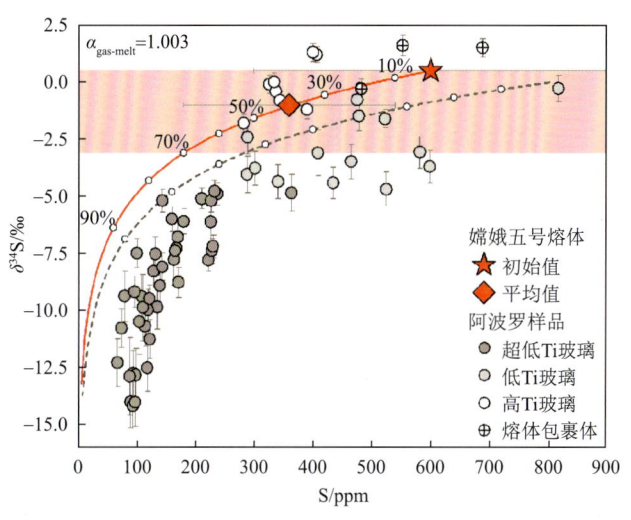

图 2 月球样品的岩浆去气模型（修改自 Liu et al., 2022）

致谢

感谢国家航天局提供嫦娥五号样品，该研究受到中国科学院前沿科学重点研究项目（QYZDJ-SSW-DQC001）、中国科学院战略性先导科技专项（XDB 41000000）和中国科学院地质与地球物理研究所重点部署项目（IGGCAS-202101、201904）资助。

参考文献

Che X C, Nemchin A, Liu D Y, et al. 2021. Age and composition of young basalts on the Moon, measured from samples returned by Chang'e-5. Science, 374(6569): 887-890.

Fiege A, Holtz F, Behrens H, et al. 2015. Experimental investigation of the S and S-isotope distribution between H2O-S±Cl fluids and basaltic melts during decompression. Chemical Geology, 393-394: 36-54.

Hauri E H, Saal A E, Rutherford M J, et al. 2015. Water in the Moon's interior: Truth and consequences. Earth and Planetary Science Letters, 409: 252-264.

Hu S, He H C, Ji J L, et al. 2021. A dry lunar mantle reservoir for young mare basalts of Chang'e-5. Nature, 600(7887): 49-53.

Li Q L, Zhou Q, Liu Y, et al. 2021. Two-billion-year-old volcanism on the Moon from Chang'e-5 basalts. Nature, 600(7887): 54-58.

Liu X Y, Hao J L, Li R Y, et al. 2022. Sulfur isotopic fractionation of the youngest Chang'e-5 basalts: constraints on the magma degassing and geochemical features of the mantle source. Geophysical Research Letters, 49(15): 1-9.

Saal A E, Hauri E H. 2021. Large sulfur isotope fractionation in lunar volcanic glasses reveals the magmatic differentiation and degassing of the Moon. Science Advances, 7(9): 1-12.

Steenstra E S, Seegers A X, Eising J, et al. 2018. Evidence for a sulfur-undersaturated lunar interior from the solubility of sulfur in lunar melts and sulfide-silicate partitioning of siderophile elements. Geochimica Et Cosmochimica Acta, 231: 130-156.

Tian H C, Wang H, Chen Y, et al. 2021. Non-KREEP origin for Chang'e-5 basalts in the Procellarum KREEP Terrane. Nature, 600(7887): 59-63.

嫦娥五号玄武岩磷灰石揭示岩浆氯同位素分馏[①]

摘要

月球具有极为特殊的氯同位素组成，其 $^{37}Cl/^{35}Cl$ 值远高于太阳系内的其他天体。破译月球玄武岩的初始氯同位素组成对认识月球起源和源区挥发分含量具有重要启示。然而，此前对月球样品的研究中，氯同位素分馏过程和分馏机制存在较大争议。嫦娥五号(CE5)玄武岩样品的采集点远离阿波罗计划和月球计划着陆位置，样品形成于距约 20 亿年前，比此前报道的月球玄武岩年轻了大约 10 亿年。因此，嫦娥五号样品为研究月球年轻岩浆活动中氯同位素的组成和分馏机制提供了重要机会。在本研究中，我们通过扫描电子显微镜、电子探针和纳米离子探针等对 CE5 磷灰石进行了系统研究，涵盖岩相学、矿物化学、挥发份含量及其分布特征、以及氯同位素组成等分析研究。CE5 玄武岩岩屑中的磷灰石粒径大都小于 10 μm，呈自形到半自形，常产出于晚期填隙物、铁橄榄石和辉石颗粒边缘。CE5 磷灰石的 $\delta^{37}Cl$ 值在+4.5 至+18.9‰之间，与氯含量呈正相关。单颗粒磷灰石的氯含量呈明显的环带特征，边部含量较高，向核部逐渐降低。以上证据表明，在 CE5 玄武岩母岩浆固化晚期，当磷灰石形成时，岩浆过程中含氯物质去气可以造成明显的氯同位素分馏，这为厘清月球初始氯同位素组成提供了重要线索。

亮点介绍

- We observed that chlorine (Cl) displays notable zoning distributions in some CE5 apatite grains with higher abundance at the rims gradually decrease towards the cores.
- Cl isotopic compositions of CE5 apatite are positively correlated with the Cl abundances.
- The petrographic characteristics and the relationship between Cl abundances and chlorine isotope indicating that magmatic degassing of Cl-bearing species during crystallization could cause significant Cl isotope fractionation.

计江龙 [1,2,†]，何会存 [1,2,†]，胡森 [1,2,*]，林杨挺 [1]，惠鹤九 [3,4,*]，郝佳龙 [1]，李瑞瑛 [1]，杨蔚 [1]，闫艺洪 [1]，田恒次 [1]，张弛 [1]，Mahesh Anand [5,6]，Romain Tartèse [7]，谷立新 [1]，李金华 [1]，张迪 [8]，毛骞 [8]，贾丽辉 [8]，陈意 [8]，吴石头 [8]，王浩 [8]，贺怀宇 [8]，李献华 [8]，吴福元 [8]

1. 中国科学院地质与地球物理研究所，地球与行星物理重点实验室，北京 100029
2. 中国科学院大学地球与行星科学学院，北京 100049
3. 南京大学地球科学与工程学院，南京 210023
4. 中国科学院比较行星学卓越中心，合肥 230036
5. School of Physical Sciences, The Open University, Milton Keynes, MK7 6AA, UK
6. Department of Earth Sciences, The Natural History Museum, London, SW7 5BD, UK
7. Department of Earth and Environmental Sciences, The University of Manchester, Manchester, M13 9PL, UK
8. 中国科学院地质与地球物理研究所，岩石圈演化国家重点实验室，北京 100029

† 共同一作
* 通讯作者：
husen@mail.iggcas.ac.cn
hhui@nju.edu.cn

[①] 原文发表于 *Earth and Planetary Science Letters*，2022，591：117636。

1 月球磷灰石氯同位素分馏的机制及问题

月球样品的全岩高精度氯同位素分析结果显示月球样品比任何其他地外样品都具有更大的氯同位素变化范围(–4‰到+24‰)(Barnes et al., 2019; Boyce et al., 2015; Sharp et al., 2010)。然而，关于月球样品氯同位素的分馏机制却没有确切的答案，争议主要在于岩浆局部去气分馏机制和 urKREEP 储层混合机制。前者是指岩浆过程中含氯物质的去气可以导致氯同位素变重，$\delta^{37}Cl$ 值升高(Gargano et al., 2020; Sharp et al., 2010)；后者认为月幔保持了月球原始的氯同位素组成，但形成 urKREEP 时，由于岩浆洋阶段的去气，导致最后残余物 urKREEP 氯同位素组成偏重(约 30‰)；月海玄武岩喷发时，由于混入的 urKREEP 组分比例不同导致月海玄武岩的氯同位素组成差异(Boyce et al., 2015)。这两种模型，一种强调月球岩浆活动的局部去气作用，另一种则更强调早期全球尺度(月球岩浆洋)的去气作用。

2 CE5 玄武岩磷灰石氯同位素研究

CE5 玄武岩的岩相结构表明，大部分磷灰石颗粒都产出于晚期填隙物中，且磷灰石的 REE 元素极为丰富，是全岩 REE 丰度的 5~15 倍，这些岩石学和地球化学证据表明磷灰石形成于岩浆固化晚期阶段。此外，CE5 样品中磷灰石的 F、Cl、OH 含量和阿波罗玄武岩相当，均以氟磷灰石为主，但是 Cl 含量变化范围大，即使在同一颗岩屑中磷灰石的 Cl 含量也显著不同，一些磷灰石颗粒还表现出从核部到边部 Cl 含量逐步富集的特征(图 1)。这可能是由于磷灰石的生长过程中 Cl 相较于 F 更不相容，因此在结晶较晚的边部更富集 Cl。

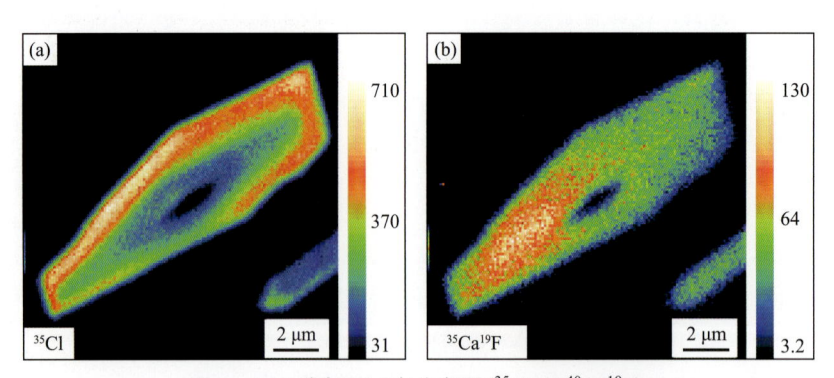

图 1　CE5 磷灰石元素分布图(^{35}Cl 和 $^{40}Ca^{19}F$)

Cl 含量呈带状分布，在边部异常富集，这可能是由于磷灰石的生长过程中 Cl 相较于 F 更不相容，随着氟磷灰石结晶，残余熔体中 Cl 相对逐渐富集所致，因此在结晶较晚的边部更富集 Cl

CE5 玄武岩中磷灰石的 $\delta^{37}Cl$ 值分布范围较大(图 2)，如果用 urKREEP 混合模型来解释，则需要玄武岩在不同的结晶阶段混入不同比例的 urKREEP 组分。但是现有的岩石地球化学证据表明 CE5 玄武岩来自同一岩浆过程，与混入不同比例的 urKREEP 组分明显冲突。此外，CE5 全岩的 La/Sm 与 $\delta^{37}Cl$ 缺乏正相关关系；玄武岩的岩石成因研究也表明其混入的 KREEP 组分小于 0.5%(Tian et al., 2021)，因此 CE5 磷灰石的 Cl 同位素分馏不太可能用月幔和 urKREEP 的混合来解释。

对于 CE5 磷灰石的 Cl 同位素变化更合理的解释是其 Cl 同位素分馏是由于母岩浆固化晚期含 Cl 物质去气的结果。在母岩浆上涌和喷发过程中，由于压力降低，挥发分发生大规模的去气，当磷灰石结晶时，熔体中的含 Cl 物质进一步去气，从而导致玄武岩及单个碎屑内部磷灰石中氯同位素的巨大变化(图 2)。CE5 磷灰石中氯的环带特征(图 1)与单个岩屑中氯含量和氯同位素组成的相关性(图2)也支持局部去气引起 Cl 同位素分馏的成因机制。

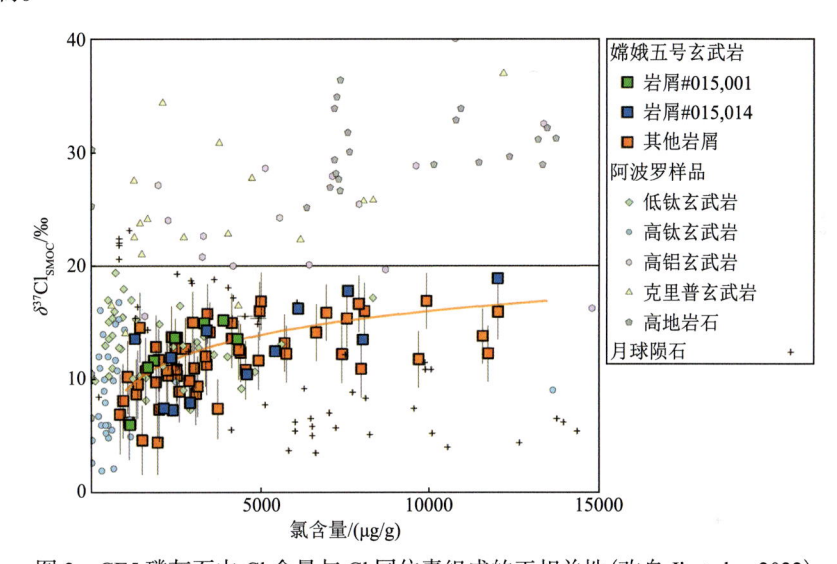

图 2　CE5 磷灰石中 Cl 含量与 Cl 同位素组成的正相关性(改自 Ji et al., 2022)

即使同一颗岩屑(#015,001 和#015,014)内部的磷灰石，Cl 含量及同位素组成也存在巨大差异，表现出明显的正相关。误差线为 2σ 分析精度

至于氯的去气形式，前人研究通常认为月球样品中含氯物质的去气以金属氯化物(NaCl、KCl、$FeCl_2$、$ZnCl_2$)或 HCl 的形式发生。金属氯化物去气要求熔体几乎不含水(10^{-9} 水平)(Sharp et al., 2010)，而 CE5 磷灰石结晶时的残余熔体中含有一定量的水(Hu et al., 2021)，这表明 CE5 磷灰石中的氯同位素分馏特征更可能是 Cl 以 HCl 形式去气所致。

3　结论

CE5 玄武岩中的磷灰石形成于岩浆结晶晚期阶段，这些磷灰石的氯同位素组成表明其结晶过程中经历了强烈的岩浆局部去气作用，正是局部的含氯物质(HCl)去气导致了 CE5 磷灰石的氯同位素显著分馏。

致谢

感谢中国科学院战略性先导科技专项（XDB41000000）、中国科学院重点部署项目（ZDBS-SSW-JSC007-15）、中国科学院地质与地球物理研究所重点研究项目（IGGCAS-202101、2011904）、国家自然科学基金项目（41973062）以及国家国防科技工业局民用航天技术预先研究项目（D020201、D020203、D020205）的支持。

参考文献

Barnes, J.J., Franchi, I.A., McCubbin, F.M. and Anand, M., 2019. Multiple reservoirs of volatiles in the Moon revealed by the isotopic composition of chlorine in lunar basalts. Geochimica et Cosmochimica Acta, 266: 144-162.

Boyce, J.W., Treiman, A.H., Guan, Y., Ma, C., Eiler, J.M., Gross, J., Greenwood, J.P. and Stolper, E.M., 2015. The chlorine isotope fingerprint of the lunar magma ocean. Science Advances, 1(8): e1500380.

Gargano, A., Sharp, Z., Shearer, C., Simon, J.I., Halliday, A. and Buckley, W., 2020. The Cl isotope composition and halogen contents of Apollo-return samples. Proc Natl Acad Sci U S A, 117(38): 23418-23425.

Hu, S., He, H., Ji, J., Lin, Y., Hui, H., Anand, M., Tartese, R., Yan, Y., Hao, J., Li, R., Gu, L., Guo, Q., He, H. and Ouyang, Z., 2021. A dry lunar mantle reservoir for young mare basalts of Chang'e-5. Nature, 600(7887): 49-53.

Ji, J., He, H., Hu, S., Lin, Y., Hui, H., Hao, J., Li, R., Yang, W., Yan, Y., Tian, H., Zhang, C., Anand, M., Tartèse, R., Gu, L., Li, J., Zhang, D., Mao, Q., Jia, L., Chen, Y., Wu, S., Wang, H., He, H., Li, X. and Wu, F., 2022. Magmatic chlorine isotope fractionation recorded in apatite from Chang'e-5 basalts. Earth and Planetary Science Letters, 591.

Sharp, Z.D., Shearer, C.K., McKeegan, K.D., Barnes, J.D. and Wang, Y.Q., 2010. The chlorine isotope composition of the moon and implications for an anhydrous mantle. Science, 329(5995): 1050-1053.

Tian, H.C., Wang, H., Chen, Y., Yang, W., Zhou, Q., Zhang, C., Lin, H.L., Huang, C., Wu, S.T., Jia, L.H., Xu, L., Zhang, D., Li, X.G., Chang, R., Yang, Y.H., Xie, L.W., Zhang, D.P., Zhang, G.L., Yang, S.H. and Wu, F.Y., 2021. Non-KREEP origin for Chang'e-5 basalts in the Procellarum KREEP Terrane. Nature, 600(7887): 59-63.

辉石冷却速率揭示嫦娥五号玄武质熔岩流规模[①]

王子龙[1,2]，王伟[1,*]，田伟[2,*]，
李慧娟[2]，钱煜奇[3]，裴军令[1]，
陈振宇[4]，王点兵[2]，刘平平[2]，
法文哲[2]，吴江[1]，保红[1]

1. 中国地质科学院地质力学研究所，北京 100081
2. 北京大学地球与空间科学学院，北京 100871
3. 香港大学地球科学系，香港 999077
4. 中国地质科学院矿产资源研究所，北京 100037

* 通讯作者：
wangwei0521@gmail.com
davidtian@pku.edu.cn

摘要

利用粗粒嫦娥五号玄武岩样品 CE5C0800YJYX013GP 的辉石和斜长石元素扩散方法进行冷却速率计算，表明样品在 950～1033 ℃的范围内以 0.000025～0.00055 ℃/h 的速率冷却，是迄今为止所报道的最慢速冷却的嫦娥五号玄武岩样本。在此基础上对熔岩流进行散热过程热力学建模，分别考虑两种就位环境：①熔岩流环境，可分别向上下表面散热；②熔岩湖环境，只向上表面散热。结果表明达到上述冷却速率需要厚度不小于 118～554 m 的熔岩流，或深度不低于 21～98 m 的熔岩湖。使用 21～118 m 的最低厚度约束和嫦娥五号溢流玄武岩区域的面积约束（37000 km^2），可得嫦娥五号溢流玄武岩的最低体积为 777～3626 km^3，与遥感观测相一致。

亮点介绍

- The cooling rate of the coarsest-grained Chang'e-5 basaltic sample is 0.000025−0.00055 ℃/h.
- The minimum vertical dimension of Chang'e-5 basalts is 21−118 m.
- The minimum effusion volume of Chang'e-5 basalts is 777−3626 km^3.

[①] 原文发表于 *Icarus*，2023，394：115406。

我国的嫦娥五号着陆于月球表面风暴洋克里普地体(PKT)北部(43.06°N, 51.92°W)，采集到了迄今为止发现的最年轻的月海玄武岩(约 1.9～2.0 Ga)(Che et al., 2021; Li et al., 2021)。遥感观测表明嫦娥五号年轻月海玄武岩的溢流面积为 37000 km^2，而其厚度和层数目前尚无定论(Qian et al., 2021)。根据撞击坑挖掘深度、部分埋藏撞击坑的形态和有效密度光谱技术，所约束的嫦娥五号熔岩流的厚度从 15～50 m 至 130～180 m 不等，并可能覆盖有 1～4 层熔岩流(Du et al., 2022; Jia et al., 2022)。然而，目前对嫦娥五号样品的岩相学研究表明这些样品的冷却速率多为 1～86 ℃/h，皆对应于小于 1 m 的埋藏深度(Jiang et al., 2022; Neal et al., 2022; Webb et al., 2022)。而目前尚缺乏对来自嫦娥五号熔岩流深部慢速冷却样本的相关报道，从而也缺乏对熔岩流规模遥感观测结果的岩相学验证。

为了进一步约束嫦娥五号玄武岩的规模，本研究利用中国国家航天局分发的粗粒嫦娥五号玄武岩样品 CE5C0800YJYX013GP 开展详细的岩相学和矿物学研究，并进行冷却速率和岩浆体规模建模。研究样本的辉石呈现约 100～200 μm 的他形晶粒，具有明显的成分分带：核部为富镁普通辉石(Wo$_{31\sim42}$En$_{29\sim37}$Fs$_{27\sim34}$)，边部为富铁易变辉石和普通辉石(Wo$_{8\sim34}$En$_{1\sim30}$Fs$_{41\sim90}$)。橄榄石较大(可达 1 mm)，也具有从核部(Fo$_{53\sim54}$)到边部(Fo$_{5\sim15}$)的成分环带。斜长石呈现自形至半自形板条状，具有从核部(An$_{85\sim87}$Ab$_{11\sim13}$, MgO 质量分数约 0.2%)到边部(An$_{78\sim81}$Ab$_{16\sim19}$, MgO 质量分数<0.1%)的轻微成分环带。该样本与前人研究所展示的嫦娥五号玄武岩岩屑结构、矿物组成和全岩成分十分类似，表明可能来源于相同熔岩流。而与其他嫦娥五号样本相比，本样品具有矿物粒度粗(可达 1 mm)和低基质丰度(体积分数<1%)的特点，应具有最慢的冷却速率。

本研究使用"生长后扩散"模型，通过使用低扩散系数元素分带扣除生长效应对单斜辉石成分环带的影响，再对成分环带的扩散成因部分求解扩散方程，以得到对冷却速率的估计(Brugman et al., 2022)。使用最新的单辉石温度计(Wang et al., 2021)计算结果表明，单斜辉石边部结晶于 950～1033 ℃，在此温度范围内，使用单斜辉石 Fe-Mg 扩散计算所得的冷却速率为 0.000025～0.00055 ℃/h(图 1)。该冷却速率也进一步被斜长石 Mg 冷却速率计(Faak et al., 2014)的计算结果所证实(图 1)。在 883～1087 ℃ 的范围内，使用斜长石 Mg 扩散计算所得的冷却速率约为 0.0005 ℃/h，与单斜辉石 Fe-Mg 扩散计算所得结果基本一致。该冷却速率显著低于前人使用钛铁矿和斜长石矿物粒度分布的方法计算出的细粒嫦娥五号样本的冷却速率(Neal et al., 2022; Webb et al., 2022)，证明此样本为迄今为止所报道的冷却速率最低的嫦娥五号玄武岩样本。

在冷却速率结果的基础上，本研究使用 COMSOL 对熔岩流进行散热过程热力学建模，分别考虑两种就位环境：①熔岩流环境，可分别向上下表面散热[图 2(a)]；②熔岩湖环境，只向上表面散热[图 2(b)]。结果表明，要使冷却速率达到 0.000025～0.00055 ℃/h，需要厚度不小于 118～554 m 的熔岩流，或深度不低于 21～98 m 的熔岩湖。所得的相对厚的熔岩流可能指示至少两次短时间间隔的火山溢流事件，因为样本可能来自早期喷出的熔岩流，在喷出到月球表面后不久就被晚期熔岩流覆盖，阻碍样本的快速冷却，并被记录到辉石 Fe-Mg 扩散环带中。而所得的相对浅的熔岩湖可能指示单一而长时间的火山溢流事件，因为长时间的溢流可使热量通过岩浆通道稳定提供，使得溢流岩浆在冷却过程中始终与热源保持接触。

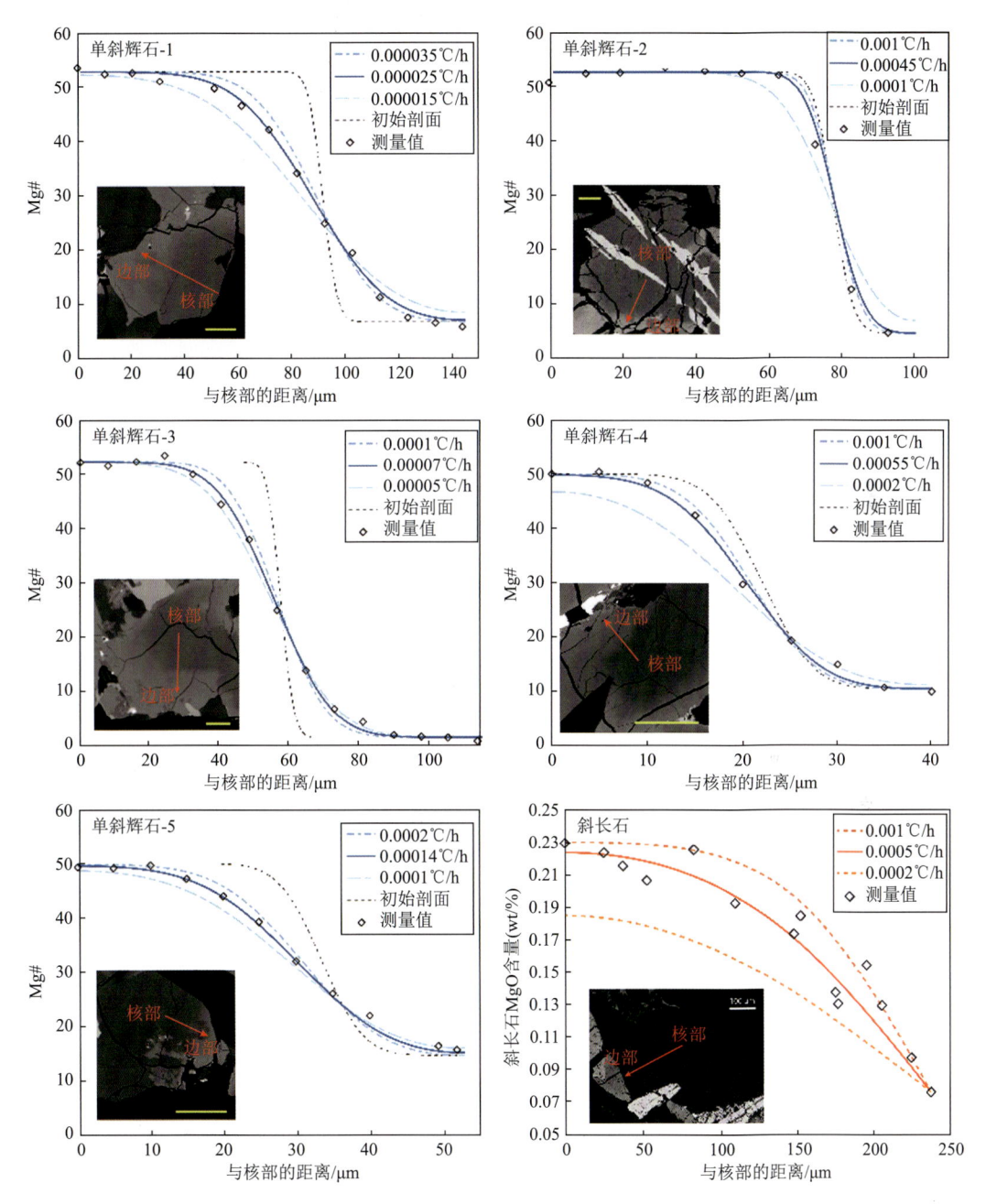

图 1 使用单斜辉石 Fe-Mg 和斜长石 Mg 扩散计算样本冷却速率

单斜辉石中 Fe-Mg 扩散计算的初始剖面(黑色点线)由低扩散速率的 Ca 元素剖面决定，不同速率下的单斜辉石 Fe-Mg 和斜长石 Mg 扩散剖面由 Matlab 求解一维菲克定律所得，最佳拟合由蓝色和橙色实线表示。红色箭头表示电子探针测量的方向（从核部到边部），黄色比例尺为 50 μm

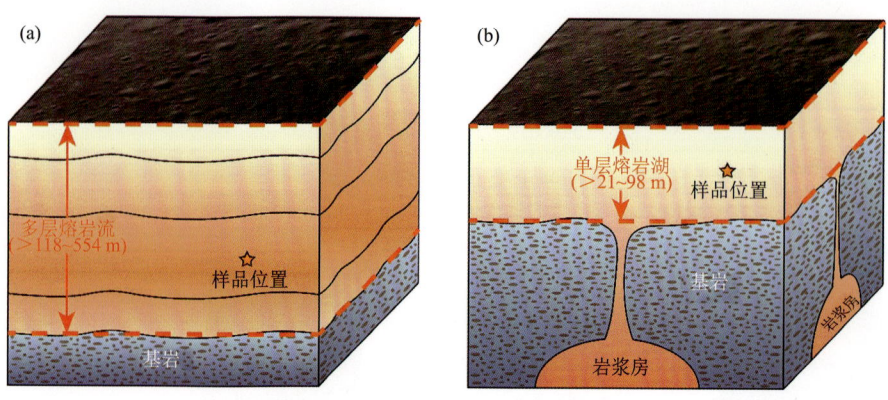

图 2　嫦娥五号玄武岩的就位环境

(a) 多期次熔岩流环境，至少两个离散的岩浆溢流事件在嫦娥五号着陆区形成了多层熔岩流；(b) 单期次熔岩湖环境，一个主要的岩浆溢流事件形成了嫦娥五号玄武岩，岩浆房提供稳定的热量供应。注意此图中并非所有的特征都以相同的比例显示

在上述两种嫦娥五号熔岩流就位模式下，使用 21～118 m 的最低厚度约束和嫦娥五号溢流玄武岩区域的面积约束 (37000 km^2)，可得嫦娥五号溢流玄武岩的最低体积为 777～3626 km^3。该体积比地球大陆溢流玄武岩的溢流体积 (<1～1000 km^3) 更高，并接近古老月海玄武岩 (3.4～3.5 Ga) 区域的溢流体积 (340～620 km^3 至 4545～6100 km^3)。同时，若假设源区只有不到 0.1% 的岩浆通过岩墙到达月球表面，嫦娥五号月幔源区的熔体体积至少为 (8～40)×10^5 km^3。这一计算表明，尽管晚期月海火山活动因月球的长期冷却而减弱，但仍然保持较高的强度，以形成观测到的高溢流量。

致谢

本研究受国家自然科学基金面上项目 (42272348、42172068) 的支持。

参考文献

Brugman K, Till C B, Bose M. 2022. Common assumptions and methods yield overestimated diffusive timescales, as exemplified in a Yellowstone post-caldera lava. Contrib Mineral Petrol 177: 63.

Che X C, Nemchin A, Liu D Y, et al. 2021. Age and composition of young basalts on the Moon, measured from samples returned by Chang'e-5. Science, 374 (6569): 887-890.

Du J, Fa W Z, Gong S X, et al. 2022. Thicknesses of Mare Basalts in the Chang'E-5 Landing Region: Implications for the Late-Stage Volcanism on the Moon. J Geophys Res Planets, 127, e2022JE007314.

Faak K, Coogan L A, Chakraborty S. 2014. A new Mg-in-plagioclase geospeedometer for the determination of cooling rates of mafic rocks. Geochim Cosmochim Acta, 140: 691-707.

Jia B J, Fa W Z, Zhang M W, et al. 2022. On the provenance of the Chang'E-5 lunar samples. Earth Planet Sci Lett, 596: 117791.

Jiang Y, Li Y, Liao S, et al. 2022. Mineral chemistry and 3D tomography of a Chang'E 5 high-Ti basalt: implication for the lunar thermal evolution history. Sci Bull, 67 (7): 755-761.

Li Q L, Zhou Q, Liu Y, et al. 2021. Two-billion-year-old volcanism on the Moon from Chang'e-5 basalts.

Nature, 600: 54-58.

Neal C R, Valenciano J L, Che X C, et al. 2022. Crystal size distribution of ilmenite in Chang'E-5 basalt clasts. In: Proceedings of the 53rd Lunar and Planetary Science Conference, abstr. #2353.

Qian Y Q, Xiao L, Head J W, et al. 2021. Young lunar mare basalts in the Chang'e-5 sample return region, northern Oceanus Procellarum. Earth Planet Sci Lett, 555: 116702.

Wang X, Hou T, Wang M, et al. 2021. A new clinopyroxene thermobarometer for mafic to intermediate magmatic systems. Eur J Mineral, 33: 621-637.

Webb S, Neal C R, Che X, et al. 2022. Crystal size distribution of plagioclase in basalt fragments from oceanus procellarum recovered by Chang'e-5. In: Proceedings of the 53rd Lunar and Planetary Science Conference, abstr. #2896.

风暴洋克里普地体年轻月海玄武岩的矿物学和年代学特征[①]

摘要

年轻月海玄武岩是月球近期（30 亿年以来）火山活动的产物，蕴含月球晚期热演化及月球如何逐步走向死寂的奥秘。我国嫦娥三号对雨海北部的年轻玄武岩单元进行了探测，而嫦娥五号更是直接从风暴洋北部地区年轻火山岩单元采集到了形成于距今 20 亿年左右的玄武岩样品，为我们认识月球晚期火山活动提供了可能。本研究基于嫦娥三号和嫦娥五号任务提供的宝贵原位探测和样品数据，改进了成分解译方法，重新解译了风暴洋克里普地体内年轻火山岩单元的物质组成并校正了各火山单元的年龄。在此基础上，本文提出月球表面两个富探索价值的年轻月海玄武岩区域作为未来采样返回的优选区域。

亮点介绍

- Reinterpretation of the mineralogy and chronology of young mare basalts based on the ground truth from Chang'e-5 samples.
- Young mare basalts in the Procellarum KREEP Terran are not rich in olivine.
- The fact that young mare basalts with ages around 2.0 Ga are widespread in the Procellarum KREEP Terrane indicates additional melting mechanism may be needed.

钱煜奇[1,†]，佘振兵[1,†]，何琦[1,†]，肖龙[1,*]，汪在聪[1,*]，James Head[2]，孙灵芝[3]，王怡然[4]，吴波[4]，巫翔[1]，骆必继[1]，曹克楠[1]，李毅恒[1]，董明潭[1]，宋文磊[5]，潘发斌[1]，Joseph Michalski[6]，叶斌龙[6]，赵佳伟[1]，赵思源[1]，黄俊[1]，赵健楠[1]，王江[1]，宗克清[1]，胡兆初[1]

1. 中国地质大学（武汉）地球科学学院，武汉 430074
2. Department of Earth, Environmental and Planetary Sciences, Brown University, Providence 02912, RI, USA
3. Department of Earth Sciences, Hawaii Institute of Geophysics and Planetology, University of Hawaii at Manoa, Honolulu 96822, HI, USA
4. 香港理工大学土地测量及地理资讯系，香港 999077
5. 西北大学地质学系，西安 710069
6. 香港大学地球科学系，香港 999077

† 共同一作
* 通讯作者：
longxiao@cug.edu.cn
zaicongwang@cug.edu.cn

[①] 原文发表于 *Nature Astronomy*，2023，7：287-297。

月球火山活动在雨海纪较为活跃,随着月球逐渐冷却,火山活动也慢慢减弱并集中喷发于风暴洋克里普地体范围内,尤其是风暴洋东部和雨海西部,这可能与该地体富集放射性生热元素有关。过去数十年,基于地基和轨道光谱数据,多位研究者指出年轻月海玄武岩具有宽缓的 1 微米和较弱的 2 微米光谱吸收特征,并将其解释为橄榄石富集的信号(Staid et al., 2011;Zhang et al., 2016)。对嫦娥三号原位探测数据和嫦娥五号样品的研究可以有效检验前人观点,深化对月球火山历史的认识。

通过对嫦娥三号可见-近红外成像光谱仪和嫦娥五号月球矿物光谱仪数据的分析,本研究发现位于雨海西北部和风暴洋北部的年轻月海玄武岩的光谱吸收特征与遥感结果一致,前人认为是橄榄石富集的特征。然而,对嫦娥三号粒子激发 X 射线谱仪和嫦娥五号返回样品的实验室综合分析却显示嫦娥三号和嫦娥五号玄武岩中橄榄石的含量都不到 10%。是什么原因造成了前人解译的偏差?通过对嫦娥五号月壤主要组成矿物进行电子探针分析,我们认为这主要是由于月壤中辉石成分特殊造成的(分别有约一半 Fe^{2+} 位于辉石的 M1 和 M2 八面体晶位)。

嫦娥三号和嫦娥五号年轻月海玄武岩矿物组成与前人基于遥感解译得到的认识的不同,促使我们重新思考月球其他年轻月海玄武岩的矿物组成特征是否准确。因为年轻月海玄武岩具有较为演化的性质,本研究采用镁值可变的查找表算法,并基于月球矿物绘图仪数据计算得到了全月年轻月海玄武岩的矿物组成(图 1)。我们发现月球年轻月海玄武岩并不富集橄榄石,其平均含量约 6%。而且年轻月海玄武岩区域矿物组成并不均一,存在部分成分特殊区域,如 U3(橄榄石含量最高)和 U22(橄榄石含量最低)。

除此之外,嫦娥五号采集的年轻月海玄武岩(年龄约 20 亿年)为月球撞击年代学曲线提供了关键锚点。该曲线的建立是进行行星表面撞击坑定年的基础,此前该曲线在 10 亿~30 亿年范围内并没有得到较好标定,因此有必要使用经过嫦娥五号样品校正的新年代学曲线对其年龄进行重新厘定。据此,我们使用主动机器学习方法,识别了年轻月海玄武岩区域直径 280 m 以上的撞击坑大小和分布,并基于岳宗玉等人提出的新年代学曲线(Yue et al., 2022),重新计算得到了年轻月海玄武岩单元的模式年龄(图 2)。

我们发现嫦娥五号着陆的 U2 单元年龄为 19.5 亿年,与样品结果一致;最年轻的月海玄武岩单元位于开普勒撞击坑西北方,年龄约 11.9 亿年。此外,我们发现年轻月海玄武岩随年龄减小,具有钛含量增加的趋势,但橄榄石含量不具有明显演化特征。全月海玄武岩喷发随时间逐渐减弱,在 20 亿年左右存在一个小峰期,形成了包括嫦娥五号玄武岩在内的、广泛分布于风暴洋克里普地体内的年轻月海玄武岩单元,指示可能存在特殊的月幔熔融机制。

我们认为本研究划分的 U3 和 U17 单元具有极高的采样返回价值,分别具有最高的橄榄石含量和最年轻的年龄,对揭示月球晚期热历史及月幔结构具有重要指示意义,应该作为未来月球探测的重点区域。

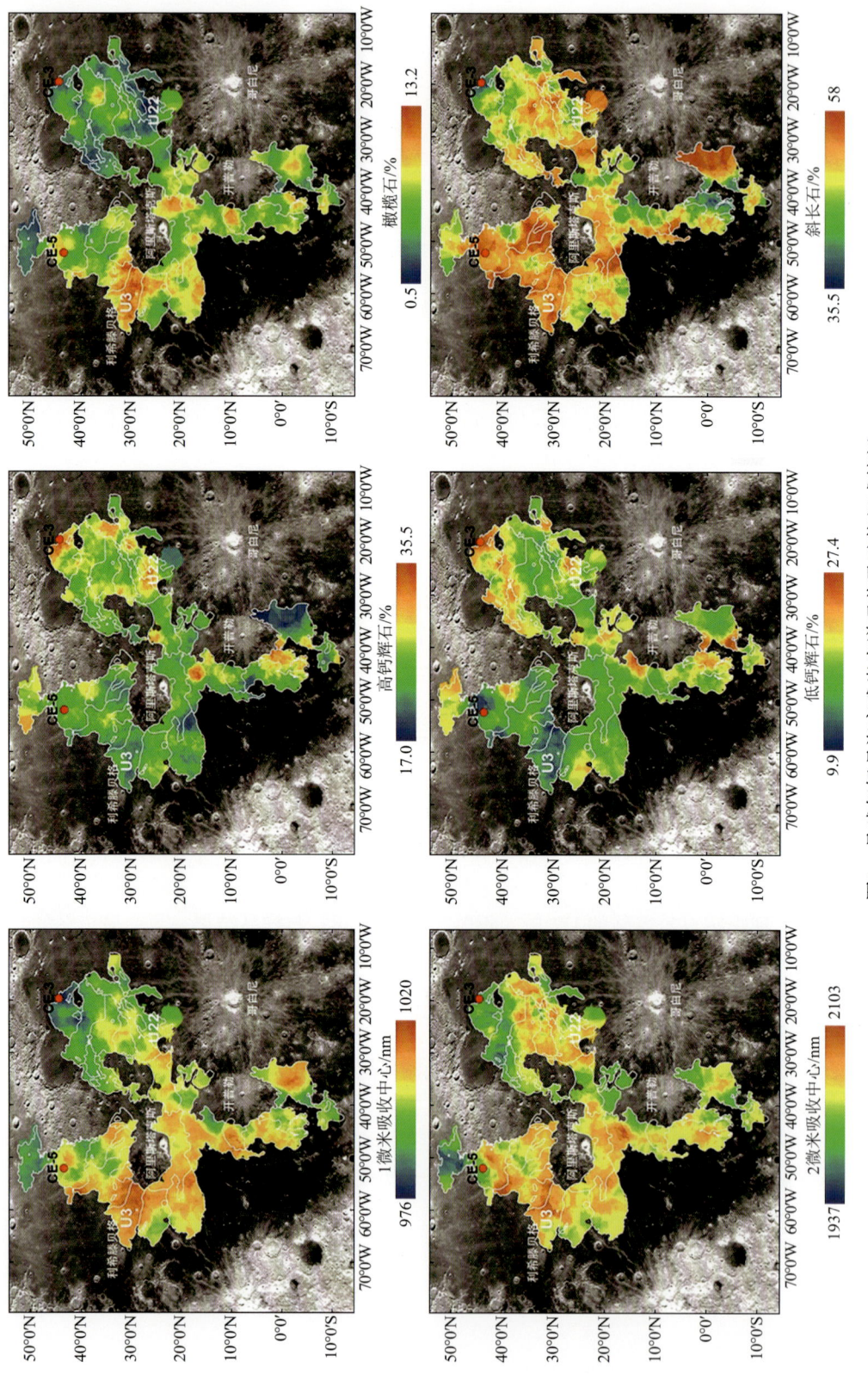

图1 月球年轻月海玄武岩光谱吸收及矿物组成特征

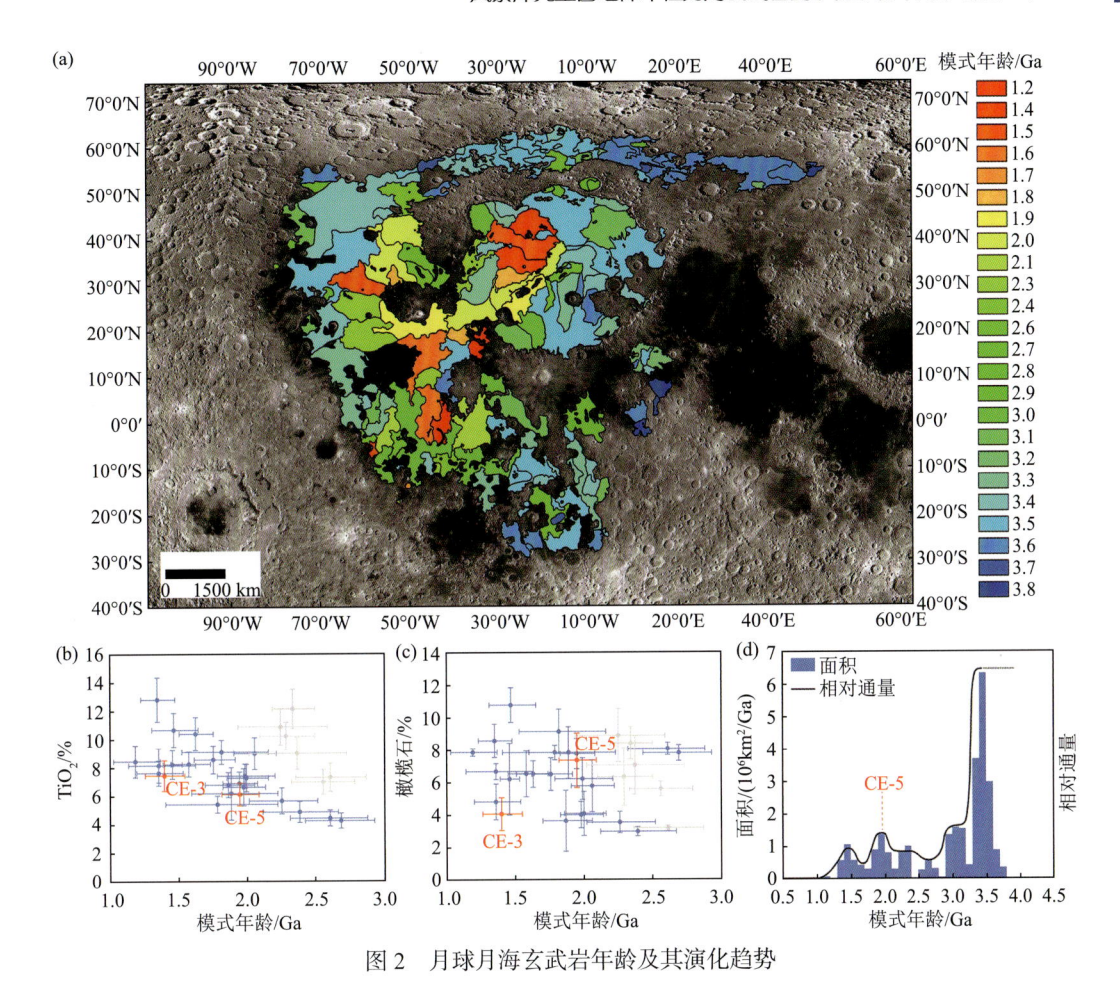

图 2 月球月海玄武岩年龄及其演化趋势

致谢

本研究得到国家重点研发计划（2020YFE0202100）、国家国防科技工业局民用航天技术预先研究项目（D020101、D020205）、国家自然科学基金（41830214、42172337）及国家留学基金（201906410015）资助。

参考文献

Staid M I, Pieters C M, Besse S, Boardman J, Dhingra D, Green R, Head J W, Isaacson P, Klima R, Kramer G, Mustard J M, Runyon C, Sunshine J, Taylor L A. 2011. The mineralogy of late stage lunar volcanism as observed by the Moon Mineralogy Mapper on Chandrayaan-1. Journal of Geophysical Research: Planets, 116: E00G10

Yue Z, Di K, Wan W, Liu Z, Gou S, Liu B, Peng M, Wang Y, Jia M, Liu J, Ouyang Z. 2022. Updated lunar cratering chronology model with the radiometric age of Chang'e-5 samples. Nature Astronomy, 6(5): 541-545

Zhang X, Wu Y, Ouyang Z, Bugiolacchi R, Chen Y, Zhang X, Cai W, Xu A, Tang Z. 2016. Mineralogical variation of the late stage mare basalts. Journal of Geophysical Research: Planets, 121(10): 2063-2080

嫦娥五号玄武岩的 Fe-Mg 同位素研究[①]

摘要

嫦娥五号样品记录了月球迄今为止最年轻（约20亿年前）的火山活动，为研究月球晚期的热演化历史提供了绝佳样本。尽管大量成果已发表，嫦娥五号玄武岩的月幔源区性质依然存在争议，而月幔特性对于理解月球晚期火山活动的驱动机制至关重要。研究团队对两个玄武岩岩屑样品开展了详细的岩相学、矿物学、主微量元素地球化学和Fe-Mg-Sr同位素分析，结果揭示嫦娥五号玄武岩的月幔源区不是岩浆洋结晶的单一堆晶，而是早期堆晶和晚期堆晶的混合物，晚期结晶的富单斜辉石堆晶比例可能为约20%~30%。富集单斜辉石堆晶可以显著降低月幔熔点，为月球年轻火山活动的产生起到了十分关键的作用。

亮点介绍

- CE-5 basalts are an ilmenite-bearing, clinopyroxene-rich olivine-normative mare basalt, characterized by low Mg# (average 29), high FeO (24.7 wt.%) and Th (5.1 μg/g) content, and intermediate TiO_2 content (5.75 wt.%).

- Two CE-5 basaltic clasts show similar Mg isotopic composition (δ^{26}Mg: –0.264 ± 0.015‰) to Apollo low-Ti mare basalts and intermediate Fe isotope composition (δ^{57}Fe: 0.161 ± 0.010‰) between low- and high-Ti mare basalts.

- New Fe-Mg isotope data indicate that the young CE-5 mare basalts possess a hybrid mantle cumulate source containing both early- and late-stage LMO cumulates, which may play an important role in the generation of late lunar volcanism.

蒋云 [1,2,†], 康晋霆 [3,4,2,†,*], 廖世勇 [1,2], Stephen M. Elardo [5], 宗克清 [6], 王思杰 [3], 聂昌 [1], 李沛毅 [1], 殷宗军 [7], 黄方 [3,4,2], 徐伟彪 [1,2,4,*]

1. 中国科学院紫金山天文台，行星科学重点实验室，南京 210023
2. 中国科学院比较行星学卓越创新中心，合肥 230026
3. 中国科学技术大学地球与空间科学学院，合肥 230026
4. 中国科学技术大学深空探测实验室，合肥 230026
5. The Florida Planets Lab, Department of Geological Sciences, University of Florida. Gainesville, FL 32506, USA
6. 中国地质大学（武汉）地质过程与矿产资源国家重点实验室，武汉 430074
7. 中国科学院南京地质古生物研究所，现代古生物学和地层学国家重点实验室，南京 210008

† 共同一作
* 通讯作者：
kjt@ustc.edu.cn
wbxu@pmo.ac.cn

[①] 原文发表于 Astrophysical Journal Letters，2023，945：L26。

研究团队对两个玄武岩岩屑样品(编号 CE5C0800YJYX038)开展三维 CT 扫描,确认岩屑样品是玄武岩,不是撞击熔体。选取部分样品制成光片,开展详细的岩相学和矿物学原位分析,剩余样品溶解开展主微量元素和 Fe-Mg-Sr 同位素分析。结果表明组成两个玄武岩岩屑的辉石、橄榄石和长石等的化学成分均与前人发表结果一致(图 1),代表嫦娥五号着陆区本地的玄武岩熔岩流。全岩主量和微量元素表明,嫦娥五号样品是迄今为止最演化的玄武岩(Mg#: 29,(La)$_N$: 158),具有高铁(FeO 质量分数: 24.7%)、高钍(Th: 5.1 μg/g)、中钛(TiO$_2$ 质量分数: 5.75%)的特点(图 1),全岩镁同位素(δ^{26}Mg: –0.264 ± 0.015‰)和阿波罗低钛玄武岩一致,全岩铁同位素(δ^{57}Fe: 0.161 ± 0.010‰)介于阿波罗低钛和高钛玄武岩之间。

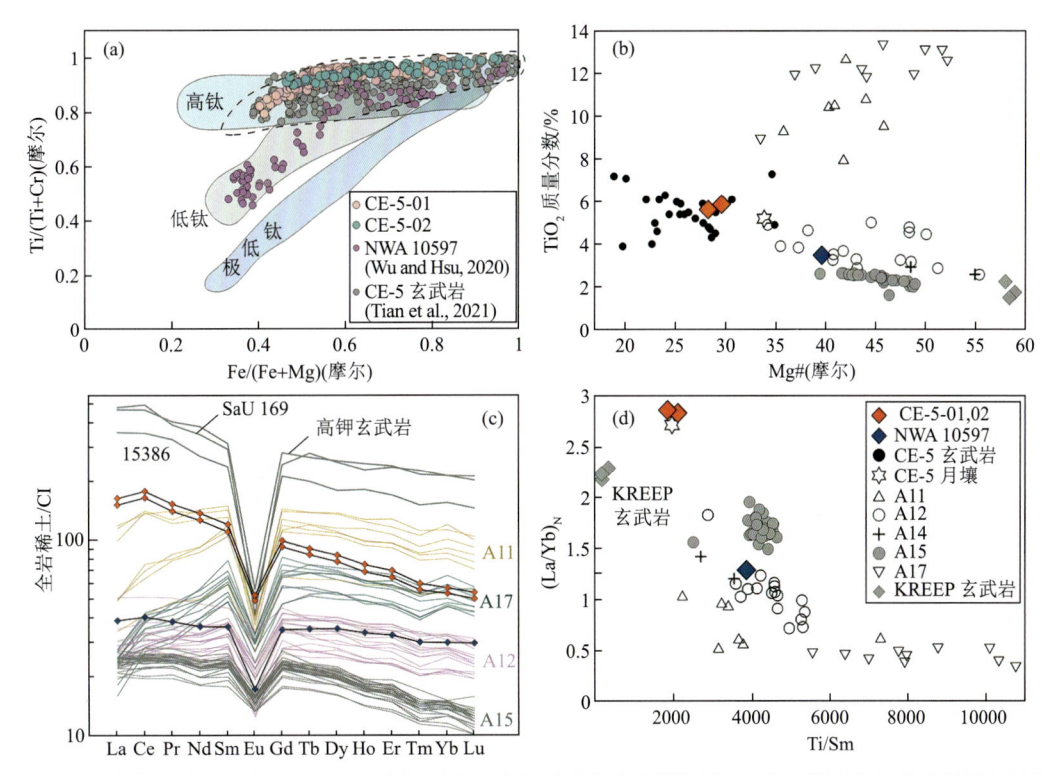

图 1 两个玄武岩岩屑(CE-5-01,02)中辉石的矿物化学成分分布[图(a)]、全岩镁指数和钛含量[图(b)]以及稀土元素含量图解[图(c)~(d)]

NWA 10597 辉石数据来源(Wu and Hsu,2020)

基于已获取的主微量元素及 Fe-Mg 同位素数据,该项研究估算了嫦娥五号玄武岩的母岩浆成分(图 2),并对月球岩浆洋冷凝结晶过程进行了模拟计算。结果表明,岩浆洋早期结晶的富橄榄石堆晶具有轻 Fe 和重 Mg 的同位素特征,晚期富单斜辉石堆晶具有重 Fe 和轻 Mg 的同位素特征。嫦娥五号月球样品的 Fe-Mg 同位素组成指示了其月幔源区可能为两种堆晶体的混合,晚期结晶的富单斜辉石堆晶占比可能为约 20%~30%(图 2)。富集单斜辉石堆晶可以显著降低月幔的熔点,为月球年轻火山活动的产生起到了十分关键的作用。

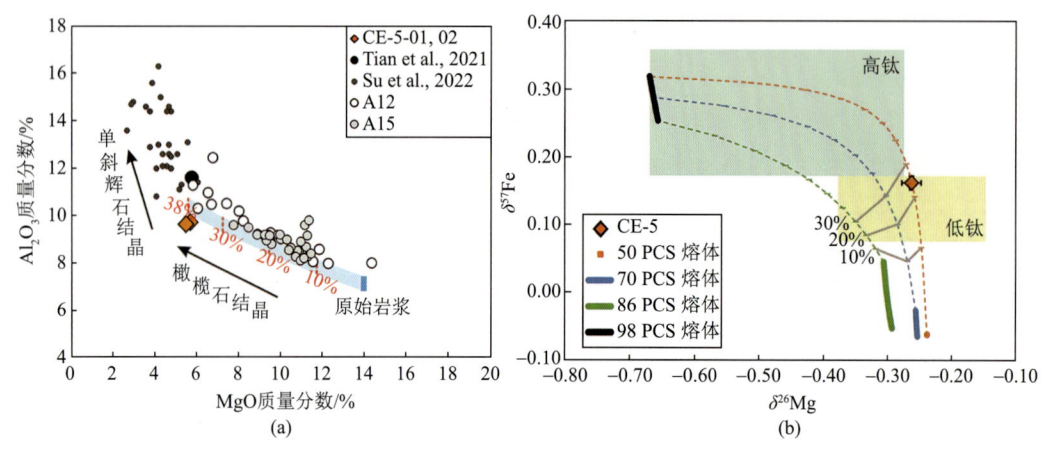

图 2　嫦娥五号玄武岩初始岩浆计算[图(a)]和 Fe-Mg 同位素混合计算[图(b)]

岩屑对比数据来源：Tian et al., 2021；Su et al., 2022。镁同位素数据来源：Sedaghatpour et al., 2013；Sedaghatpour and Jacobsen, 2019。铁同位素数据来源：Poitrasson et al., 2004；Weyer et al., 2005；Liu et al., 2010；Sossi and Moynier, 2017

致谢

感谢国家国防科技工业局民用航天技术预先研究项目（D020202 和 D020302）、中国科学院战略性先导科技专项（XDB 41000000）、国家重点研发计划项目（2021YFA0716100）、国家自然科学基金项目（42173044、42241146、42073060、41973060）、中国科学院重点部署项目（ZDBS-SSW-JSC007）以及小行星基金会的支持。

参考文献

Liu Y., Spicuzza M. J., Craddock P. R., Day J. M. D., Valley J. W., Dauphas N. and Taylor L. A. 2010. Oxygen and iron isotope constraints on near-surface fractionation effects and the composition of lunar mare basalt source regions. *Geochimica et Cosmochimica Acta* **74**, 6249-6262.

Poitrasson F., Halliday A. N., Lee D.-C., Levasseur S. and Teutsch N. 2004. Iron isotope differences between Earth, Moon, Mars and Vesta as possible records of contrasted accretion mechanisms. *Earth and Planetary Science Letters* **223**, 253-266.

Sedaghatpour F. and Jacobsen S. B. 2019. Magnesium stable isotopes support the lunar magma ocean cumulate remelting model for mare basalts. *Proceedings of the National Academy of Sciences* **116**, 73-78.

Sedaghatpour F., Teng F.-Z., Liu Y., Sears D. W. and Taylor L. A. 2013. Magnesium isotopic composition of the Moon. *Geochimica et Cosmochimica Acta* **120**, 1-16.

Sossi P. A. and Moynier F. 2017. Chemical and isotopic kinship of iron in the Earth and Moon deduced from the lunar Mg-Suite. *Earth and Planetary Science Letters* **471**, 125-135.

Su B., Yuan J., Chen Y., Yang W., Mitchell R. N., Hui H., Wang H., Tian H., Li X.-H. and Wu F.-Y. 2022. Fusible mantle cumulates trigger young mare volcanism on the cooling Moon. *Science Advances* **8**, eabn2103.

Tian H. C., Wang H., Chen Y., Yang W., Zhou Q., Zhang C., Lin H. L., Huang C., Wu S. T., Jia L. H., Xu L., Zhang D., Li X. G., Chang R., Yang Y. H., Xie L. W., Zhang D. P., Zhang G. L., Yang S. H. and Wu F. Y. 2021. Non-KREEP origin for Chang'e-5 basalts in the Procellarum KREEP Terrane. *Nature* **600**, 59-63.

Weyer S., Anbar A., Brey G., Munker C., Mezger K. and Woodland A. 2005. Iron isotope fractionation during planetary differentiation. *Earth and Planetary Science Letters* **240**, 251-264.

Wu Y. H., Hsu W. B. 2020. Mineral chemistry and in situ U-Pb geochronology of the mare basalt Northwest Africa 10597: implications for low-Ti mare volcanism around 3.0 Ga. *Icarus* **338**, 113531.

斜长石微量元素揭示嫦娥五号玄武岩成因[①]

田恒次[1,*]，杨蔚[1,*]，张棣[1]，张慧娟[1]，贾丽辉[2]，吴石头[2]，林杨挺[1]，李献华[1]，吴福元[2]

1. 中国科学院地质与地球物理研究所，地球与行星物理院重点实验室，北京 100029
2. 中国科学院地质与地球物理研究所，岩石圈演化国家重点实验室，北京 100029

* 通讯作者：
hctian@mail.iggcas.ac.cn
yangw@mail.iggcas.ac.cn

摘要

确定嫦娥五号年轻玄武岩的化学特征和岩石类型对认识玄武岩的源区组成、岩浆过程等科学问题至关重要。本文从矿物微区主量和微量元素角度对嫦娥五号玄武岩形成和演化开展研究。研究结果表明斜长石具有明显的成分变化，早期结晶的斜长石具有高的 An 牌号和低的微量元素特征，晚期结晶的长石则具有低 An 和高的微量元素含量。可以推断，斜长石平衡母岩浆的具有非常富集微量元素的特征，并非是 KREEP 物质混染导致的，而是岩浆高程度分离结晶的结果。通过最早期结晶的斜长石计算得到母岩浆 TiO_2 含量为质量分数 3.3±0.4%，这一结果表明嫦娥五号玄武岩起源于低钛玄武质熔体。

亮点介绍

- The nearly parallel REE distributions and a high degree of trace element enrichment in plagioclase indicate an extensive fractional crystallization process, which overall crystallized later than clinopyroxene.
- The parental melt TiO_2 content from the earliest crystallized plagioclase to be ～3.3 ± 0.4wt.%, providing robust evidence for a low-Ti and non-KREEP origin for the Chang'e-5 young basalts.

[①] 原文发表于 *American Mineralogist*，2023，108：1669-1677。

嫦娥五号年轻玄武岩属于低钛还是高钛类型关系到月幔源区组成、岩浆起源深度以及演化过程等基本科学问题。由于玄武岩颗粒较小，国内研究学者前期主要通过毫米-微米级岩屑中矿物平均成分、矿物模式含量和密度来计算岩屑全岩成分。然而，微细岩屑是否具有代表性以及矿物普遍发育成分环带都将显著影响玄武岩全岩成分的限定，导致目前报道的岩屑成分变化明显，不能准确区分嫦娥五号玄武岩的类型(Che et al., 2021; Jiang et al., 2022; Tian et al., 2021)。

岩浆中结晶出的矿物为解决上述问题提供了绝佳的机会，为此研究团队对嫦娥五号玄武岩中斜长石开展了精细研究。之所以选择长石矿物，是因为它是主要造岩矿物，能够连续记录岩浆演化信息，可以避免玄武岩岩屑太小代表性不足的问题。本研究取得以下新认识：①识别出早期结晶的斜长石具有高的钙长石牌号(An)，随着分离结晶持续进行，An逐渐降低，微量元素含量逐渐升高(如La、Ba等)。②最早期结晶的斜长石(An含量约90)对应熔体的TiO_2含量为质量分数约$3.3 \pm 0.4\%$(图1)，落在低钛玄武岩范围，证明嫦娥五号玄武岩起源于低钛玄武质熔体，这与嫦娥五号玄武岩中橄榄石反算的初始岩浆TiO_2含量结果一致(Zhang et al., 2022)；随着An降低(约82~90)，熔体TiO_2含量缓慢升高，暗示这一阶段存在镁铁质矿物而非钛铁矿的连续结晶(图1)。③另外，计算结果显示嫦娥五号玄武岩比阿波罗低钛玄武岩初始熔体TiO_2含量要高，可能反映两者的差异性。

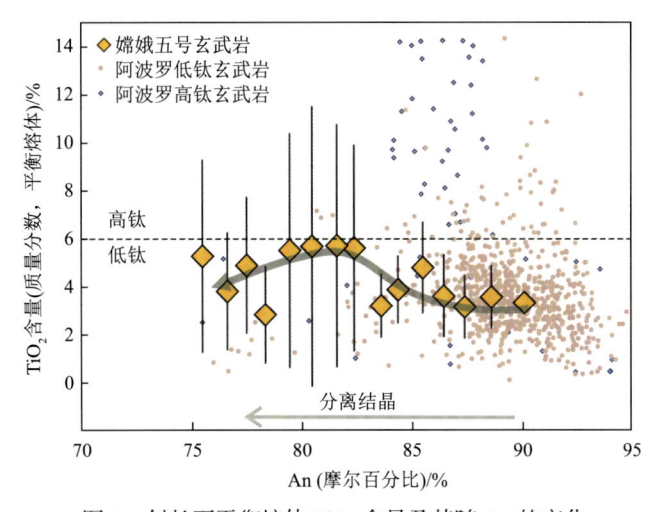

图1 斜长石平衡熔体TiO_2含量及其随An的变化

致谢

感谢中国科学院重点部署项目、中国科学院战略性先导科技专项(B类)、国家国防科技工业局民用航天技术预先研究项目、中国科学院地质与地球物理研究所重点部署项目等的资助。

参考文献

Che X, Nemchin A, Liu D, et al. 2021. Age and composition of young basalts on the Moon, measured from samples returned by Chang'e-5. Science, 374(6569), 887-890.

Jiang Y, Li Y, Liao S, et al. 2022. Mineral chemistry and 3D tomography of a Chang'E 5 high-Ti basalt: implication for the lunar thermal evolution history. Science Bulletin, 67, 755-761.

Tian HC, Wang H, Chen Y, et al. 2021. Non-KREEP origin for Chang'e-5 basalts in the Procellarum KREEP Terrane. Nature, 600, 59-63.

Zhang D, Su B, Chen Y, et al. 2022. Titanium in olivine reveals low-Ti origin of the Chang'E-5 lunar basalts, Lithos, 106639.

月壤物理化学性质

中子活化分析揭秘嫦娥五号月壤成分[①]

姚永刚[1]，肖才锦[1,*]，王平生[1]，李春来[2]，周琴[2]

1. 中国原子能科学研究院核物理所，北京 102413
2. 中国科学院国家天文台，北京 100101

* 通讯作者：
cjshaw@ciae.ac.cn

摘要

本研究采用中子活化分析方法无损测定了嫦娥五号月壤样品中主量、微量及痕量元素含量，为确保分析结果的准确性和可靠性，对分析过程进行了严格的质量保证和控制。研究成果对于探讨月壤的物质组成和来源，反演其形成的物理化学条件，研究月球演化历史具有重要意义。

亮点介绍

- The Chang'e-5 lunar samples were analyzed nondestructively for more than 40 elements by instrumental neutron activation analysis（INAA）.
- Based on the INAA results, some new observations and discoveries were made.

[①] 原文发表于 *Journal of the American Chemical Society*，2022，144：5478-5484。

2020 年 12 月 17 日，我国嫦娥五号成功采集 1731 g 月壤并返回地球，是继美国和苏联探月采样任务 44 年后人类再次获得的月球样品，采集到了迄今为止最年轻的月球火山岩样品[1]。由于嫦娥五号月壤样品的特殊和珍贵，优先选用无损分析方法对嫦娥五号月壤开展研究。月壤样品成分的精准分析研究对于认识月球演化以及后续月球探测与资源就地开发利用具有重要的意义。

中国原子能科学研究院（简称原子能院）联合中国科学院国家天文台科研人员利用原子能院 49-2 泳池堆（swimming pool reactor，SPR）和微型中子源反应堆（miniature neutron source reactor，MNSR），通过仪器中子活化分析（instrumental neutron activation analysis，INAA）技术实现了嫦娥五号月壤样品中 40 余种元素含量的无损分析[2]。INAA 的特点和优势有：①INAA 不需要对样品进行任何化学处理，完全避免了痕量分析溯源链中最薄弱的一环——样品溶解过程中待测元素的可能丢失或污染问题；②由于入射射线（中子）和测量射线（伽马射线）对物质的强穿透能力，使得 INAA 成为唯一的适用于微克至千克级样品量的无损多元素分析技术；③反应堆中子源提供的热中子注量率高且热中子(n, γ)反应截面大，以及现代高纯锗（high purity germanium，HPGe）谱仪的高探测效率和分辨率，决定了 INAA 对元素周期表钠（Na）到铀（U）中大部分元素较低的探测限和高灵敏度（$10^{-13} \sim 10^{-6}$ g/g）；④同一个元素可以通过两个或更多个分析 γ 射线或指示核素测定，相互比对可减小系统不确定度，INAA 方法提供了可贵的自检功能；⑤INAA 以元素的核性质为基础，与基于原子谱学和化学性质的所有其它分析方法有不同的不确定度来源，这使 INAA 与其他方法在相互检验系统不确定度方面有极佳的互补性。因此，INAA 作为一种多元素分析方法，具有无损性、灵敏度高、准确度好、无需样品预处理、无试剂空白和可测元素种类多等优点，广泛应用于地球化学、宇宙科学、环境科学、考古学以及标准物质定值等领域[3]。鉴于上述中子活化分析的特点和优势，美国阿波罗计划（Apollo）月球样品、苏联月球计划（Luna）月球样品、日本糸川（Itokawa）小行星样品、龙谷（Ryugu）小行星样品、国际空间站宇宙尘样品，以及人类收集落到地面的珍贵月球和火星陨石等都是利用中子活化分析技术作为其中主微量元素含量分析的主要方法之一。此外，1978 年，美国送给中国 1 g 的阿波罗 17 号月壤样品，原子能院核物理所科研人员就是利用中子活化分析技术测定了 62.10 mg 月壤样品中的 36 种元素含量[4]。

为确保嫦娥五号月壤样品分析的准确性和可靠性，除采用多种认证参考标准物质和单元素化学标准进行质控外，在本次嫦娥五号月壤样品 INAA 分析实验中还采用相对法和 k_0 法两种方法进行元素定量分析。原子能院活化分析实验室建立的 k_0 法和相对法兼容的活化分析软件 ADVNAA[3]，对每一条特征 γ 分析线均由 k_0 法和相对法给出两个独立的分析结果，两者误差不超过 4%才给出最终结果。其中 k_0 法的标准化完全独立于相对法，可为相对法 INAA 的分析结果提供独立检验。这一自检功能进一步增强了相对法作为比较基准法的地位，也满足了国际标准化组织（International Organization for Standardization，ISO）对权威法的要求即通常使用一个准确可靠的方法，为数据的正确性提供附加保证。

通过与美国阿波罗计划和苏联月球计划月球样品元素成分进行对比研究，发现我国嫦娥五号月壤样品中多种元素含量存在差异。比如，嫦娥五号月壤中主量元素 Fe 和 Ti

含量较高，此次嫦娥五号月壤 TiO$_2$ 含量为 5.19%，虽属于低钛玄武岩，但其含量已经接近高钛玄武岩。同时，发现嫦娥五号月壤稀土模式分布与美国阿波罗 12 号样品相似，且 Eu 都存在负异常现象。INAA 测定的嫦娥五号月壤中的 U(1.41 ppm) 和 Th(4.72 ppm) 含量比典型的阿波罗月壤中克里普[富集钾(K)、稀土(REE)、磷(P)，KREEP]样品中含量低。INAA 测定的嫦娥五号月壤中的 Ni(136 ppm)、Au(8.8 ppb)[①]、Ir(3.61 ppb) 等元素含量为研究嫦娥五号月壤的陨石成分贡献和陨石撞击历史提供了重要依据。

对于嫦娥五号月壤的多元素精准分析，可为国内其他科研团队提供全面的月壤成分信息，并与其他表征分析技术优势互补，为嫦娥五号月壤精细化研究和人类对于月球演化认识和资源开发利用提供中国方案和贡献。随着我国深空探测的发展以及我国科学技术能力提升，多种先进分析技术的优势结合可为我国未来月球、火星、小行星等深空探测珍贵样品的无损分析提供更多高精准的科学数据。

致谢

感谢国家财政部稳定支持研究经费(BJ22003001)资助。感谢中国原子能科学研究院微型中子源反应堆和 49-2 泳池堆提供样品中子辐照，并对实验期间反应堆运行和操作人员表示感谢。

参考文献

[1] Li C L, Hu H, Yang M F, et al. 2022. Characteristics of the lunar samples returned by Chang'e-5 mission. Natl Sci Rev, 9(2): nwab188.

[2] Yao Y G, Xiao C J, Wang P S, et al. 2022. Instrumental Neutron Activation Analysis of Chang'e-5 Lunar Regolith Samples. J Am Chem Soc, 144: 5478-5484.

[3] Ni B F, Xiao C J, Huang D H, et al. 2012. A brief introduction to NAA facilities of China Advance Research Reactor at CIAE. J Radioanal Nucl Chem, 291: 313-319.

[4] 孙用均, 田伟之, 肖家祝, 等. 1983. Apollo-17 月海玄武岩样品的仪器和放射化学多元素中子活化分析. 核化学与放射化学, 5: 167-175.

---

① 1 ppb=10^{-9}。

嫦娥五号月球样品的尺寸、形貌与组成分析[①]

摘要

本文对我国嫦娥五号采样返回任务首批月球样品(样品编号 CE5C0400)进行了表征测试与分析，包括激光粒度与粒形分析、X 射线衍射及其精修计算等，研究并分析了本次月球采样任务的特定区域(风暴洋东北角的玄武岩区域)中表层月壤的物理和化学特性，扩展了月球表面特征的国际性科研数据，深化了对月球演化方面的认识。

亮点介绍

- The CE-5 sampling site in the northeastern Oceanus Procellarum on the Moon yields a unique collection of relatively regular-shaped and fine basalt-dominated particles.
- It is deduced that the CE-5 Lunar Regolith (LR) structure have mainly resulted from micrometeoroid impacts to achieve such a high level of maturity.
- The minerals in CE5C0400 comprise approximately 44.5% pyroxene, 30.4% plagioclase, 3.6% olivine, and 6.0% ilmenite. There is a relatively low content of approximately 15.5% glass phase in the CE-5 lunar sample.

张辉 [1,†]，张弦 [1,†]，张光 [1]，董珂琪 [1]，邓湘金 [2]，高小松 [3]，杨耀东 [3]，肖媛 [1]，柏晓 [1]，梁凯新 [1]，刘祎炜 [1]，马文彬 [1]，赵少凡 [1]，张策 [1]，张晓静 [1]，宋坚 [1]，姚伟 [1]，陈泓 [4]，汪卫华 [1,5,*]，邹志刚 [1,6,*]，杨孟飞 [1,4,*]

1. 中国空间技术研究院钱学森空间技术实验室，北京 100094
2. 中国空间技术研究院北京空间飞行器总体设计部，北京 100094
3. 中国空间技术研究院北京航天器材料和工艺保证中心，北京 100094
4. 中国空间技术研究院，北京 100094
5. 中国科学院物理研究所，北京 100090
6. 南京大学工程与应用科学学院，南京 210093

† 共同一作
* 通讯作者：
whw@iphy.ac.cn
yangmf@bice.org.cn
yangmf@bice.org.cn

[①] 原文发表于 Science China: Physics, Mechanics & Astronomy，2022，65：1-8。

月球风化层(Lunar Regolith,LR)是月球与其空间环境之间厚度为几米的典型界面,包含有关月球来源和未来月球资源利用的重要信息(McKay et al.,1991)。特别是,LR表层能够直接发生各种自然现象(包括太阳风注入、陨石/微陨石撞击、宇宙射线轰击),导致月球表层样品(LS)具有复杂、多变的物理、化学和矿物特性(KenKnight et al., 1967),深入了解月球表层样品的物理和化学特性对于后续月球探测至关重要(King Jr et al., 1970)。本文基于独特 CE-5 任务的采样地点,即月球风暴洋东北部的玄武岩区域(Qian et al.,2021),研究了月球表层样品(编号 CE5C0400)的形态、结构、化学和物理特性。

1 粒度与粒形分析

图 1 显示了 CE-5 LS 粒度与粒形分布。结合激光衍射仪,分析了 CE5C0400 中粒径为 15.0~438.2 μm 的 120597 个 LS 颗粒的二维图像和圆形度分布,如图 1(a)~(b)所示。结果表明,LS 颗粒从球形到极端棱角状都有出现,其平均圆形度为 0.875,其中 25% 以上的 LS 颗粒的圆形度小于 0.854,只有 10% 的 LS 颗粒的圆形度小于 0.805。因此,CE-5 LS 颗粒具有高圆形度,形状相对规则。

月球样品 CE5C0400 颗粒体积百分比柱状图和累积体积分布随粒径变化的曲线展示了其粒度分布情况[见图 1(c)~(d)]。如所预期,LS 粒度分布在 0.31~515.70 μm,较为广泛。在 1~10 μm 尺寸范围内,体积百分比缓慢增加,表明存在大量的细粉尘。当颗粒尺寸超过 86.35 μm 时,体积百分比逐渐降低,表明大颗粒数量减少。累积体积分布曲线[图 1(d)]得出的有效粒径 D_{10}、中间粒径 D_{30}、中值粒径 D_{50} 和限制粒径 D_{60} 分别为 4.75±0.39 μm、24.34±0.91 μm、55.24±0.96 μm 和 71.87±0.89 μm。与使用相同激光衍射技术测得的阿波罗 11 号月海样品 10084 的粒径-体积分布相比,月球样品 CE5C0400 的 D_{50} 值在其中值粒径 66.47~30.05 μm 的范围内(Cooper et al., 2012)。较小的 D_{50} 值意味着 CE-5 LS 的成熟度较高,表现出 LS 单分散的特征。此外,不均匀系数 C_u 和曲率系数 C_c 分别为 15.1 和 1.7,表明月球样品 CE5C0400 为良好级配。由此,CE-5 LS 结构接近饱和状态,这可能是微陨石撞击起着主导作用所致。

2 晶体结构与组成

图 2 展示了月球样品 CE5C0400 的 XRD 图谱和 Rietveld 精修结果。结果显示,LS 晶相主要由辉石(PDF#86-0005)、斜长石、橄榄石(PDF#99-0052)和钛铁矿(PDF#99-0063)组成。此外,在 20°至 35°范围内出现宽峰表明 LS 中存在无定形组分。Rietveld 精修结果表明月球样品 CE5C0400 中辉石占比 44.5%、斜长石占比 30.4%、橄榄石占比 3.6%、钛铁矿 6.0%,玻璃相占比 15.5%。

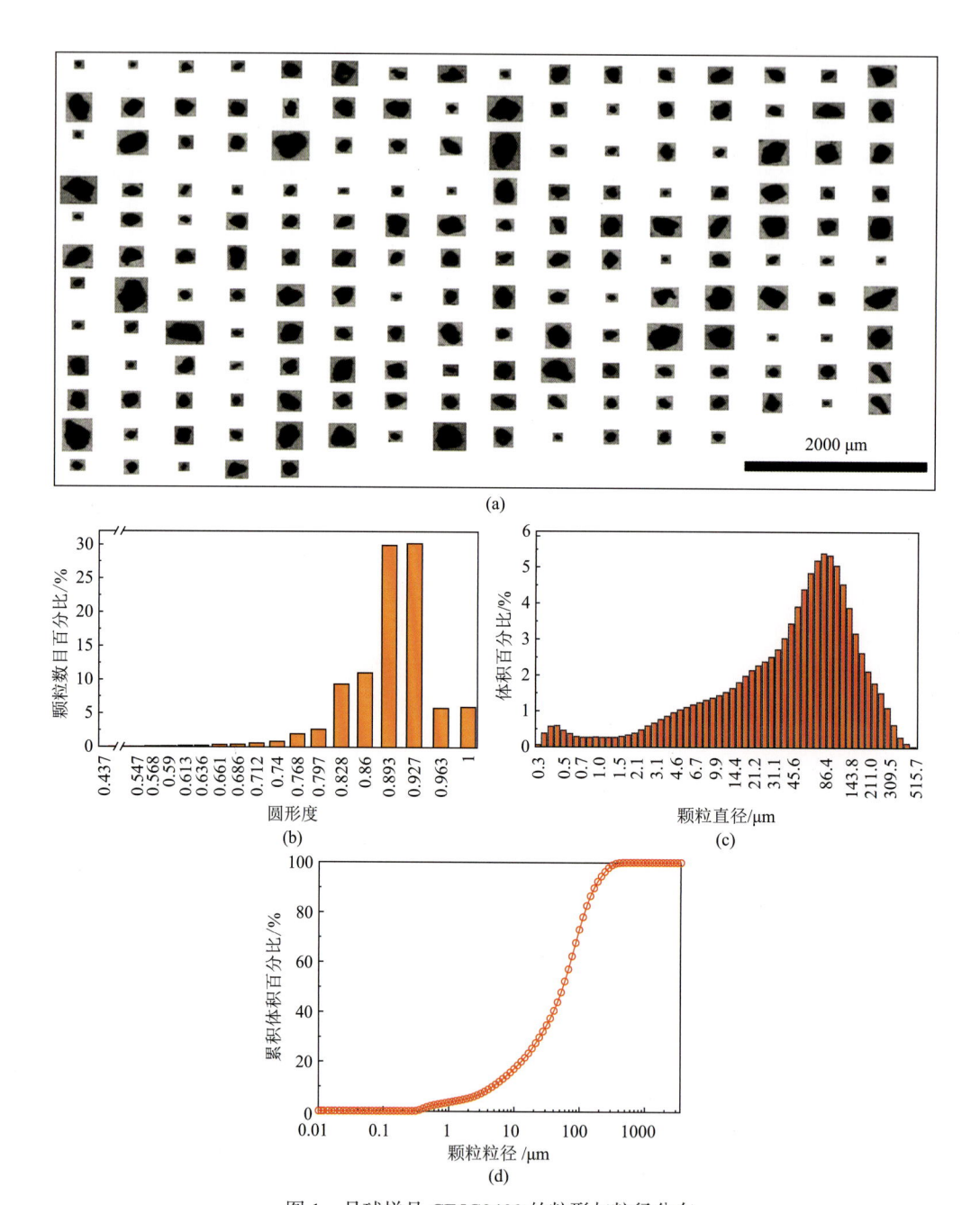

图 1　月球样品 CE5C0400 的粒形与粒径分布

(a)激光衍射得到的颗粒图像；(b)圆形度分布曲线(粒径为 15.0～438.2 μm)；(c)体积百分比粒径分布；
(d)累积体积分布(Zhang et al.，2022)

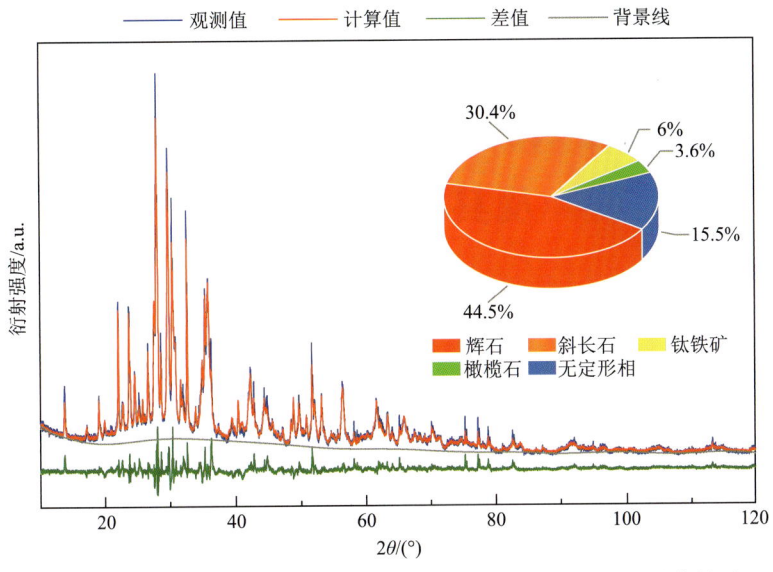

图 2 月球样品 CE5C0400 粉末 XRD 图谱和相应的 Rietveld 精修结果

蓝色、红色、绿色和灰色线分别表示观测值、计算值、两个值之间的差值和背景线（Zhang et al.，2022）

参考文献

Cooper B L, Gonzalez C P, McKay D S, et al. 2012. Laser Diffraction Techniques Replace Sieving for Lunar Soil Particle Size Distribution Data. The Woodlands: Lunar and Planetary Institute: 2900.

KenKnight C E, Rosenberg D L, Wehner G K. 1967. Parameters of the optical properties of the Lunar surface powder in relation to solar-wind bombardment. J Geophys Res, 72(12): 3105-3129.

King Jr E A, Carman M F, Butler J C. 1970. Mineralogy and petrology of coarse particulate material from Lunar surface at Tranquillity Base. Science, 167(3918): 650-652.

McKay D S, Heiken G, Basu A, et al. 1991. The Lunar Regolith: Lunar Sourcebook, a User's Guide to the Moon. New York: Cambridge University Press: 285-356.

Qian Y, Xiao L, Head J W, et al. 2021. Young lunar mare basalts in the Chang'e-5 sample return region, northern Oceanus Procellarum. Earth Planet Sci Lett, 555: 116702.

Zhang H, Zhang X, Zhang G, et al. 2022. Size, morphology, and composition of Lunar samples returned by Chang'e-5 mission. Sci China Phys Mech, 65: 1-8.

嫦娥五号月壤的矿物组成和化学成分特征及其地质意义[①]

付晓辉 [1,4,*], 尹承翔 [1], Bradley L. Jolliff [2], 张江 [1], 陈剑 [1], 凌宗成 [1,4], 张锋 [3], 刘洋 [3], 邹永廖 [3]

1. 山东大学空间科学与物理学院，空间科学研究院，山东省光学天文与日地空间环境重点实验室，威海 264209
2. Department of Earth and Planetary Sciences, Washington University in St. Louis, St. Louis, MO, USA, 63130
3. 中国科学院国家空间科学中心，北京 230026
4. 中国科学院比较行星学卓越创新中心，合肥 230026

* 通讯作者：fuxh@sdu.edu.cn

摘要

嫦娥五号任务从月球风暴洋东北部成功返回了 1731 g 月壤样品。本研究详细对比了嫦娥五号月壤与阿波罗计划 (118 个样品) 和月球计划 (3 个样品) 月壤的矿物学和地球化学特征。嫦娥五号月壤与阿波罗任务月海区返回月壤具有相似的矿物成分。地球化学组成上，嫦娥五号月壤具有高铁、中钛和较高的不相容元素特征。新返回的嫦娥五号月球样品代表了一种独特的月海玄武岩区发育的月壤类型，扩大了返回月球样品的多样性。嫦娥五号月壤的化学成分分析表明，该月壤由细粒的当地月海玄武岩物质发育形成。非月海物质可以忽略不计，外来陨石贡献<1%。嫦娥五号月壤最富铁端元成分，扩展了现有月球样品的化学范围。嫦娥五号月壤与着陆点玄武岩的矿物学和地球化学上都具有重要地质意义。根据月壤的全岩化学成分和月海玄武岩岩屑的辉石成分，我们推断嫦娥五号月海玄武岩具有类似于阿波罗高钛玄武岩的结晶分异历史。最近研究分析的 CE-5 月海玄武岩岩屑可能来自单一熔岩流，并且经历了强烈的分异结晶。

亮点介绍

- CE-5 soil consists of pulverized local mare basalt and other exotic materials should be negligible.
- CE-5 soil extends the chemical ranges of the existing calibration lunar soils and serves as a new ground truth for lunar remote sensing.
- Mare basalt clasts in CE-5 soil experienced a fractional crystallization history similar to Apollo high-Ti mare basalts.

[①] 原文发表于 *Icarus*, 2022, 12: 115254。

我国嫦娥五号(CE-5)任务于 2020 年 12 月从月球正面风暴洋东北部地区成功返回了 1731 g 的月球样品(图 1),这是自 1976 年苏联月球 24 号以来人类的再次全新的月球样品返回任务。

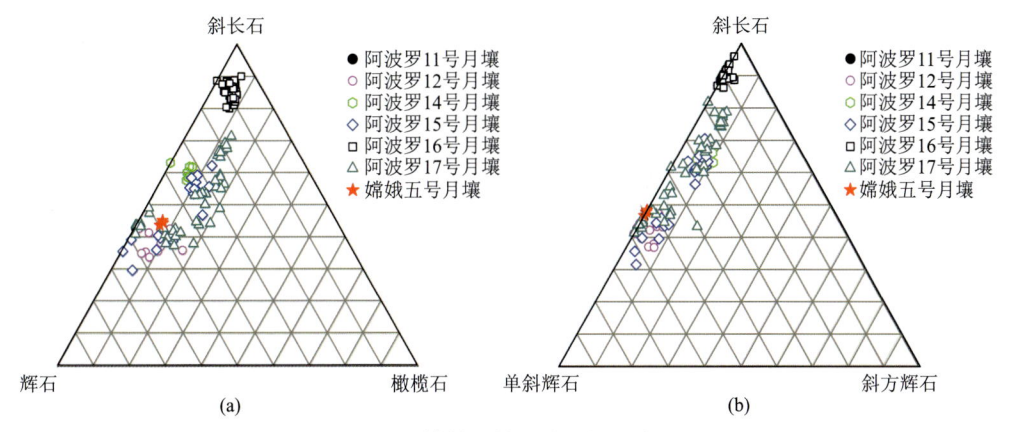

图 1　嫦娥五号月壤矿物组成

月壤是月表岩石经历月表陨石/微陨石撞击、太阳风粒子注入等过程而形成的松散堆积物。由于月壤经历了很好的混合作用,其成分往往反映了着陆区区域的基岩成分特征。在月球研究中,月壤还具有独特的应用价值。月壤可以作为月球遥感分析的地面真值,对利用遥感数据反演的到的元素含量、矿物组成、成熟度等进行标定。嫦娥五号月壤返回自一个全新的区域——风暴洋北部的年轻玄武岩单元。新返回的珍贵月壤样品同样对于月球遥感有重要研究意义。

嫦娥五号月球样品返回后,我国的科研工作者利用各种高精尖仪器对这些珍贵的月球样品进行了矿物学、地球化学、同位素年代学研究,取得了一系列振奋人心的成果。本研究详细对比了嫦娥五号月壤与美国阿波罗任务(118 个样品)和苏联月球任务(3 个样品)月壤的矿物组成、主量元素化学成分、微量元素化学成分特征。

在矿物组成上,嫦娥五号月壤为典型的月海区月壤矿物组成特征,以辉石和斜长石为主。在所有月壤中,嫦娥五号样品中斜方辉石含量低(10%～20%),橄榄石(5%～6%)、钛铁矿(4%～5%)含量居中。

在主量元素组成上,嫦娥五号月壤是所有月壤中最富 Fe(FeO 质量分数=22.5%)的样品之一,TiO_2 含量(质量分数约 5%)居中;月壤样品的 Mg 含量低(质量分数 6.48%,Mg#=33.9),明显低于阿波罗月壤的 MgO 含量范围(质量分数 9%～12%)。这反映着陆区玄武岩为中钛玄武岩类型,且经历了强烈结晶分异。

在微量元素组成上,嫦娥五号月壤富含 Fe 和 Sc 元素(66 ppm),Th 含量(4.72 ppm)居中,代表了一种新的月壤成分类型。嫦娥五号月壤跟阿波罗月海月壤同在 P_2O_5-Th 的趋势线上,反映磷酸盐是 Th 元素的载体矿物。嫦娥五号月壤全岩 REE 模式反映其含有 KREEP 组分。相比阿波罗月壤样品,嫦娥五号月壤中 Ir 含量(3.61 ppb)偏低,但 Au 元素含量偏高(8.80 ppb);嫦娥五号月壤中亲铁元素组成偏离月球硅酸盐-CM 球粒陨石混合线。

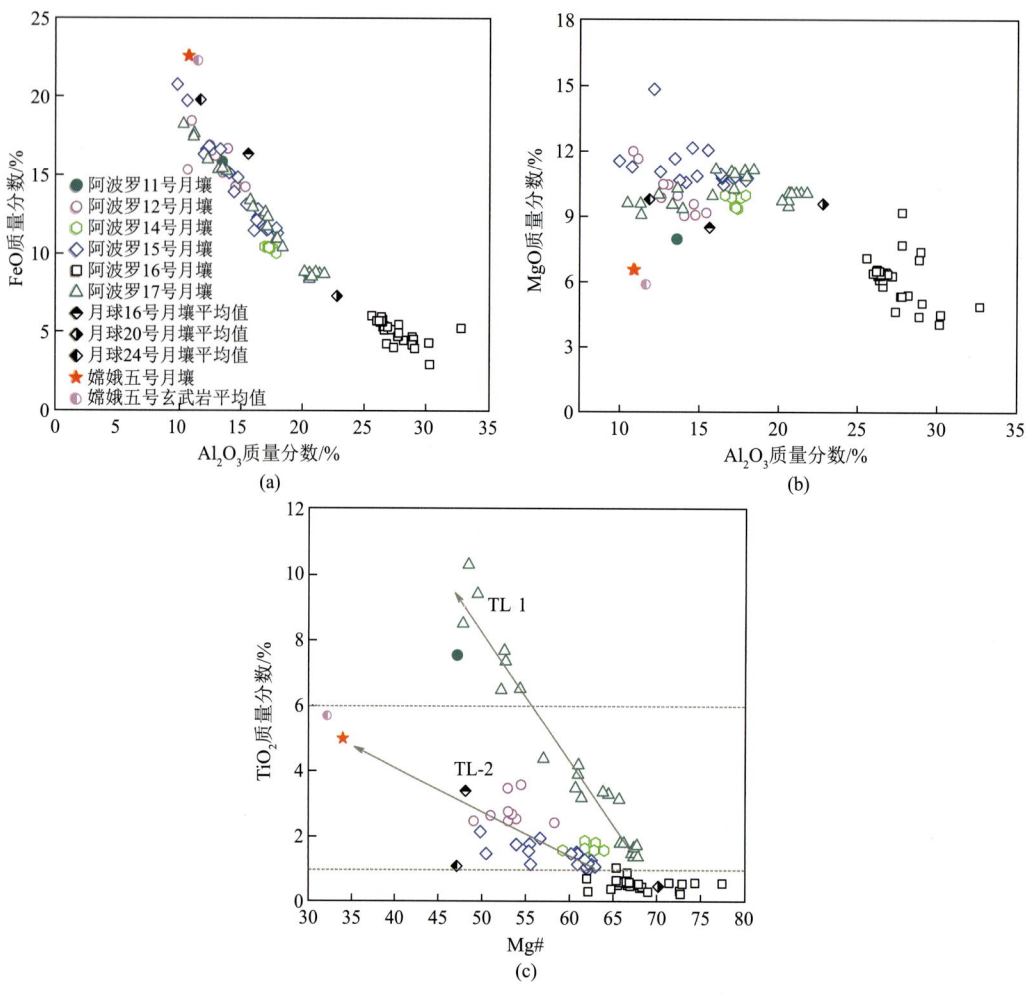

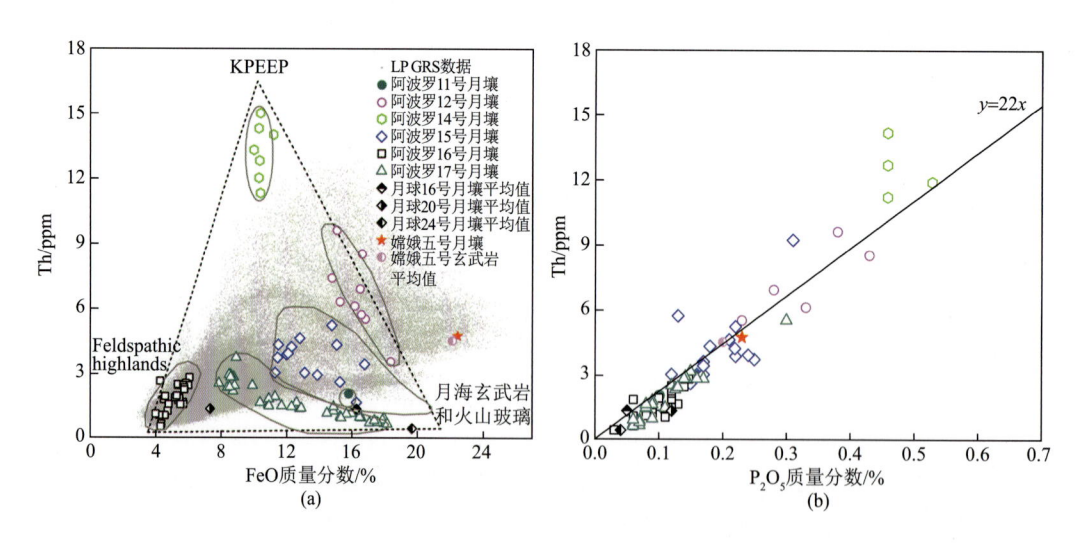

图 2　嫦娥五号月壤主量元素成分特征

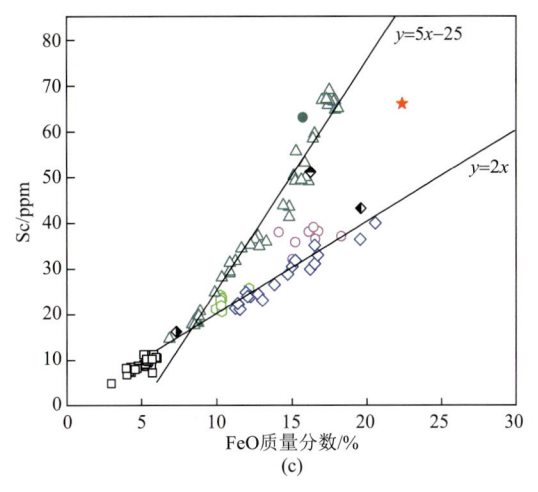

图 3　嫦娥五号月壤微量 Sc、Th 元素成分特征

嫦娥五号月壤具有独特的化学特征（富铁、中钛和富钪），为月球遥感数据定量反演提供了新的地面真值；嫦娥五号月壤主要由着陆区玄武岩发育而来，高地物质混入量很低，月外撞击体的混入比例小于 1%；通过辉石成分统计分析，推测返回月壤中玄武岩经历了与阿波罗高钛玄武岩相似的结晶过程。

致谢

本研究受到国家重点研发计划（2022YFF0503100）、国家国防科技工业局民用航天技术预先研究项目（D020201）和中国科学院战略性先导科技专项（XDB 41000000）资助。付晓辉还受到山东大学仲英青年学者和青年学者未来计划项目资助。尹承翔还受到中国科学技术协会 2022 年度研究生科普能力提升项目（KXYJS2022094）资助。

参考文献

Che X, Nemchin A, Liu D, et al. Age and composition of young basalts on the Moon, measured from samples returned by Chang'e-5. Science, 2021, 374: 887-890.

Li C, Hu H, Yang M-F, et al. Characteristics of the lunar samples returned by the Chang'e-5 mission. National Science Review, 2021, 9(2): nwab188.

Li Q-L, Zhou Q, Liu Y, et al. Two-billion-year-old volcanism on the Moon from Chang'e-5 basalts. Nature, 2021a, 600: 54-58.

Tian H-C, Wang H, Chen Y, et al. Non-KREEP origin for Chang'e-5 basalts in the Procellarum KREEP Terrane. Nature, 2021, 600: 59-63.

嫦娥五号月壤样品的显微红外光谱研究[①]

摘要

嫦娥五号任务成功从月球正面返回了 1.73 kg 表面与钻取月壤样品，采样区域的形成年龄小于阿波罗任务和月球任务的采样区。样品分析结果表明嫦娥五号着陆区的物质组成比较复杂，这对轨道器获取的遥感探测数据的科学解译提出挑战。对返回的月壤样品开展实验室光谱测量，是解译遥测光谱数据的的直接参照。本项研究使用显微红外光谱技术对嫦娥五号月壤单颗粒的红外光谱特征进行了详细分析。结果显示：①嫦娥五号月壤中的橄榄石的结晶程度较高，表面受空间风化影响的程度较低，它们具有低的镁值（摩尔比 Mg/[Mg + Fe]×100），这与样品分析的结果一致，表明着陆区的玄武岩源自富铁的月幔源区或者是经过高度演化的岩浆；②大多数嫦娥五号玻璃颗粒的光谱特征与月海撞击成因玻璃的光谱特征一致，少许玻璃颗粒的光谱特征与火山玻璃吻合。实验室标定的显微红外光谱与反演得到的典型矿物和玻璃端元的光学常数，为月球热红外遥感数据的模型反演和解译提供重要参考。

杨亚洲[1]，姜特[2]，刘洋[1,*]，徐于晨[1]，张昊[2]，田恒次[3]，杨蔚[3]，邹永廖[1]

1. 中国科学院国家空间科学中心，北京 100190
2. 中国地质大学（武汉）地球科学学院，武汉 430074
3. 中国科学院地质与地球物理研究所，北京 100029

* 通讯作者：
yangliu@nssc.ac.cn

亮点介绍

- Micro mid-infrared spectral measurements were performed and optical constants were derived for typical Chang'e-5（CE-5）soil grains.
- The CE-5 olivine grains have low Fo values, indicating a Fe-rich source region or a highly evolved magma.
- Most of the CE-5 glasses analyzed are likely attributed to mare impact group, despite a few others may have a volcanic origin.

[①] 原文发表于 *Journal of Geophysical Research: Planets*，2022，127（8）：e2022JE007453。

1 引言

成分信息是解译行星地质演化历史的基础，而遥测光谱技术是获取行星表面物质组成信息最有效的手段之一。组成天体物质的各组分(如矿物和玻璃)在可见-近红外波段或中红外波段具有独特的吸收特征，因此光谱数据可以用来识别地外天体表面的物质组成(Hapke，2012)。可见-近红外光谱中的吸收特征主要是由物质中的过渡性金属离子(如 Fe^{2+})的外层电子跃迁产生；而中红外光谱中的吸收则主要是由物质中的分子振动(如硅酸盐矿物中 Si-O 的伸缩振动等)产生的(Salisbury and Walter，1989)，其光谱特征更为丰富，可以对可见-近红外光谱无法区分的物质类型进行有效判别。以往的研究大多是基于地球上的矿物或模拟物开展的，而真实月壤的很多性质是无法完美复制的。嫦娥五号(CE-5)采样任务的成功为我们利用真实月壤样品开展光谱分析提供了重要机遇。

2 样品与分析方法

本文从嫦娥五号返回的表取月壤样品中挑选出了一些粒径在 200～500 μm 之间的不同类型矿物与玻璃颗粒(图 1)，并利用显微 FTIR 光谱仪测量了这些颗粒的中红外反射光谱。并对 Christiansen 特征(CF)、剩余射线带(RB)、透明特征(TF)等硅酸盐矿物中最为显著的几个特征进行了详细对比分析。

图 1　立体显微镜(左)与光谱仪(右)获取的月壤颗粒影像

图中月壤颗粒被固定在较软的金属铟靶上以便于进行样品转移和光谱分析(Yang et al.，2022)

3 月壤颗粒成分分析

通过与阿波罗返样及月球陨石中不同矿物及玻璃端元的红外光谱进行对比后，我们发现与常规 FTIR 测量相比，利用显微 FTIR 技术测量的红外反射光谱中没有 TF。显微 FTIR 测的是单个颗粒的反射，因此没有颗粒之间多重散射的贡献。但是，CF 峰位等特征不会受到这两种不同测量技术的影响。

对于用常规 FTIR 方式测量的粉末样品光谱，其近红外波段的反射率通常要比中红外波段高很多，但是随着样品尺寸的增加，两个谱段之间的差异逐渐变小。除了颗粒尺寸外，太空风化作用也会降低近红外与中红外谱段的光谱对比度，因为风化作用会使近红外谱段的反射率显著降低，但是对中红外谱段的影响很有限，这主要是因为两个谱段的光谱吸收特征的产生机制完全不同。通过对比 CE-5 橄榄石颗粒与经过不同程度脉冲激光照射的地球橄榄石样品的光谱，我们发现随着模拟风化程度的增加，橄榄石近红外波段与中红外波段的反射率差异逐渐减小。在后续研究中，若能对更多具有不同风化程度的月壤矿物颗粒样品进行显微红外光谱分析，则有可能构建一个近红外-中红外光谱对比度与风化成熟度的关系模型，从而应用到更多的样品分析上。

橄榄石是岩浆冷却过程中结晶最早的矿物之一，其晶体中 Mg 与 Fe 的相对含量(Fo，镁值)对于指示原始岩浆的成分具有重要意义。橄榄石 RB 特征中的几个反射峰的峰位会随着镁值的变化而发生系统的偏移。基于嫦娥五号橄榄石显微光谱中的 RB 峰位，我们反演得到了这些橄榄石的镁值，结果与先前报道的实验室测量结果相一致。这表明该方法建立于常规 FTIR 测量，但是在显微红外光谱分析中也可行。

除矿物颗粒外，月壤中还含有丰富的玻璃质物质，这些玻璃物质主要有两种来源：一种是撞击成因，一种是火山成因(Zeng et al., 2019)。本文结果表明这些玻璃大多属于月海撞击成因玻璃(CF 峰位<约 8.3 μm，约 13.5～16.5 μm 无 Al-O 振动特征)，但有少数可能具备火山成因(存在 5.6 μm 与 6.0 μm 吸收特征)。

4 典型月表矿物端元光学常数反演

行星光谱学研究中的一个长期难题是实验室测量的光谱与遥测光谱之间往往存在较大差异。月壤样品的实验室测量无法完全复现月表原始的堆积状态。通过反演光学常数的方式，可以将实验室测量结果与遥测分析很好地衔接起来(Glotch et al., 2007)。光学常数是光谱模型的重要输入量，利用该模型对实际遥测月表光谱进行拟合，可以实现对观测区域矿物组成的定量反演。目前的光学常数库中，基于真实地外样品的光学常数较匮乏。虽然地球上的矿物种类非常丰富，但是与地外样品相比，即使是同种类的矿物，其在具体成分上也存在一定差别。因此，有必要扩充基于真实地外样品分析得到的光学常数库。在本研究中，我们基于显微红外反射光谱，对挑选出的一些典型橄榄石、斜长石、辉石及玻璃端元的光学常数进行了反演，这些结果将对现有的或将来的月球及其他小行星的光谱分析有很大帮助。

致谢

本研究得到中国科学院战略性先导科技专项（B 类）（XDB41000000）、国家自然科学基金（12073024）、国家国防科技工业局民用航天技术预先研究项目（D020201、D020203）、中国科学技术协会青年人才托举工程（2021QNRC001）和中国科学院国家空间科学中心"攀登计划"等项目的支持。

参考文献

Hapke, B. (2012). Theory of reflectance and emittance spectroscopy. Cambridge University Press.

Glotch, T. D., Rossman, G. R., & Aharonson, O. (2007). Mid-infrared (5-100 μm) reflectance spectra and optical constants of ten phyllosilicate minerals. Icarus, 192(2), 605-622.

Salisbury, J. W., & Walter, L. S. (1989). Thermal infrared (2.5-13.5 μm) spectroscopic remote sensing of igneous rock types on particulate planetary surfaces. Journal of Geophysical Research, 94(B7), 9192-9202.

Yang, Y., Jiang, T., Liu, Y., Xu, Y., Zhang, H., Tian, H. C., Yang, W., & Zou, Y. (2022). A micro mid-infrared spectroscopic study of Chang'e-5 sample. Journal of Geophysical Research: Planets, 127(8), e2022JE007453.

Zeng, X., Li, X., Martin, D., Tang, H., Yu, W., Liu, J., & Wang, S. (2019). Micro-FTIR spectroscopy of lunar pyroclastic and impact glasses as a new diagnostic tool to discern them. Journal of Geophysical Research: Planets, 124(12), 3267-3282.

嫦娥五号月壤演化的拉曼光谱学新认识[①]

曹海军[1]，王晨[2]，陈剑[1]，车晓超[2]，付晓辉[1]，刘敦一[2]，凌宗成[1,3,*]，乔乐[1]，卢学金[1]，齐晓彬[1]，尹承翔[1]，刘平[1]，刘长卿[1]，辛艳青[1]，刘建忠[3,4]

1. 山东大学空间科学与物理学院，空间科学研究院，山东省光学天文与日地空间环境重点实验室，威海 264209
2. 中国地质科学院地质研究所，北京离子探针中心，北京 102206
3. 中国科学院比较行星学卓越创新中心，合肥 230026
4. 中国科学院地球化学研究所，贵阳 550002

* 通讯作者：zcling@sdu.edu.cn

摘要

作为目前人类掌握的最年轻的月球样品，嫦娥五号月壤蕴含着近 20 亿年以来有关月球表面与空间环境相互作用的关键信息。山东大学行星科学课题组联合中国地质科学院地质研究所北京离子探针中心和中科院地球化学研究所的相关研究人员，利用激光显微拉曼光谱技术分析了嫦娥五号月壤（CE5C0400、CE5C0600）的矿物组成、化学特征和演化路径，首次从矿物学角度定量约束了月壤非月海物质占比（5%～7%）的外来镁质溅射物）和着陆区矿物所经受的平均冲击压强（17～25.8 GPa），发现微陨石改造在嫦娥五号月壤的演化过程中起到了主导作用。本研究指出嫦娥五号玄武岩可能与嫦娥三号在月球"广寒宫"所发现的玄武岩属于同期（模式年龄约为 20 亿年）岩浆活动的产物，代表了一种区别于已有的阿波罗计划和月球计划样品的全新月海玄武岩类型。

亮点介绍

- The Chang'e-5 samples represent a new type of mare basalt with an intermediate TiO_2 content similar to the Chang'e-3 basalts.
- The Chang'e-5 mare soils could be contaminated with ~5%–7% exogenous materials related to Mg-suite rocks.
- Shock pressures at the Chang'e-5 landing site are constrained at 17–25.8 GPa.

[①] 原文发表于 *Geophysical Research Letters*，2022，49(13)：1-11。

嫦娥五号从月球风暴洋北部区域采集到了距今 20 亿年左右形成的玄武岩样品，为人类认识月球晚期火山活动提供了重要的样本。前期嫦娥五号样品研究已经获得了年轻玄武岩的年龄、晚期岩浆演化过程和太空风化作用等一系列新认识(Che et al., 2021; Li et al., 2021; Tian et al., 2021; Li et al., 2022; Jiang et al., 2022; Zhang et al., 2022; He et al., 2022 等)。本研究采用激光拉曼光谱技术分析嫦娥五号月壤(CE5C0600)和角砾岩样品(CE5C0400-B006，简写为 CE5-B006)，从光谱学角度认识年轻的嫦娥五号月壤演化路径。

我们在嫦娥五号样品中共识别到 18 种月球矿物，首次区分了不同种类的玻璃相和长石相(图 1)。角砾岩和月壤样品在矿物学上略有差异，角砾岩中仅仅包含方石英，而月壤中有石英和方石英，有可能是形成于玄武岩浆的方石英在长期的低温热变质过程中部分转化为石英相。角砾岩和月壤中的磷灰石拉曼光谱表现出不同的水峰特征，代表了不同的形成机制，如矿物中原生的水和太阳风离子注入月壤中形成的 OH 等。矿物学分析表明橄榄石和辉石的化学成分范围基本与嫦娥五号玄武岩一致，但有部分月壤颗粒呈现出富镁特征，这些富镁的镁铁质矿物有可能与阿波罗样品中的镁质岩套岩石有关。由于月壤化学成分均匀，也更具代表性，我们推断嫦娥五号着陆区可能包含 5%～7%的外来镁质溅射物，可能源自远离着陆区的大型撞击坑挖掘出的月壳物质。

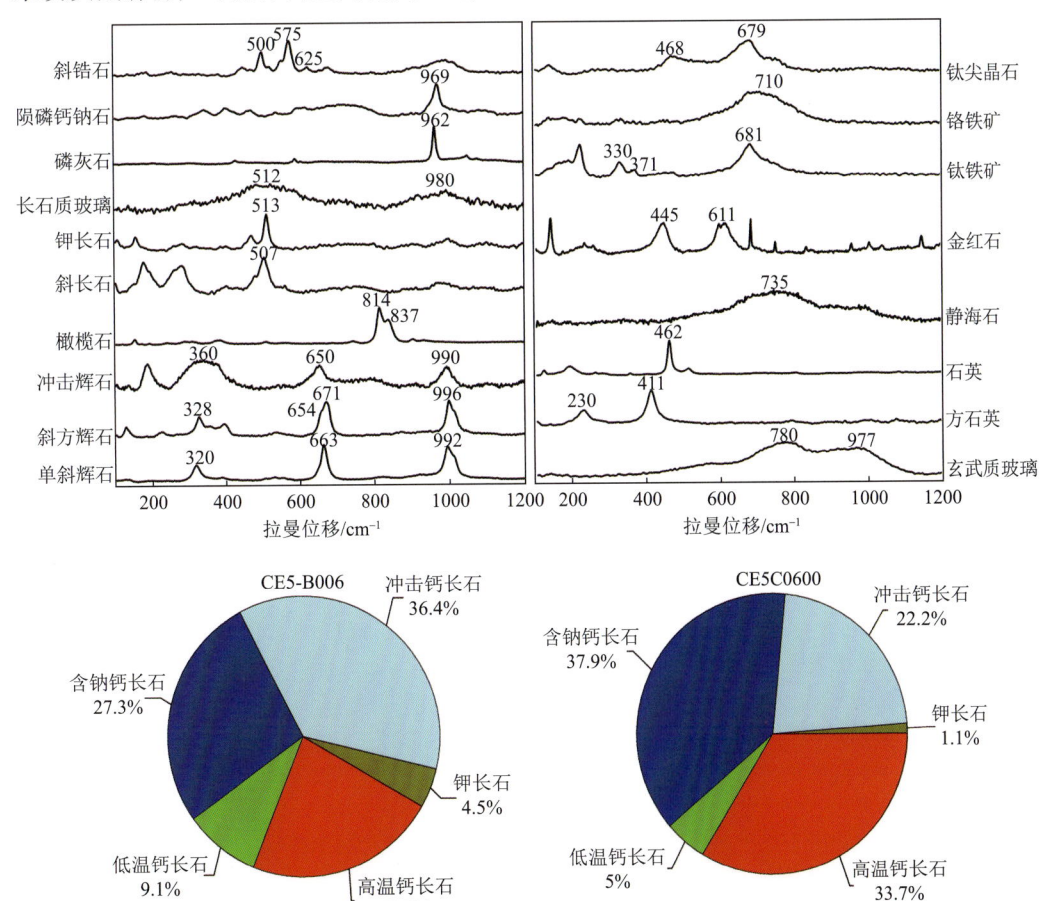

图 1 嫦娥五号样品的矿物拉曼光谱图和长石分类图

月球表面长期遭受小行星/彗星/微陨石撞击，年轻的嫦娥五号样品可以为理解20亿年以来的月表撞击历史和月壤演化过程提供全新的视角。本研究通过分析压强敏感型矿物拉曼光谱峰位的变化，揭示嫦娥五号着陆区的平均冲击压强约17～25.8 GPa。嫦娥五号着陆在徐光启撞击坑东南方向的溅射物表面，随后经历了2.4亿～3亿年的太空暴露历史(Lu et al., 2022)。嫦娥五号月壤的粒径分布揭示晚期月表的太空风化作用以微陨石轰击为主，通过破碎、熔融和胶结较大的玄武岩碎片和矿物碎屑以及少量的早期富镁溅射物，形成了大量的粗粒月壤和块状的胶结玻璃，此后经历反复的微陨石轰击、破碎和胶结作用，最后形成了均匀、细粒的嫦娥五号月壤。

嫦娥五号样品的矿物学特征和全岩 TiO_2 含量指出阿波罗样品建立的月球玄武岩分类方法并不适用于年轻的嫦娥五号玄武岩，它可能代表了一种新的月球玄武岩类型。矿物学和全岩成分揭示嫦娥五号玄武岩可能与嫦娥三号在月球"广寒宫"发现的玄武岩(Ling et al., 2015)形成于同期火山喷发(模式年龄约为20亿年)过程中的不同熔岩流，属于阿波罗任务和月球任务未曾采到的中钛玄武岩类型(Giguere et al., 2000)。

致谢

本文由国家自然科学基金项目(41972322、11941001、U1931211、42102280)、中国科学院战略性先导科技专项(XDB 41000000)、国家国防科技工业局民用航天技术预先研究项目(D020102、D020201、D020204)、山东省自然科学基金(ZR2021QD016)、中国博士后科学基金(2020M682164)、国家重点研发计划(2020YFE0202100、2019YFE0123300)资助。

参考文献

Che X, Nemchin A, Liu D, et al. 2021. Age and composition of young basalts on the Moon, measured from samples returned by Chang'e-5. Science, 374(6569): 887-890.

Giguere T A, Taylor G J, Hawke B R, et al. 2000. The titanium contents of lunar mare basalts. Meteoritics & Planetary Science, 35(1): 193-200.

He Q, Li Y, Baziotis I, et al. 2022. Detailed petrogenesis of the unsampled Oceanus Procellarum: The case of the Chang'e-5 mare basalts. Icarus, 383: 115082.

Jiang Y, Li Y, Liao S, et al. 2022. Mineral chemistry and 3D tomography of a Chang'e 5 high-Ti basalt: implication for the lunar thermal evolution history. Science Bulletin, 67(7): 755-761.

Li C, Hu H, Yang M F, et al. 2022. Characteristics of the lunar samples returned by the Chang'e-5 mission. National science review, 9(2): nwab188.

Li Q L, Zhou Q, Liu Y, et al. 2021. Two-billion-year-old volcanism on the Moon from Chang'e-5 basalts. Nature, 2021, 600(7887): 54-58.

Ling Z, Jolliff B L, Wang A, et al. 2015. Correlated compositional and mineralogical investigations at the Chang'e-3 landing site. Nature communications, 6(1): 1-9.

Lu X, Chen J, Ling Z, et al. 2022. Mature lunar soils from Fe-rich and young mare basalts in the Chang'e-5 regolith samples. Nature Astronomy, 7: 142-151.

Tian H C, Wang H, Chen Y, et al. 2021. Non-KREEP origin for Chang'e-5 basalts in the Procellarum KREEP Terrane. Nature, 600(7887): 59-63.

Zhang D, Su B, Chen Y, et al. 2022. Titanium in olivine reveals low-Ti origin of the Chang'e-5 lunar basalts. Lithos, 414: 106639.

嫦娥五号月壤化学成分揭示月球年轻玄武岩的起源和表生改造[①]

摘要

本研究利用电感耦合等离子体质谱仪(ICP-MS)在 2 mg 和 4 mg 样品消耗量的条件下,对不同批次的嫦娥五号表取月壤中 48 种主量和微量元素同时进行了准确测定。结果表明嫦娥五号月壤化学组成在毫克水平上非常均一,来自斜长岩高地和 KREEP 等外来溅射物混入非常有限,过剩的 Ni 含量指示了约 1%陨石物质加入。嫦娥五号月壤化学成分可以代表着陆区月海玄武岩的平均化学组成。基于月壤元素特征与模拟计算,提出嫦娥五号玄武岩可能起源于含有少量 KREEP 物质并且富集单斜辉石矿物的月幔上部。月幔源区富集低熔点的单斜辉石以及含少量放射性生热元素富集的 KREEP 物质可能是月球在 20 亿年前依然存在岩浆活动的原因之一。

亮点介绍

- An ICP-MS method was established for the accurate and simultaneous determination of major and trace elemental contents of lunar soil with milligram-level sample consumption.
- The major and trace elemental compositions (except for Ni) of the CE-5 soil are uniform at milligram levels. The exotic highland, KREEP materials, and meteoritic materials are very low and the bulk chemical composition (except for Ni) of the CE-5 soil can be used to represent the underlying basalt.
- The CE-5 landing site basalts very likely originated from partial melting of a shallow and clinopyroxene-rich upper mantle cumulate with a small fraction of KREEP-like materials, which may potentially explain the prolonged lunar basaltic magmatism until 2.0 Ga.

宗克清[1],汪在聪[1,*],李嘉威[1],何琦[1],李毅恒[1],Harry Becker[2],张文[1],胡兆初[1],何焘[1],曹克楠[1],佘振兵[1],巫翔[1],肖龙[1],刘勇胜[1]

1. 中国地质大学(武汉)地球科学学院,地质过程与矿产资源国家重点实验,武汉 430074

2. Freie Universität Berlin, Institut für Geologische Wissenschaften, Berlin 12249, Germany

* 通讯作者:zaicongwang@cug.edu.cn

[①] 原文发表于 *Geochimica et Cosmochimica Acta*,2022,335:284-296。

本研究在前期大量条件实验和分析方法优化的基础上(李嘉威等，2021)，开发了最低 2 mg 样品损耗量，利用电感耦合等离子体质谱仪(ICP-MS)同时准确测定月壤中 48 种主量和微量元素含量的新方法。嫦娥五号两批(CE5C0400 和 CE5C0600)月壤样品的七次分析结果在 10%相对标准偏差范围内非常一致(除了 Ni 和低含量的 Mo 和 W)(图 1)，指示嫦娥五号月壤样品在毫克水平上非常均一，这主要是由于嫦娥五号月壤具有非常细的粒度和高的成熟度(Li et al.，2022；曹克楠等，2022)。嫦娥五号月壤具有低 Mg#(34)、高 FeO(质量分数 22.7%)、中等的 TiO_2(质量分数 5.12%)和高 Th 含量(5.14 μg/g)的特征，与美国阿波罗任务和苏联月球任务采集的月壤和玄武岩的化学成分不同。嫦娥五号月壤的 FeO、TiO_2 和 Th 含量的实测值与遥感预测值(Fu et al.，2021；Qian et al.，2021a；Qian et al.，2021b)基本一致(<20%~30%)，支持风暴洋区域广泛分布中钛、高铁和富 Th 的玄武岩。

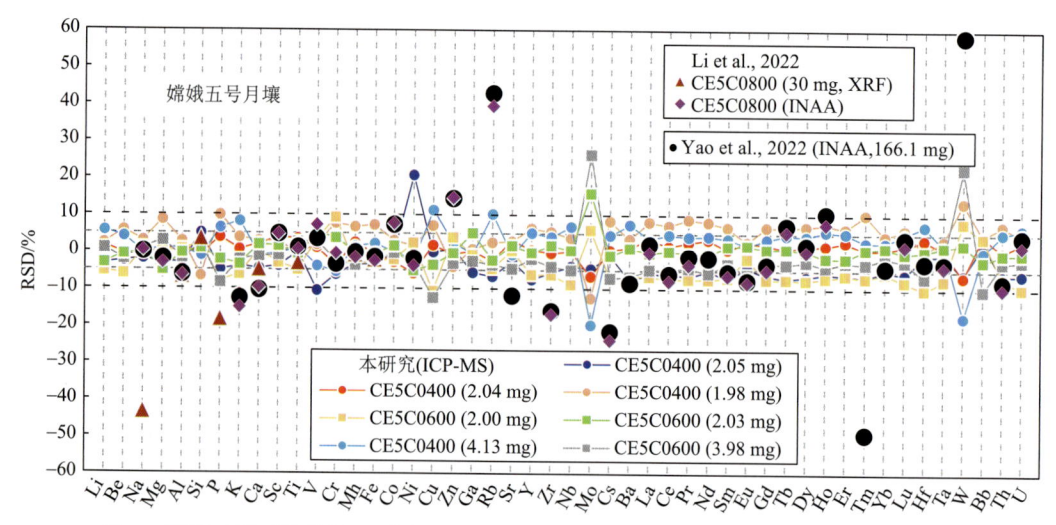

图 1 嫦娥五号两批月壤 48 种主量和微量元素七次 ICP-MS 分析结果的相对标准偏差

除了极个别元素(Ni)外，嫦娥五号月壤的主量和微量元素含量与其中玄武岩玻璃和岩屑的元素含量高度一致(图 2)，表明嫦娥五号着陆区所在的风暴洋北部月海区域受到外来高地物质和 KREEP 冲击混入的量非常有限(<5%)。根据过剩的 Ni 含量估算出嫦娥五号月壤大概有 1%陨石物质加入，但是不会造成其他元素含量的变化。因此，嫦娥五号月壤化学成分(除了 Ni)可以用来代表着陆区月海玄武岩的平均化学组成。

嫦娥五号玄武岩具有显著的 KREEP 特征(图 3)，先前的研究认为嫦娥五号着陆区年轻的月海玄武岩起源于不含 KREEP 的月幔源区，类似于 KREEP 的稀土元素特征是地幔源区低程度部分熔融和岩浆演化过程中高程度结晶分异的结果(Tian et al.，2021)。但是本次研究基于更多的强不相容微量元素特征，提出嫦娥五号玄武岩可能起源于含有少量 KREEP 物质(约 1%~1.5%)并且富集单斜辉石矿物的月幔上部。嫦娥五号玄武岩月幔源区富集低熔点的单斜辉石以及含少量放射性生热元素富集的 KREEP 物质可能是月球在 20 亿年前依然存在岩浆活动的原因之一。

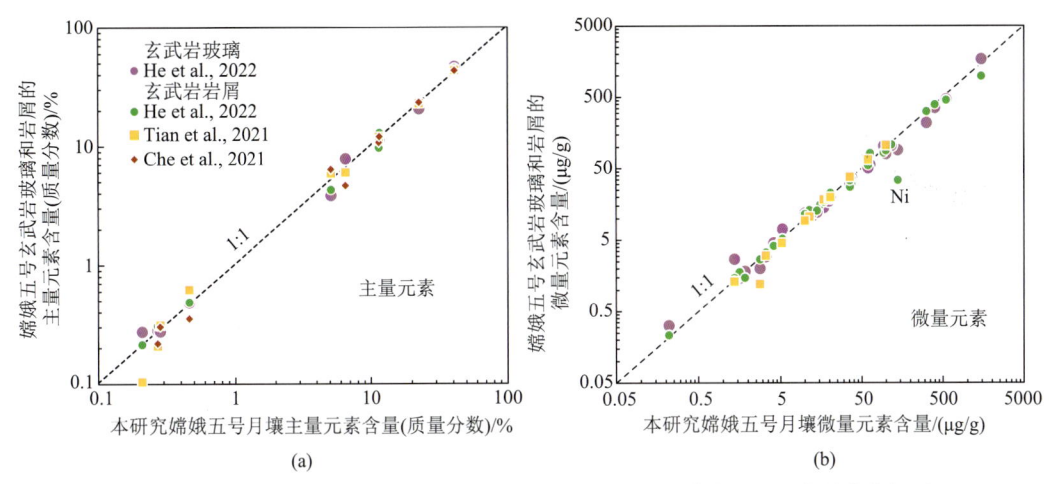

图 2 嫦娥五号月壤的主量元素和微量元素与其中玄武岩玻璃和岩屑化学成分的对比

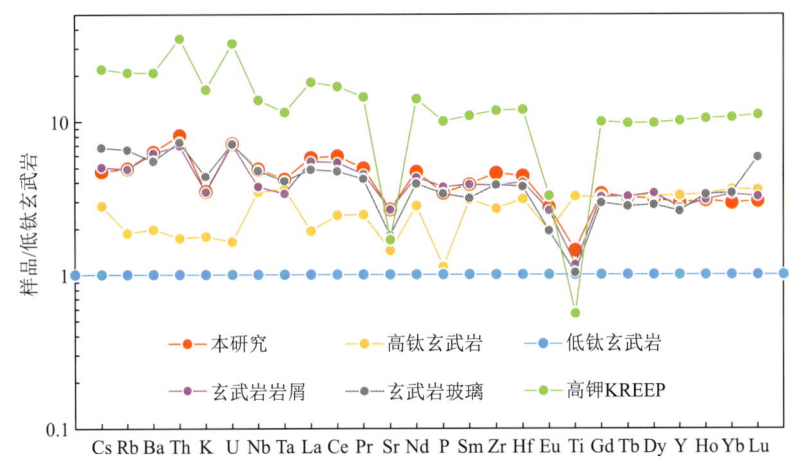

图 3 嫦娥五号月壤和其中玄武岩玻璃及岩屑亲石元素的低钛玄武岩标准化图解

致谢

我们衷心感谢陈海红、李明和刘硕在实验室工作中的大力支持，感谢于远洋、刘峰、袁禹、屈挺、高扬和林冉在收集阿波罗计划、月球计划和月球陨石数据中的工作。本项目得到国家国防科技工业局民用航天技术预先研究项目(D020205)和国家自然科学基金(41922021)项目资助。

参考文献

曹克楠, 董明潭, 佘振兵, 等. 2022. 一种以极低的样品消耗同时测定嫦娥五号月壤粒度和矿物组成的新方法. 中国科学: 地球科学, 52(9): 1726-1736.

李嘉威, 宗克清, 何琦, 等. 2021. 模拟月壤样品主微量元素的ICP-MS准确测试. 南京大学学报(自然科学), 57(6): 944-956.

Che X, Nemchin A, Liu D, et al. 2021. Age and composition of young basalts on the Moon, measured from samples returned by Chang'e-5. Science, 374: 887-890.

Fu X, Hou X, Zhang J, et al. 2021. Possible non-mare lithologies in the regolith at the Chang'e-5 landing site: evidence from remote sensing data. Journal of Geophysical Research: Planets, 126: e2020JE006797.

He Q, Li Y, Baziotis I, et al. 2022. Detailed petrogenesis of the unsampled Oceanus Procellarum: the case of the Chang'e-5 mare basalts. Icarus, 383: 115082.

Li C, Hu H, Yang M-F, et al. 2022. Characteristics of the lunar samples returned by Chang'e-5 mission. National Science Review, 9(2): nwab188.

Qian Y, Xiao L, Head J W, et al. 2021a. Young lunar mare basalts in the Chang'e-5 sample return region, northern Oceanus Procellarum. Earth and Planetary Science Letters, 555: 116702.

Qian Y, Xiao L, Wang Q, et al. 2021b. China's Chang'e-5 landing site: geology, stratigraphy, and provenance of materials. Earth and Planetary Science Letters, 561: 116855.

Tian H C, Wang H, Chen Y, et al. 2021. Non-KREEP origin for Chang'e-5 basalts in the Procellarum KREEP Terrane. Nature, 600: 59-63.

Yao Y, Xiao C, Wang P, et al. 2022. Instrumental neutron activation analysis of Chang'e-5 lunar regolith samples. Journal of the American Chemical Society, 144: 5478-5484.

嫦娥五号年轻月壤的成熟组分[①]

摘要

太空风化是月球等无大气天体表面广泛存在的一种作用过程。嫦娥五号任务返回了迄今为止最为年轻的富铁月海玄武岩样品，为研究该类型玄武岩的太空风化机制提供了契机。基于嫦娥五号月壤实验室可见近红外光谱测量数据，联合采用月面原位实测光谱以及以往轨道遥感光谱等多源数据，得到了嫦娥五号着陆点风化层成熟度指数（I_s/FeO）为约 66±3.2，进而将其月表暴露年龄约束为 240～300 Ma。研究发现嫦娥五号样品主要为着陆点西北方向的徐光启撞击坑溅射物，其月壤成熟度较高。嫦娥五号月壤可能经历了特殊的太空风化过程，富铁的玄武岩中纳米铁单质产率更高，且其可能发生饱和聚集形成粒径更大的铁单质颗粒。本研究揭示年轻的富铁月岩风化成了"不年轻"的成熟月壤，为认识月球表面物质与空间环境相互作用提供了全新的研究视角。

亮点介绍

- Space weathering of Fe-richer material generates metallic iron particles with larger grain size and faster production rate.
- The maturity of lunar soils at the Chang'e-5 landing site was determined and cross-validated among in situ measurements, returned samples, and orbital datasets.
- Xu Guangqi crater was formed 240−300 Ma ago and is the main source of Chang'e-5 lunar soils.

卢学金[1,†], 陈剑[1,†], 凌宗成[1,3,*], 刘长卿[1], 付晓辉[1], 乔乐[1], 张江[1], 曹海军[1], 刘建忠[2,3,*], 何志平[4], 徐睿[4]

1. 山东大学空间科学研究院，山东省光学天文与日地空间环境重点实验室，威海 264209
2. 中国科学院地球化学研究所，贵阳 550002
3. 中国科学院比较行星学卓越创新中心，合肥 230026
4. 中国科学院上海技术物理研究所，空间主动光电技术重点实验室，上海 200083

† 共同一作
* 通讯作者：
zcling@sdu.edu.cn
liujianzhong@mail.gyig.ac.cn

[①] 原文发表于 *Nature Astronomy*，2023，7(2)：142-151。

地球上的"风化"通常指代岩石在各种物理、化学和生物作用下发生破坏和改变并形成土壤的过程。而月球上不存在大气、强磁场、大规模水体、生物等因素，表面物质则长期受到太空环境中太阳风、宇宙射线和流星体撞击等作用。这些月球上的风化过程发生在太空环境中，因此被称为"太空风化"（Space Weathering）。太空风化过程改变了月壤的物理和化学特性，通过还原等方式形成了金属铁颗粒（Cassidy and Hapke，1975）。月壤中的金属铁具有很强的光学效应，且与粒径相关。粒径较小的金属铁（纳米铁）通常赋存于月壤颗粒边缘，会导致其可见近红外光谱斜率变陡（红化）、反射率降低（暗化）以及矿物吸收特征减弱；随着小粒径的金属铁逐渐聚集形成较大粒径集合体（微米铁），红化的光谱效应减弱，暗化和抑制吸收特征的效应仍然存在（Hapke，2001；Lucey and Reiner，2011）。

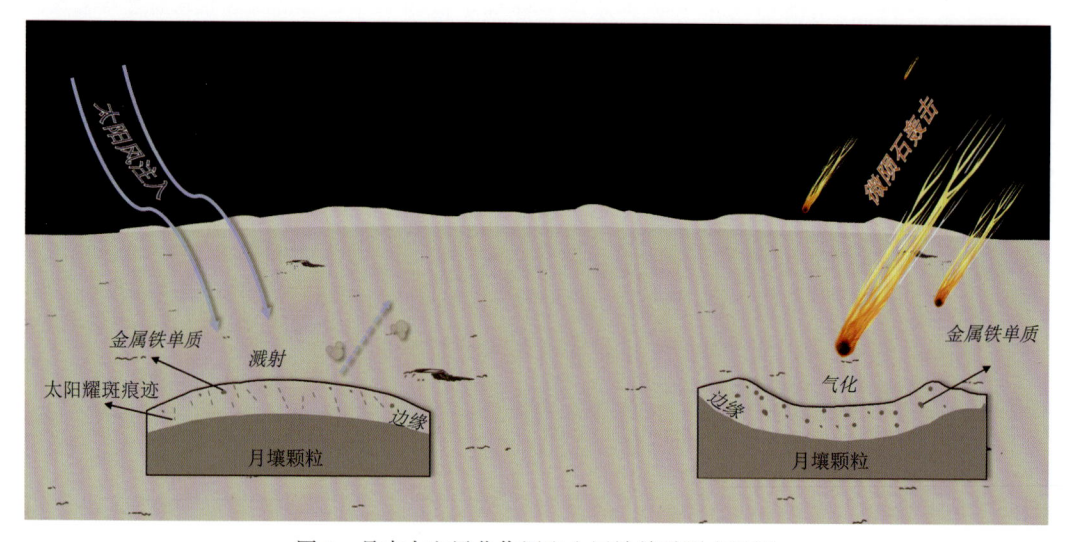

图 1　月表太空风化作用和金属铁单质形成过程

人类对于月球太空风化作用的认识始于二十世纪六七十年代美国阿波罗任务和苏联月球任务返回的月球样品研究，并在后续轨道卫星遥感数据研究中得到进一步深化。受先前样品采样点的时空分布约束（主要为月球正面 9°S～27°N，玄武岩年龄>30 亿年），对全月表面太空风化的认识亟待新的任务采集更为年轻、更高纬度的月球样品。2020 年 12 月 1 日，我国嫦娥五号任务成功着陆于月球风暴洋北部（43.06°N），带回了迄今为止最为年轻（约 20 亿年）且极为富铁（FeO 质量分数约 22.5%）的月海玄武岩样品（Che et al.，2021；Li et al.，2022），并在采样前后对着陆区域进行了原位光谱测量（图 2），这为研究年轻玄武岩的太空风化机制提供了契机。本研究联合采用嫦娥五号样品（CE5C0400YJFM00501、CE5C0600YJFM00301）实验室光谱和遥感光谱等多源数据，利用 Hapke 辐射传输模型成功模拟了金属铁在月壤中的光学行为，经多源光谱数据交叉验证，获得了嫦娥五号着陆点风化层的纳米铁含量（质量分数 0.48%±0.03%）和成熟度指数（I_s/FeO 约 66±3.2），表明该区域的月壤比较成熟。通过对比原位光谱结果，推测嫦娥五号着陆过程中羽流吹扫作用造成的成熟度降低程度达到了约 50%。根据已有的阿波罗月壤暴露年龄与成熟度的相关性，本研究约束出嫦娥五号月壤的宇宙暴露年龄约为 240～

300 Ma，并利用遥感数据绘制了着陆区纳米铁含量分布，证明了嫦娥五号月壤主要来自于徐光启撞击坑的溅射物。与阿波罗任务和月球任务样品乃至玄武质月球陨石相比，嫦娥五号样品是最年轻的玄武岩，而嫦娥五号着陆点的月壤并不年轻，其经历了数亿年的太空风化作用，暴露年龄与阿波罗任务和月球任务返回的成熟月壤相近。根据模型和已有实验研究结果，嫦娥五号月壤中存在丰富的大粒径金属铁颗粒，这可能是因为富铁的玄武岩在经历太空风化形成月壤时，纳米铁产率更高，且可能发生饱和聚集形成粒径更大的铁单质颗粒。未来嫦娥五号样品的月壤暴露年代学等更多相关实验研究将有望进一步揭示这种特殊的太空风化机制。

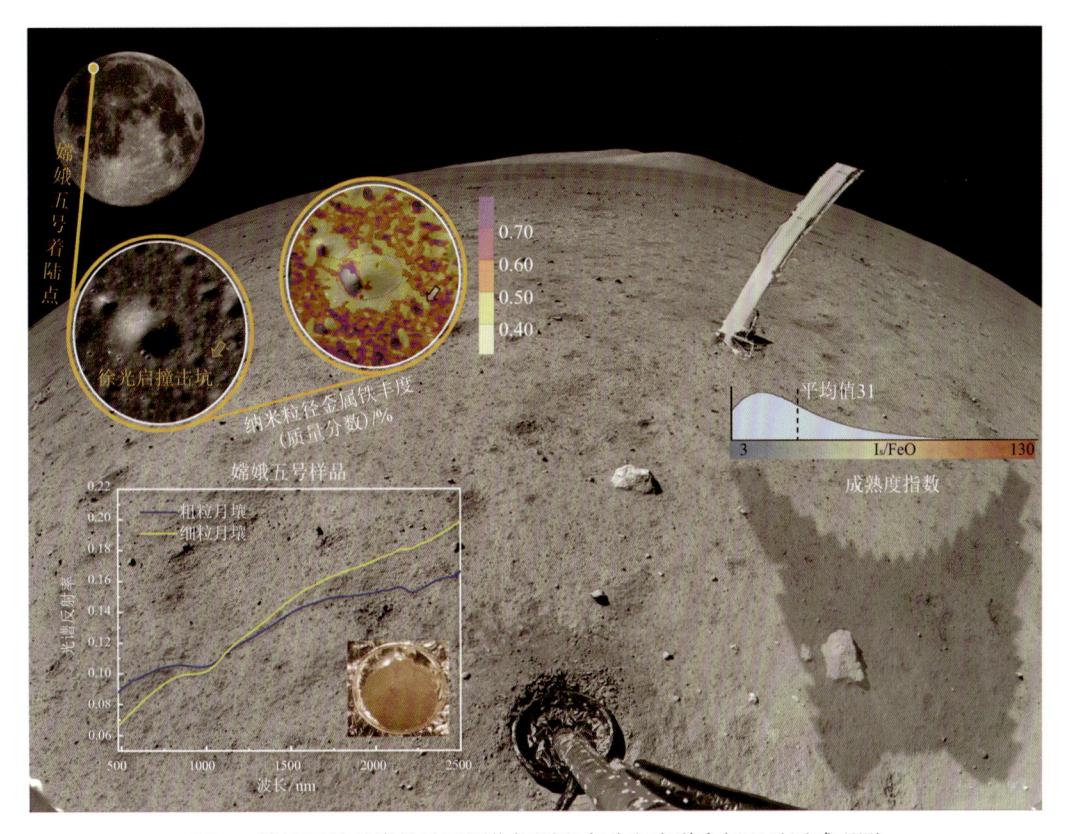

图 2 嫦娥五号月壤的月面原位探测和实验室光谱表征以及遥感观测

致谢

本研究受到国家自然科学基金（41972322、11941001、42102280）、国家国防科技工业局民用航天技术预先研究项目（D020102、D020204、D020201）、国家重点研发计划（2020YFE0202100、2022YFF0711400、2019YFE0123300）和中国博士后科学基金（2020M682164）等项目资助。

参考文献

Cassidy W, Hapke B. 1975. Effects of darkening processes on surfaces of airless bodies. Icarus, 25(3): 371-383.

Che X, Nemchin A, Liu D, et al. 2021. Age and composition of young basalts on the Moon, measured from samples returned by Chang'e-5. Science, 374(6569): 887-890.

Hapke B. 2001. Space weathering from Mercury to the asteroid belt. Journal of Geophysical Research: Planets, 106: 10039-10073.

Li C, Hu H, Yang M F, et al. 2022. Characteristics of the lunar samples returned by the Chang'E-5 mission. National Science Review, 9(2): nwab188.

Lucey P G, Riner M A. 2011. The optical effects of small iron particles that darken but do not redden: evidence of intense space weathering on Mercury. Icarus, 212: 451-462.

基于嫦娥五号月球样品的月壤残余内摩擦角预测

聂家岩 [1,2]，崔一飞 [1,*]，Kostas Senetakis [3]，郭丹 [4]，王瑜 [5]，王国栋 [1]，冯鹏 [6]，贺怀宇 [7]，张徐航 [7]，张小平 [8]，李存惠 [9]，郑虎 [10]，胡伟 [11]，牛富俊 [12]，刘权兴 [13]，李安原 [14]

1. 清华大学土木水利学院，水利系，北京 100084
2. 武汉大学土木建筑工程学院，岩土与道桥系，武汉 430072
3. 香港城市大学建筑与土木工程系，香港 999077
4. 清华大学机械系，北京 100084
5. 中国科学院山地灾害与环境研究所，成都 610041
6. 清华大学土木水利学院，土木系，北京 100084
7. 中国科学院地质与地球物理研究所，北京 100029
8. 澳门科技大学月球与行星科学国家重点实验室，澳门 999078
9. 兰州空间技术物理研究所，真空技术与物理国防科技重点实验室，兰州 730000
10. 同济大学土木工程学院，岩土工程系，上海 200092
11. 成都理工大学，地质灾害防治与地质环境保护国家重点实验室，成都 610059
12. 华南理工大学华南岩土工程研究院，广州 510641
13. 上海交通大学数学科学学院，上海 200240
14. 绍兴大学，浙江省岩石力学与地质灾害重点实验室，绍兴 312000

* 通讯作者：yifeicui@mail.tsinghua.edu.cn

摘要

随着人类探月工程的快速发展，月球基地建设以及月表资源开发利用有望更快实现。合理预测月壤工程力学性质对于未来深层次探月工程意义重大。我国嫦娥五号返回的月球样品为研究月壤工程力学特性提供了直接的物质资料。然而，月球样品极其珍贵，难以满足传统土工试验测试需求。为此，本研究从无损分析月球样品颗粒属性入手，包括无损测试或确定不同类型月壤颗粒的三维几何形态、力学和摩擦属性等指标。在此基础上，基于颗粒材料力学理论和数值模型尝试预测了嫦娥五号取样点月壤残余内摩擦角，其值为 53°～56°。本研究为月球样品有限条件下从颗粒属性角度预测月壤工程力学性质提供了可行思路。

亮点介绍

- 3D multiscale particle shape characteristics of lunar samples are for the first time quantified.
- Mechanical and frictional properties of lunar samples are for the first time determined.
- Residual internal friction angle of lunar regolith at Chang'e-5 landing site is well predicted.

---

① 原文发表于 *Science Bulletin*，2023，68（7）：730-739。

月壤是一层覆盖月球表面几米到几十米厚的松软风化物，几乎遍布全月，主要由（微）陨石撞击月岩、太阳风及宇宙射线等持续轰击和月表温差致使岩石胀缩破碎等作用形成（欧阳自远，2005）。由于特殊的月面环境（如超真空、极端温差、低重力），月壤本质上是黏性颗粒材料，其组成颗粒主要包括单矿物颗粒（如长石、橄榄石、辉石、钛铁矿）、多矿物颗粒（如玄武岩、角砾岩）、胶结物和玻璃物质等（欧阳自远，2005）。已有月球样品研究表明，不同采样点月壤组成颗粒的类型及其丰度差异明显，其与采样点月岩类型、月壤成熟度和混合度有关（Heiken et al.，1991）。此外，不同类型月壤颗粒的粒径大小和形态特征也不相同（Heiken et al.，1991）。从宏微观土力学视角来看，月壤在外部荷载作用下所表现出的复杂宏观力学特性与其组成颗粒的堆积特征（如颗粒排布方位、孔隙比）和颗粒属性（如矿物成分、粒径大小、级配、细颗粒含量、形态）密切相关。因此，基于颗粒属性预测月壤力学特性指标将有效解决月球样品稀缺宝贵无法开展土工试验的难题，并从根本上揭示不同采样点月壤工程力学性质差异的内在机制，研究成果将直接服务于未来月面建造和月表资源开发利用等深层次探月任务。

岩土颗粒材料的残余内摩擦角是衡量其发生剪切破坏后仍能保持稳定状态所需的抗剪切强度的重要指标，合理预测该指标对于未来月面工程实施意义重大。现有研究成果表明，颗粒形态和颗粒表面摩擦系数明显影响颗粒材料的残余内摩擦角（Nie et al.，2021，2022），而颗粒大小和级配的影响相对较小（Estrada，2016；Yang and Luo，2018）。为此，本文基于 CE5C0800YJYX001GP（角砾岩光片样）、CE5Z0906YJYX005 和 CE5Z0709YJYX002（玄武岩岩屑样）以及 CE5C0600YJFM00306（铲取粉末样）等嫦娥五号月球样品开展了嫦娥五号取样点月壤残余内摩擦角跨尺度预测工作（Nie et al.，2023）。首先，通过高精度 X-射线 μCT 扫描和图像处理技术重建了不同类型月壤颗粒的真实三维形态，利用三维白光干涉技术获取了月壤颗粒的表面微观轮廓，进而确定了月壤颗粒的三维多尺度形态特征指标；其次，基于纳米压痕、扫描电镜和能谱分析等手段确定了月壤玄武岩和角砾岩颗粒的弹性力学指标，并合理预测了月壤玄武岩颗粒的表面摩擦系数；在此基础上，借助考虑颗粒多尺度形态效应的离散元数值模型开展了一系列低应力状态月壤三轴剪切试验，建立了月壤残余内摩擦角与其组成颗粒整体形态特征和表面摩擦系数的定量关系，进而合理预测了嫦娥五号取样点月壤残余内摩擦角。本研究为基于月球样品跨尺度预测月壤工程材料力学性质提供了宝贵思路。

结果和讨论

在颗粒形态方面，相比于地表典型水力搬运石英砂（LBS 砂）和强风化花岗岩残积土（HDG 砂）颗粒，月壤颗粒的整体长细比、球度、凹凸度和圆度均明显偏小［图 1(b)～(e)］。此外，月壤颗粒的表面粗糙度 S_q 明显大于包含强风化花岗岩 HDG 砂和 DNA-1A 模拟月壤在内的绝大多数地表岩土材料［图 2(a)］。上述地表岩土材料和月壤颗粒的多尺度形态特征差异反映了地球和月球完全不同的表面过程。受（微）陨石撞击、太阳风和宇宙射线持续轰击作用，月岩破碎形成的月壤颗粒整体形态更加不规则、棱角更加尖锐，表面凹凸不平且粗糙度更高；在弹性力学指标方面，月壤玄武岩和角砾岩颗粒的杨氏模量 E_p（前

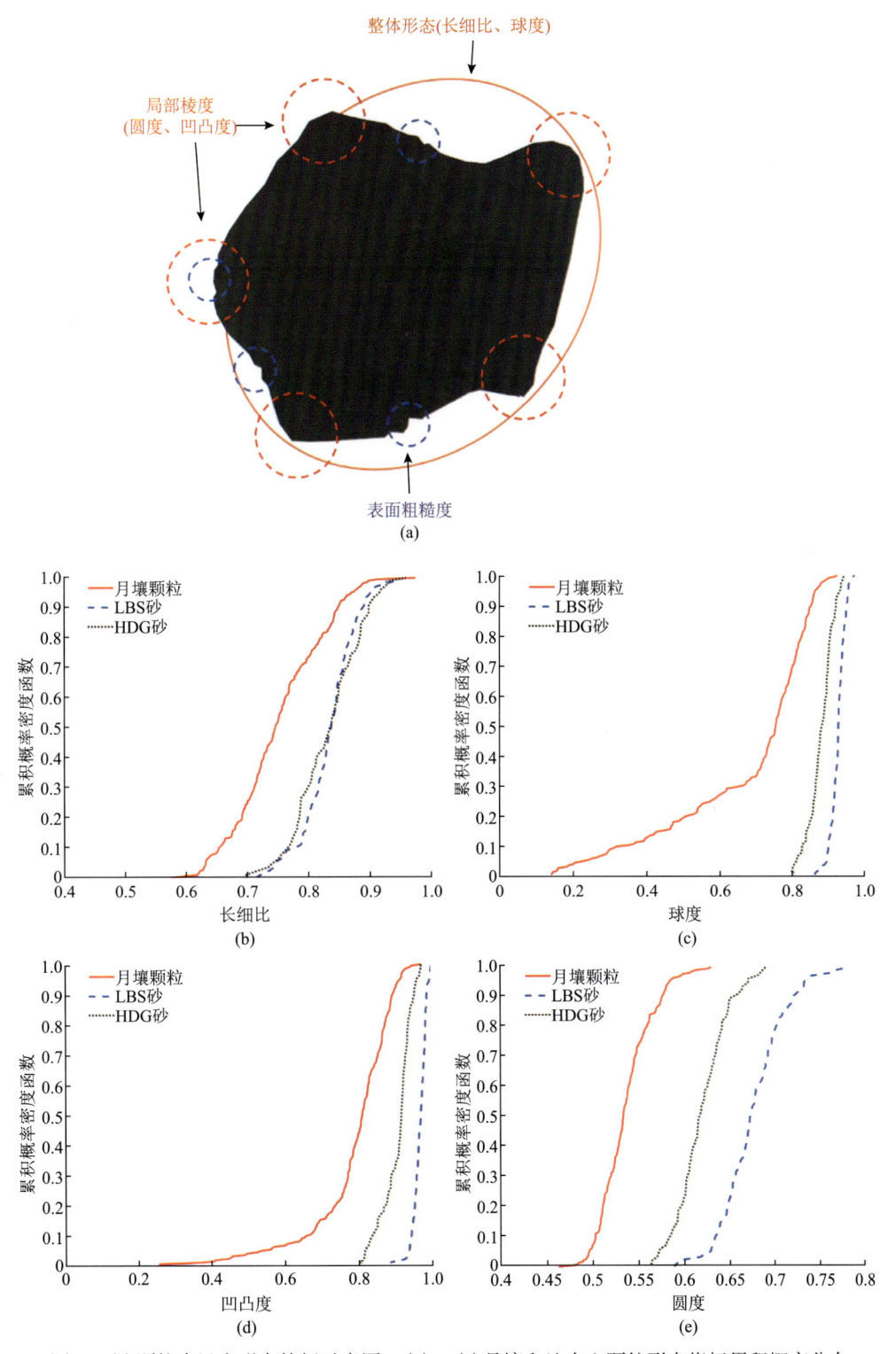

图 1 (a)颗粒多尺度形态特征示意图；(b)～(e)月壤和地表土颗粒形态指标累积概率分布

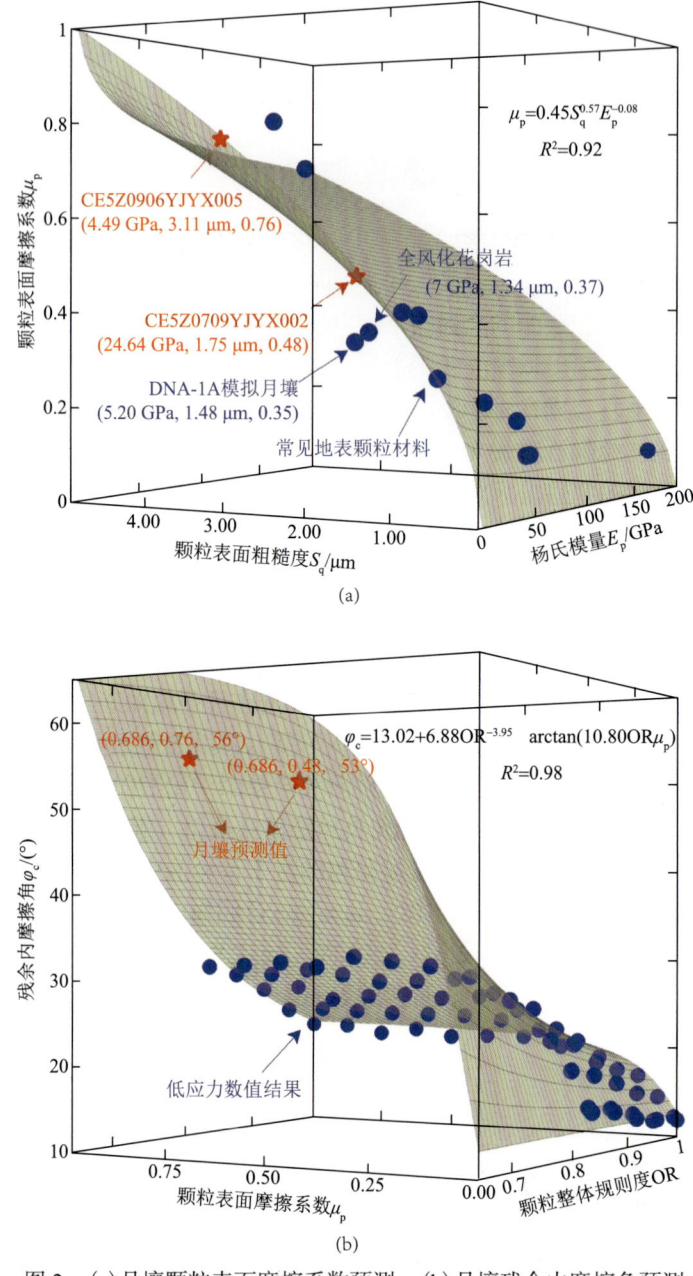

图 2 (a)月壤颗粒表面摩擦系数预测；(b)月壤残余内摩擦角预测

者为 4.49～24.64 GPa，后者约为 81.89 GPa）和地表或糸川小行星相似矿物组成土颗粒的值较为接近。基于所测定的月壤颗粒杨氏模量 E_p 和表面粗糙度 S_q，通过地表岩土材料颗粒微观力学实验测试数据合理预测了月球玄武岩颗粒表面摩擦系数 μ_p [0.48～0.76，图 2(a)]（Sandeep and Senetakis, 2018; Sandeep et al., 2018, 2019; Ren et al., 2021, 2022; He and Senetakis, 2019; Kasyap and Senetakis, 2021），并借助考虑颗粒多尺度形态效应的低应力状态三轴压缩数值试验建立了颗粒材料残余内摩擦角 φ_c 与其组成颗粒整体规则度指标 OR 和表面摩擦系数 μ_p 的定量关系，进而预测了嫦娥五号取样点月壤残余内摩擦角[53°～56°，图 2(b)]。对比分析 DNA-1A 模拟月壤相似应力水平下的残余内摩擦角(47°～56°)(Marzulli and Cafaro, 2019)，发现二者较为接近。进一步表明尽管模拟月壤颗粒粗糙度低于月壤颗粒实测值，但颗粒摩擦系数增强颗粒材料残余内摩擦角的能力存在饱和现象，致使整体颗粒形态与月壤颗粒相似的 DNA-1A 模拟月壤的残余内摩擦角与预测值较为接近。然而，颗粒表面摩擦系数对颗粒材料的峰值抗剪切强度影响显著，在未来制备高相似度模拟月壤时仍需考虑颗粒高粗糙度特征。需要说明的是，由于不同采样点月壤颗粒的几何和摩擦属性会有所差异，本文所预测的月壤残余内摩擦角在月表其他区域的适用性有待进一步验证。

致谢

本研究受国家自然科学基金(42241109、42202297)和清华大学自主科研计划创新课题(20211080097)资助。感谢中国科学院地质与地球物理研究所田恒次、张弛博士和清华大学摩擦学国家重点实验室梁艺迈、杨文言工程师，占豪博士，焦建国、熊俊杰博士生在本研究实验过程中提供的技术指导。

参考文献

欧阳自远. 2005. 月球科学概论. 北京: 中国宇航出版社.

Estrada N. 2016. Effects of grain size distribution on the packing fraction and shear strength of frictionless disk packings. Phys Rev E, 94(6): 062903.

He H, Senetakis K. 2019. An experimental study on the micromechanical behavior of pumice. Acta Geotech, 14(6): 1883-1904.

Heiken G H, Vaniman D T, French B M. 1991. Lunar sourcebook, a user's guide to the Moon.

Kasyap S S, Senetakis K. 2021. A grain-scale study of mojave Mars simulant (MMS-1). Sensors, 21(14): 4730.

Marzulli V, Cafaro F. 2019. Geotechnical properties of uncompacted DNA-1A lunar simulant. J Aerosp Eng, 32(2): 04018153.

Nie J, Cui Y, Senetakis K, et al. 2023. Predicting residual friction angle of lunar regolith based on Chang'e-5 lunar samples. Sci Bull, 68(7): 730-739.

Nie J, Zhao J, Cui Y, et al. 2021. Correlation between grain shape and critical state characteristics of uniformly graded sands: a 3D DEM study. Acta Geotech, 17: 2783-2798.

Nie J, Zhao S, Cui Y, et al. 2022. Coupled effects of particle overall regularity and sliding friction on the shear behavior of uniformly graded dense sands. J Rock Mech Geotech Eng, 14(3): 873-885.

Ren J, He H, Lau K C, et al. 2022. Influence of iron oxide coating on the tribological behavior of sand grain contacts. Acta Geotech, 17(7): 2907-2929.

Ren J, Li S, He H, et al. 2021. The tribological behavior of iron tailing sand grain contacts in dry, water and biopolymer immersed states. Granul Matter, 23: 1-23.

Sandeep C S, Marzulli V, Cafaro F, et al. 2019. Micromechanical behavior of DNA-1A lunar regolith simulant in comparison to ottawa sand. J Geophys Res-Sol Ea, 124: 8077-8100.

Sandeep C S, Senetakis K. 2018. Effect of young's modulus and surface roughness on the inter-particle friction of granular materials. Materials, 11: 217.

Sandeep C S, Todisco M C, Nardelli V, et al. 2018. A micromechanical experimental study of highly/completely decomposed tuff granules. Acta Geotech, 13: 1355-1367.

Yang J, Luo X D. 2018. The critical state friction angle of granular materials: does it depend on grading? Acta Geotech, 13: 535-547.

太空风化作用

嫦娥五号样品的太空风化特征及形成机制[①]

谷立新[1]，陈永金[2]，徐于晨[3]，唐旭[1]，林杨挺[1,*]，Noguchi, T.[4]，李金华[1,*]

1. 中国科学院地质与地球物理研究所，北京 10029
2. 北京高压科学研究中心，北京 100193
3. 中国科学院国家空间科学中心，北京 100190
4. Faculty of Arts and Science, Kyushu University, 744 Motooka, Nishi-ku, Fukuoka 819-0395, Japan

* 通讯作者：
LiYT@mail.iggcas.ac.cn
lijinhua@mail.iggcas.ac.cn

摘要

月球形成并基本固化之后，太空风化作用主导了月壤的形成与演化。然而，月球不同纬度的太空风化特征和作用机制还不清楚。另外，不同矿物相对太空风化作用的响应不同。通过对嫦娥五号单颗粒月壤表面多相物质（硅酸盐、氧化物、磷酸盐和硫化物）的不同微观结构进行研究发现：①矿物表面基本都存在富 Si/O 的再沉积层，次表层是太阳风辐照损伤层，但损伤层的结构和化学成分变化与基体矿物的种类有关；②具有典型出熔结构的辉石表层发生了非晶化，纳米铁颗粒呈球形，其晶粒尺寸与基体片晶的铁含量相关；钛铁矿仍然保持了晶体结构，但发生了 Fe-Ti 元素迁移，纳米铁呈拉长形；硫化物表面呈锯齿状，出现尺寸较大的铁晶须；磷酸盐表面没有发现纳米铁，但出现了与钛铁矿表层不同的囊泡结构。该研究表明，嫦娥五号月壤受到微陨石撞击、太阳风及宇宙射线的辐照等因素的共同作用，其表层微观结构特征与阿波罗计划样品差异不大，这为认识月球不同纬度的太空风化作用和遥感光谱解译提供了支持。

亮点介绍

- The space weathering（SW）characteristics of lunar soils returned by Chang'e-5 landing at the mid-high latitude site are reported.
- Microscopic textures of SW depend on mineral species but show no relationship with the latitude of sampling site.
- The SW products by micrometeorite impacts, solar wind implantation, and solar flare irradiation are distinguished.

[①] 原文发表于 *Geophysical Research Letters*，2022，49：e2022GL097875。

数十亿年来，月球表面遭受了强烈的太空风化作用，包括微陨石撞击、太阳风及银河宇宙射线的辐射。这些过程极大地改造了月球表面物质的微观形貌、晶体结构和化学成分，进而影响了月球的反射光谱特征，造成地质分析的多解性(Hapke, 2001)。因此，深入研究撞击和太阳风辐射与物质的相互作用过程与机理，是认识月球表面物质演化和空间环境变化过程的关键。然而，由于月壤颗粒的尺寸微小且微观结构复杂，难以区分微陨石撞击和太阳风辐照的特征差异，对太空风化作用机制的认识还不够清晰。另外，美国阿波罗计划采集的样本都处于月球的低纬度范围。嫦娥五号采样点位于中纬度(43.06°N)，为月球不同纬度的空间风化研究提供了独特的视角。

利用单颗粒月壤操纵-扫描电镜(SEM)形貌观察-聚焦离子束(FIB)精细加工-透射电镜(TEM)结构解析等分析技术，获得了嫦娥五号样品单颗粒表面多相物质(硅酸盐、氧化物、磷酸盐和硫化物)经历相同月面暴露历史的不同微观结构响应(Gu et al., 2022)。结果显示，暴露在玄武岩碎屑表面的矿物相基本都存在富Si/O的再沉积层，次表层是太阳风辐照损伤层，但太阳风损伤层的结构和化学成分变化与基体矿物的种类有关。纳米铁(npFe^0)、非晶化和囊泡结构是最常见的太空风化特征(Pieters and Noble, 2016)。我们发现辉石受太阳风辐照后损伤层的片层结构与辉石基体的出熔片晶结构一致，且纳米铁的深度分布与太阳风粒子注入深度一致，提供了太阳风作用形成纳米铁的确凿证据。表面损伤层发生了非晶化，非晶层内的纳米铁颗粒呈球形，但晶粒尺寸(约3~5 nm)与基体片晶的铁含量相关。钛铁矿受太阳风辐照保持了晶体结构，但发生了Fe-Ti元素迁移，还原的纳米铁颗粒呈拉长形(约20 nm)。硫化物表面呈锯齿状结构，没有明显的太阳风作用区域，主要是硫化物受太阳风离子剥蚀造成脱硫而形成铁晶须(几十纳米到300 nm)。贫铁的白磷钙矿表面没有发现纳米铁颗粒。另外，钛铁矿和白磷钙矿的损伤层都出现了囊泡结构，但其形态不同，可能与各自的晶体结构及受到的表面张力有关。

结合月壤表面形貌及内部结构的分析可以看出，嫦娥五号月壤的太空风化作用主要来自微陨石撞击、太阳风及宇宙射线辐照等因素的共同作用(图1)，而各自贡献需要借助于精细的形貌和结构表征才能区分。与阿波罗样品的结果对比，嫦娥五号样品的表层微观结构特征没有表现出较大差异，这为不同纬度遥感光谱校正提供了支持。但是，由于空间风化效应的多样性，将月球的空间风化模型扩展到其他无大气天体时，还需要考虑其组成和空间环境的复杂性。

致谢

本研究得到国家自然科学基金(42103035)、中国科学院重点部署项目(ZDBS-SSW-JSC007)、中国科学院前沿科学重点研究计划项目(QYZDJ-SSW-DQC001)、国家国防科技工业局民用航天技术预先研究项目(D020201、D020203)和中国科学院地质与地球物理研究所重点部署项目(IGGCAS-202101)资助。

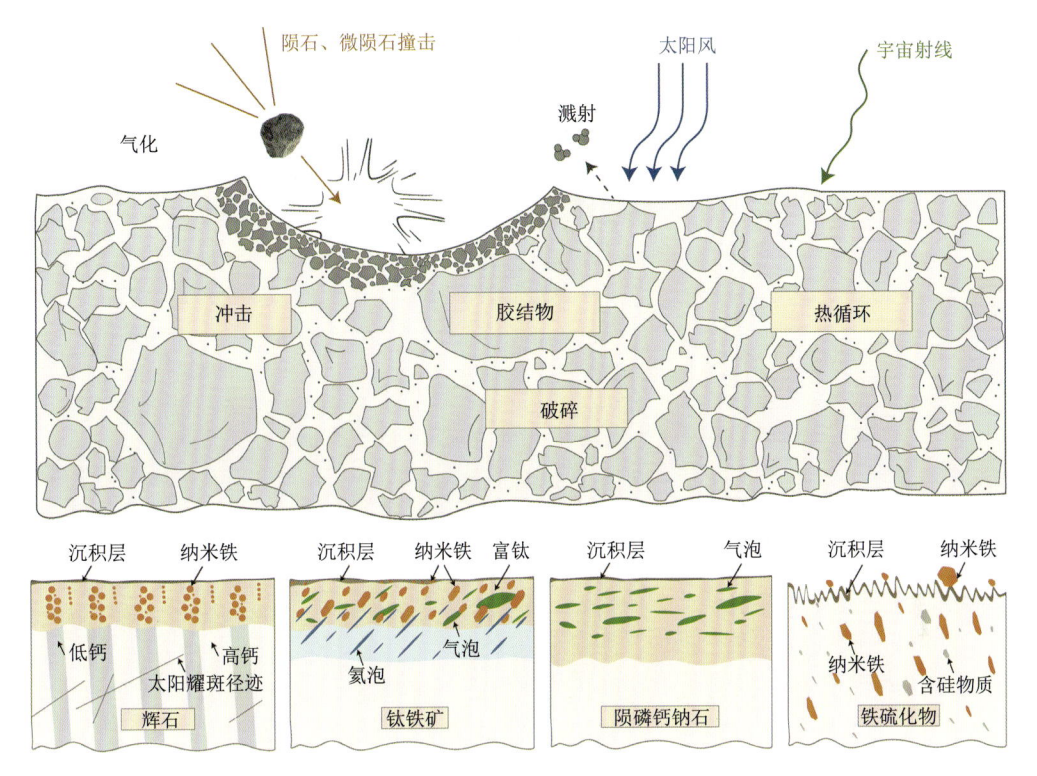

图 1　太空风化作用过程及不同矿物相的响应模型

参考文献

Gu, L., et al., 2022. Space weathering of the Chang'e-5 lunar sample from a mid-high latitude region on the Moon. Geophysical Research Letters. 49, e2022GL097875.

Hapke, B., 2001. Space weathering from Mercury to the asteroid belt. Journal of Geophysical Research: Planets. 106, 10039-10073.

Pieters, C. M., Noble, S. K., 2016. Space weathering on airless bodies. Journal of Geophysical Research: Planets. 121, 1865-1884.

嫦娥五号月壤中铁橄榄石分解成因的纳米金属铁[1]

郭壮 [1,2]，李琛 [1,3]，李阳 [1,4,*]，文愿运 [1]，邰凯瑞 [1,5]，李雄耀 [1,4]，刘建忠 [1,4]，欧阳自远 [1]

1. 中国科学院地球化学研究所月球与行星科学研究中心，贵阳 550081
2. 中国科学院大学地球与行星科学学院，北京 100049
3. 昆明理工大学冶金与能源工程学院，昆明 650093
4. 中国科学院比较行星学卓越创新中心，合肥 230026
5. 西北大学地质学系，西安 710069

* 通讯作者：Liyang@mail.gyig.ac.cn

摘要

纳米级单质金属铁(npFe^0)是太空风化作用的特征产物，其对月壤的反射光谱特征具有显著的改造效应。原位微区电子显微分析结果表明嫦娥五号月壤样品中铁橄榄石颗粒的表层环带普遍具有含囊泡 npFe^0(10～35 nm)与非晶质富硅组分以及富镁层共存的特征，通过热力学计算以及电子损失能量谱分析，npFe^0 内部的纳米级囊泡可能由 O$_2$ 和 SiO 气体形成，这些物相组合特征指示了铁橄榄石的分解过程。铁橄榄石表层熔融层以及蒸发沉积层的缺失指示分解反应在亚固相的条件下发生。与阿波罗月壤中纳米金属铁相比，嫦娥五号月壤中铁橄榄石分解成因的纳米金属铁在均值粒径、赋存状态、形成机制等方面均存在较大差异。因此，月球表面由镁铁硅酸盐分解产生的纳米金属对月壤光谱改造的贡献需要进一步考虑。

亮点介绍

- Sub-solidus fayalitic olivine decomposition to form npFe0 in Chang'e-5 soils was confirmed.
- npFe^0 in the uppermost layer of Chang'e-5 olivine is embedded with numerous vesicles containing possible O$_2$ or SiO components.
- Microstructural features on fayalitic olivine rims present the diversity of space weathering effects on the Moon.

---

[1] 原文发表于 *Geophysical Research Letters*，2022，49(5)：e2021GL097323。

1　引言

纳米级单质金属铁(nanophase iron particles，npFe⁰)是太空风化作用的特征产物，广泛存在于月壤矿物颗粒的表层非晶质环带以及胶结质玻璃中，因此通过研究纳米金属铁可以获取大量月壤形成演化以及月表空间环境演变历史的信息。纳米金属铁最先被发现于阿波罗月壤之中，其成因主要被归结于陨石、微陨石轰击引起的月表物质及撞击体的汽化沉积作用(Anand et al., 2004; Keller and McKay, 1993, 1997)，并得到了大量月壤、月球陨石以及地面模拟实验结果的证实。然而，阿波罗计划六次登月工程采集的月壤样品均具有较古老的地质年龄和较长的空间暴露历史，这使得阿波罗月壤中纳米金属铁具有较为单一的蒸汽沉积成因特征。嫦娥五号样品具有当前已知最年轻的玄武岩年龄(约20亿年)(Li et al., 2021)。因此，嫦娥五号样品中可能保留了月壤形成与演化初期阶段单质金属铁形成机制的相关信息。

2　研究结果及讨论

对嫦娥五号铲取月壤粉末样品中富铁橄榄石原位开展微区电子学分析，实验结果表明嫦娥五号月壤样品中铁橄榄石颗粒的边缘普遍具有含气孔纳米金属铁与非晶质富硅组分以及富镁层共存的特征，通过热力学计算以及电子损失能量谱分析可知，纳米金属铁内部的纳米级囊泡可能是由O_2和SiO气体形成(图1)。基于上述分析结果，我们确定了月壤中铁橄榄石分解形成纳米金属铁的形成机制以及相关产物。铁橄榄石表层熔融层以

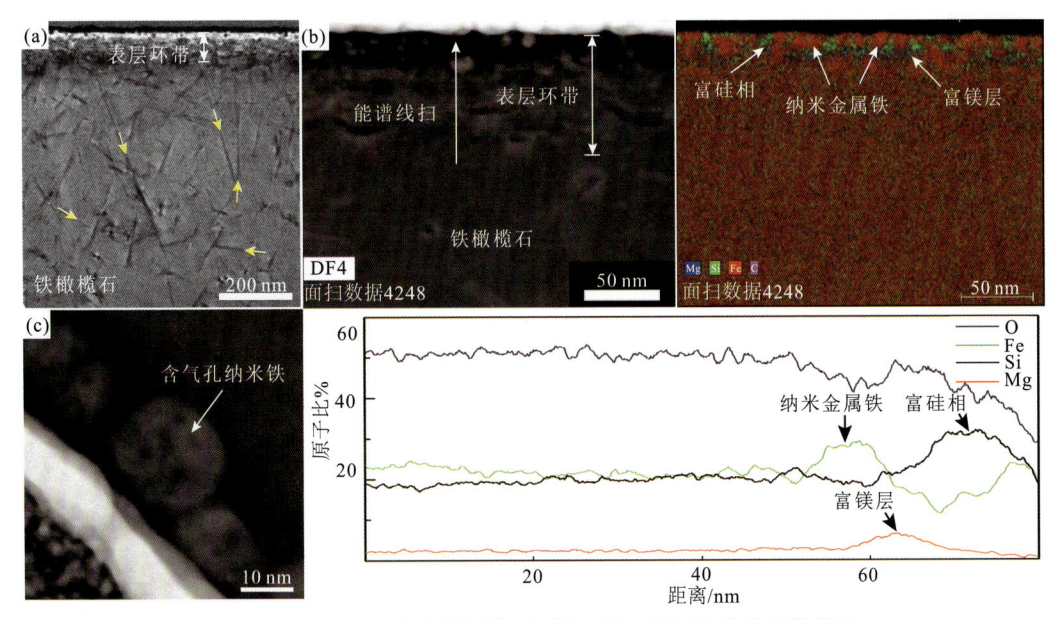

图1　嫦娥五号月壤中铁橄榄石颗粒表层环带的结构及化学特征

(a)嫦娥五号铁橄榄石颗粒FIB切片的透射电镜亮场图像，黄色箭头指示颗粒内部的辐射径迹；(b)铁橄榄石表层的化学元素分布特征，显示出纳米金属铁与富硅组分以及富镁层共存的特征；(c)铁橄榄石表层富含囊泡的纳米金属铁颗粒

及蒸发沉积层的缺失指示了分解反应在亚固相的条件下发生。另一方面，由铁橄榄石分解在月壤颗粒表面产生的纳米金属铁通常具有中等的粒径范围(10~35 nm)，基于前人的研究，该粒径的纳米金属铁对光谱的改造效应不同于蒸发沉积作用形成的极细粒纳米金属铁(约 3 nm)，因此月球表面由镁铁硅酸盐分解产生的纳米金属对月壤光谱改造的贡献需要进一步考虑。

研究结果表明，月壤形成过程中的冲击破碎作用以及月壤演化过程中微陨石撞击的局部热作用是嫦娥五号月壤中铁橄榄石分解形成纳米金属铁的主要原因，同时也可能是全月表月壤形成与演化初期阶段纳米金属铁的重要形成机制之一。

3　结论

本研究首次在嫦娥五号铲取月壤中明确了铁橄榄石分解成因 npFe^0 的直接证据，并且铁橄榄石最表层环带表现出了与阿波罗样品截然不同的微观特征。研究结果为嫦娥五号着陆区月壤形成与演化过程的研究提供了参考依据，同时也为后续月球、小行星等返回样品分析提供了新的思路。

致谢

该成果得到了中国科学院战略性先导科技专项(XDB41000000)、国家自然科学基金重点项目(41931077)等项目的资助。

参考文献

Anand, M., Taylor, L.A., Nazarov, M.A., et al. 2004. Space weathering on airless planetary bodies: clues from the lunar mineral hapkeite. Proceedings of the National Academy of Sciences of the United States of America 101, 6847-6851.

Keller, L.P. and McKay, D.S. 1993. Discovery of vapor deposits in the lunar regolith. Science 261, 1305-1307.

Keller, L.P. and McKay, D.S. 1997. The nature and origin of rims on lunar soil grains. Geochimica et Cosmochimica Acta 61, 2331-2341.

Li, Q.-L., Zhou, Q., Liu, Y., et al. 2021. Two-billion-year-old volcanism on the Moon from Chang'e-5 basalts. Nature 600, 54-58.

嫦娥五号月壤中撞击诱导的共析反应成因磁铁矿[①]

摘要

月球表面极端的还原环境使得月壤中的铁元素以二价铁离子(Fe^{2+})和零价铁(Fe^0)为主，在阿波罗时代仅有非常少量的三价铁离子(Fe^{3+})及其赋存矿物被直接探测到。目前对于月球 Fe^{3+} 的解释通常为诸如碳质球粒陨石、彗星以及地球风等外源 C-H-O 流体的氧化作用，尤其对于月球原生磁铁矿的形成机制以及分布特征目前仍不明确。本研究首次证实了月壤中存在撞击成因的亚微米级磁铁矿。研究证据表明月球表面的硫化物在撞击过程中会发生复杂的气液反应，使得溶解进入硫化物的 FeO 通过共析反应生成亚微米级的磁铁矿以及单质金属铁。该研究发现了月表原生磁铁矿，并将月表撞击事件与月球磁异常有效地连接在一起，为解释月表磁异常的产生这一重大科学问题提供理论支撑。

亮点介绍

- Magnetite is rarely present on the Moon. Here we report the magnetite formed by eutectic reaction during the impact process in Chang'e-5 lunar soil, and the potential contribution of this magnetite formation to magnetic anomalies on the Moon.

郭壮 [1,2,3]，李琛 [1,4]，李阳 [1,5,*]，文愿运 [1]，吴炎学 [6]，贾博钧 [2]，邰凯瑞 [1,7]，曾小家 [1]，李雄耀 [1,5]，刘建忠 [1,5]，欧阳自远 [1]

1. 中国科学院地球化学研究所，月球与行星科学研究中心，贵阳 550081
2. 北京大学地球与空间科学学院，遥感与地理信息系统研究所，北京 100871
3. 中国科学院大学地球与行星科学学院，北京 100049
4. 昆明理工大学冶金与能源工程学院，昆明 650093
5. 中国科学院比较行星学卓越创新中心，合肥 230026
6. 广东工业大学，广州 510006
7. 西北大学地质学系，西安 710069

* 通讯作者：Liyang@mail.gyig.ac.cn

[①] 原文发表于 *Nature Communications*，2022，13(1)：7177。

1 引言

铁元素是记录太阳系氧化还原环境的重要元素。由于极端的还原环境，月表物质中的铁元素主要以二价铁离子和零价铁为主，而缺乏三价铁离子(Fe^{3+}) (Heiken et al., 1991; Morris et al., 1998; Righter et al., 2016)。近年来随着分析技术的提升，有学者在月球样品中陆续观察到含 Fe^{3+} 的物质(如磁铁矿以及玻璃质等)，同时月船一号搭载的 M^3 光谱数据也显示月球的高纬度地区广泛存在赤铁矿，月球物质中 Fe^{3+} 的广泛分布使得我们不得不重新审视月表的氧化环境(Joy et al., 2015; Li et al., 2022; Li et al., 2020)。磁铁矿是重要的 Fe^{3+} 载体矿物，但它在月球样品中很少被报道。在阿波罗时代，有学者根据电子自旋共振和穆斯堡尔谱的研究结果推断出阿波罗月壤中可能广泛存在亚微米级的磁铁矿，但没有得到原位矿物学数据的支持(Forester, 1973; Griscom et al., 1973)。尽管前人通过细致的矿物学分析在阿波罗月岩样品中确定了微米级磁铁矿晶体的存在，但它们通常被认为与外源性的碳质球粒陨石或者彗星等撞击体密切相关(Joy et al., 2015)。因此，月表原生磁铁矿的形成机制仍然是个谜。

2 研究结果

通过对嫦娥五号细粒月壤开展细致的扫描电镜和透射电镜观察，发现了约 2 μm 直径的球形铁硫化物颗粒，该颗粒具有独特的形貌特征，具体表现为纯金属铁的触须以几乎相等的间隔从整个球形铁硫化物颗粒表面突出。嫦娥五号球形铁硫化物颗粒内部普遍具有溶氧的特征并含有大量的亚微米级磁铁矿和纯金属铁颗粒(图 1)。铁硫化物内部的亚微米级磁铁矿晶体(约 100 nm)进一步通过化学和结构的综合分析得到确认。透射电镜能谱面扫描和线扫描的结果显示，球形铁硫化物颗粒内含有富氧和富铁的铁氧化物相(图 1)。此外，电子能量损失谱的结果指示该铁氧化物颗粒的 Fe $L_{2,3}$ 谱介于 Fe^{2+} 和 Fe^{3+} 标样之间，表明球形铁硫化物颗粒内部的铁氧化物同时含有 Fe^{2+} 和 Fe^{3+}，并且其比例约

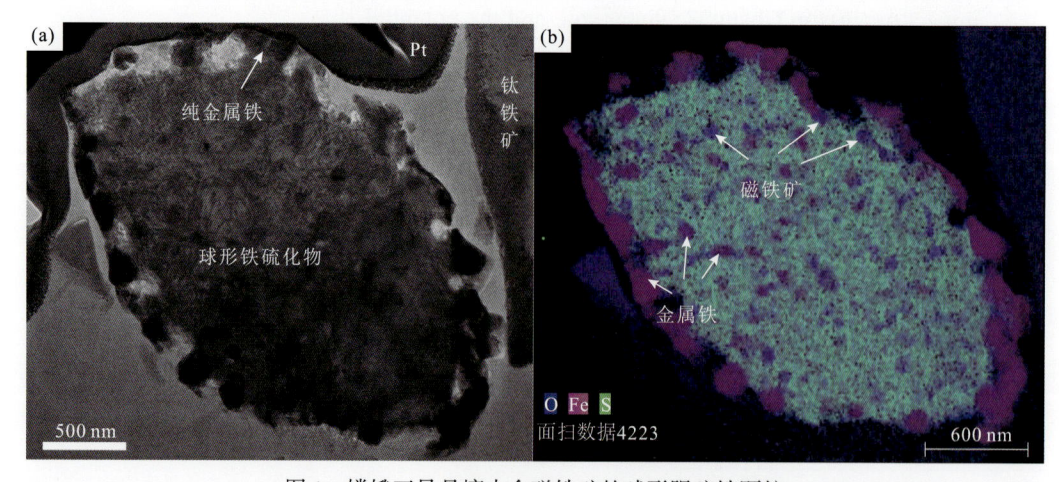

图 1 嫦娥五号月壤中含磁铁矿的球形陨硫铁颗粒

为1∶2，这与磁铁矿的化学成分一致。通过球差校正透射电镜获取到的高分辨原子像以及高分辨透射电镜图像，最终确认了该氧化物颗粒与磁铁矿的晶体结构一致。综上，嵌入在球形铁硫化物颗粒中的铁氧化物颗粒被确定为亚微米级的磁铁矿晶体。结合嫦娥五号月壤中球形铁硫化物颗粒内部的复杂矿物相关系，通过热力学计算，最终得到该溶氧铁硫化物内部的磁铁矿与金属铁的共存是FeO共析反应的结果（4FeO = Fe$_3$O$_4$ + Fe）。

基于此类独特的铁硫化物颗粒的形貌特征以及化学特征，该颗粒可能经历了含氧硅酸盐气体与铁硫化物熔融液滴的气-液相反应过程。硅酸盐的气化、氧的溶解以及磁铁矿与金属铁颗粒相的平衡析出等典型特征暗示了嫦娥五号月壤中溶氧铁硫化物颗粒是月表大型撞击事件的产物。

3 讨论

自阿波罗时代以来，月表磁异常是月球研究的一个重要科学问题，其成因仍在争论。前人的研究结果指示了月表磁异常的产生与大型撞击事件密切相关。Wieczorek等（2012）通过数值模拟系统讨论了撞击体带入的铁磁性矿物（金属铁）对于磁异常的贡献，然而并没有考虑大型撞击过程中物质转变的影响（Wieczorek et al., 2012）。对嫦娥五号月壤的研究结果表明，铁硫化物在月球撞击过程中会发生复杂的化学过程，其通过共析反应形成的高铁磁性矿物（亚微米级磁铁矿和金属铁）可能是月表铁磁性矿物的一个重要贡献。

综上，本研究首次证实了月壤中存在撞击成因的亚微米级磁铁矿。月表撞击成因亚微米级磁铁矿的发现与证实，既为月壤中可能广泛存在原生磁铁矿提供了直接证据，也为月球表面磁异常等重大科学问题提供了理论支撑。

致谢

嫦娥五号月壤样品（CE5C0400YJFM00505、CE5C0200YJFM00302）由中国国家航天局提供，该成果得到了中国科学院战略性先导科技专项（XDB41000000）、国家自然科学基金重点项目（41931077）等项目的资助。

参考文献

Forester, D. 1973. Mössbauer search for ferric oxide phases in lunar materials and simulated lunar materials. Lunar and Planetary Science Conference Proceedings, p. 2697.

Griscom, D., Friebele, E. and Marquardt, C. 1973. Evidence for a ubiquitous, sub-microscopic "magnetite-like" constituent in the lunar soils. Lunar and Planetary Science Conference Proceedings, p. 2709.

Heiken, G.H., Vaniman, D.T. and French, B.M. 1991. Lunar Sourcebook, a User's Guide to the Moon. Cambridge University Press.

Joy, K.H., Visscher, C., Zolensky, M.E., Mikouchi, T., Hagiya, K., Ohsumi, K. and Kring, D.A. 2015. Identification of magnetite in lunar regolith breccia 60016: evidence for oxidized conditions at the lunar surface. Meteoritics & Planetary Science 50, 1157-1172.

Li, C., Guo, Z., Li, Y., et al. 2022. Impact-driven disproportionation origin of nanophase iron particles in Chang'e-5 lunar soil sample. Nature Astronomy 6, 1156-1162.

Li, S., Lucey, P.G., Fraeman, A.A., et al. 2020. Widespread hematite at high latitudes of the Moon. Science Advances 6, eaba1940.

Morris, R.V., Klingelhöfer, G., Korotev, R.L. et al. 1998. Mössbauer mineralogy on the Moon: the lunar regolith. Hyperfine Interactions 117, 405-432.

Righter, K., Sutton, S.R., Danielson, L., et al. 2016. Redox variations in the inner solar system with new constraints from vanadium XANES in spinels. American Mineralogist 101, 1928-1942.

Wieczorek, M.A., Weiss, B.P. and Stewart, S.T. 2012. An impactor origin for lunar magnetic anomalies. Science 335, 1212-1215.

嫦娥五号月壤中蒸发沉积成因的蓝辉铜矿[①]

郭壮[1,2], 李琛[2,3], 李阳[2,4,*], 吴炎学[5], 朱晨曦[6], 文愿运[2], 法文哲[1,4], 李雄耀[2,4], 刘建忠[2,4], 欧阳自远[2]

1. 北京大学地球与空间科学学院, 遥感与地理信息系统研究所, 北京 100871
2. 中国科学院地球化学研究所, 月球与行星科学研究中心, 贵阳 550081
3. 昆明理工大学冶金与能源工程学院, 昆明 650093
4. 中国科学院比较行星学卓越创新中心, 合肥 230026
5. 广东工业大学, 广州 510006
6. 中国科学院上海硅酸盐研究所, 上海 200050

* 通讯作者: Liyang@mail.gyig.ac.cn

摘要

由于缺乏磁场和大气的保护，月球表面持续受到陨石和微陨石的轰击。撞击引起的气化沉积作用是月表物质经历的典型改造过程，该过程往往伴随独特矿物相的产生（如纳米金属铁、铁硅化合物等矿物）。硫化物是月表最典型的易挥发性物质，然而，含铜硫化物在月球样品中非常罕见。通过对嫦娥五号细粒月壤进行细致的扫描电镜和透射电镜观察，我们在月壤颗粒表面首次发现了具有典型气相沉积特征的含铜硫化物。通过透射电镜以及电子能量损失谱进一步确认了这些含铜硫化物为蓝辉铜矿（$Cu_{1.8}S$），这也是首次在月壤中发现这一矿物。该研究结果提供了月表硫化物发生气化沉积作用的直接证据，揭示了月表撞击过程引起的气相组分迁移及其对月表物质的改造效应。同时，嫦娥五号月壤中蓝辉铜矿的发现进一步拓宽了我们对月表复杂矿物组成的认识。

亮点介绍

- Cu-bearing sulfides are rare in lunar samples, and their origin is poorly understood. Here, a new Cu-sulfide digenite mineral ($Cu_{1.8}S$) with typical evaporative deposition characteristics has been identified for the first time by microscopic observations of the finest Chang'e-5 lunar soil.

[①] 原文发表于 *Science Bulletin*, 2023, 68: 723-729。

1 引言

气化是月表岩石经历撞击事件时发生的重要过程，可以显著改造月表的物质组成及元素分布特征。基于对阿波罗样品的观察，发现成熟的月壤颗粒表面普遍存在纳米尺度的气化沉积层物质，该层以富硫组分为典型特征，并且往往伴随有独特矿物相的产生（Anand et al., 2004；Keller and McKay, 1993）。因此，气化沉积作用是月表物质演化的一个关键过程，该过程对于月球表面易挥发性组分的迁移以及独特矿物的形成都至关重要。

硫化物是典型的易挥发性物质，含铜硫化物在月球样品中非常罕见，化学成分数据指示月球样品中的铜硫化物主要是黄铜矿（CuFeS$_2$）和方黄铜矿（CuFe$_2$S$_3$），这些铜硫化物一般被认为是由不混溶的含铜硫化物熔体结晶而来（Liu et al., 2022；Taylor and Williams, 1973）。近年来，有学者通过化学和矿物结构综合分析，在系川返回样品中确认了外源成因的硫化铜矿物，因此，碳质球粒陨石或彗星等撞击体的并入也是地外样品中含铜硫化物的重要来源之一（Burgess and Stroud, 2021）。综上，目前月球样品中的铜硫化物矿物普遍缺乏结构数据的支撑，另一方面，月球表面是否存在铜硫化物矿物的多种形成机制还没有得到确认。

2 研究结果

通过扫描电镜-能谱仪的观察，一个直径约 2.5 μm 的月壤颗粒表面分布有大量含铜组分的亚微米级球形颗粒。通过聚焦离子束切片技术以及透射电镜分析，确认了该月壤颗粒主要由自形的纯金属铁组成，并且其表面被厚度约为 100 nm 的富铜硫相物质包裹，同时，与金属铁颗粒毗邻的玻璃质表面也存在富铜硫相的分布（图 1）。透射电镜能谱面扫描以及电子能量损失谱的结果显示，分布在玻璃质以及金属铁颗粒表面的富铜硫相物质仅由硫和铜两种元素组成，缺乏铁元素，该化学特征与地外样品中常见的方黄铜矿以及黄铜矿等含铜硫化物明显不同。

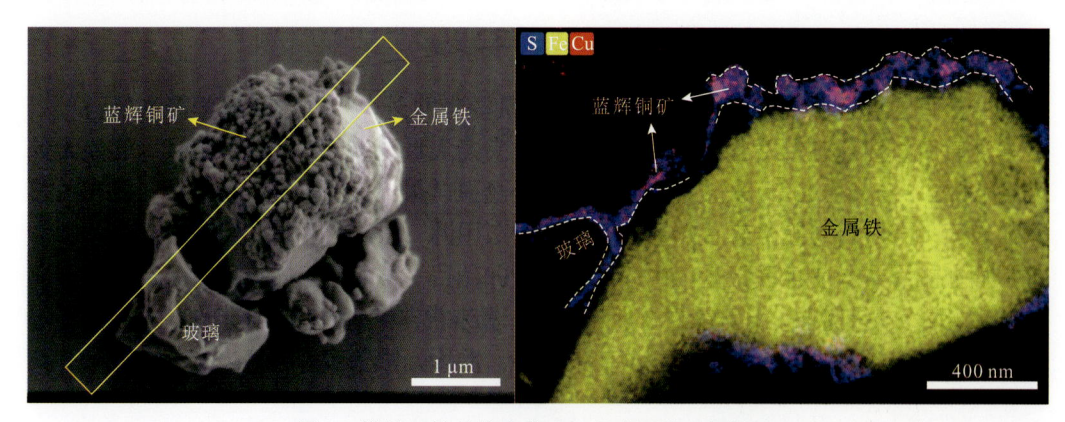

图 1 嫦娥五号月壤中蒸发沉积成因的蓝辉铜矿

此外，电子能量损失谱的结果指示该铜硫相物质的 Cu L$_{2,3}$ 谱与前人获得的 Cu$^+$-Cu^{2+} 混合物类似，同时，透射电镜能谱定量的结果也显示该铜硫相物质具有显著高的 Cu 含量。因此，所研究的铜硫相物质内部含有一定比例的 Cu$^+$，并且其 Cu-S 原子比接近 2。根据不同晶带轴的高分辨透射电镜图像结果，这些分布于嫦娥五号月壤颗粒表面的铜硫相物质与蓝辉铜矿（Cu$_{1.8}$S）的晶体结构一致。综合化学成分及矿物结构的数据结果，嫦娥五号月壤颗粒表面的铜硫相物质最终被确定为蓝辉铜矿晶体。

3　讨论

在金属铁颗粒以及相邻的玻璃质表面都观察到了蓝辉铜矿的分布，并且这些蓝辉铜矿的元素组成与基底物质明显不同，这些微观特征表明本研究中所观察到的蓝辉铜矿起源于月表的气相沉积过程。结合月球火成岩岩相学特征以及蓝辉铜矿与金属铁的密切空间接触关系，进一步通过热力学计算，推断出该蓝辉铜矿形成的物质来源更可能是由月球岩浆熔体直接结晶而来的含铜硫化物矿物（如方黄铜矿、黄铜矿）。本研究中蓝辉铜矿的形成过程可以具体描述为：月球火成岩中的含铜硫化物在撞击产生的热环境中发生铜和硫元素的气化并形成局部的富铜硫蒸气，在随后的冷却过程中，这些气相组分重新沉积在月壤颗粒表面形成蓝辉铜矿晶体。

然而，外源撞击体的并入也是地外样品中含铜硫化物的重要来源之一。由于本研究的目标颗粒经历了显著的热事件改造，因此，在气化过程中元素的逃逸很难准确评估。综上，尽管在该颗粒中没有观察到与外源撞击体相关的化学成分线索，但也不能完全排除外源含铜物质对月壤颗粒表面蓝辉铜矿形成的元素贡献。

致谢

该成果得到了中国科学院战略性先导科技专项（XDB41000000）、国家自然科学基金重点项目（41931077）等项目的资助。

参考文献

Anand, M., Taylor, L.A., Nazarov, M.A., Shu, J., Mao, H.K. and Hemley, R.J.（2004）Space weathering on airless planetary bodies: clues from the lunar mineral hapkeite. Proceedings of the National Academy of Sciences of the United States of America 101, 6847-6851.

Burgess, K.D. and Stroud, R.M.（2021）Exogenous copper sulfide in returned asteroid Itokawa regolith grains are likely relicts of prior impacting body. Communications Earth & Environment 2, 1-6.

Keller, L.P. and McKay, D.S.（1993）Discovery of vapor deposits in the lunar regolith. Science 261, 1305-1307.

Liu, X., Hao, J., Li, R.Y., He, Y., Tian, H.C., Hu, S., Li, J., Gu, L., Yang, W. and Lin, Y.（2022）Sulfur isotopic fractionation of the youngest Chang'e-5 basalts: constraints on the magma degassing and geochemical features of the mantle source. Geophysical Research Letters 49, e2022GL099922.

Taylor, L.A. and Williams, K.L.（1973）Cu-Fe-S phases in lunar rocks. American Mineralogist: Journal of Earth and Planetary Materials 58, 952-954.

嫦娥五号样品揭示月表中纬地区高含量的太阳风成因水[①]

徐于晨[1,†], 田恒次[2,†], 张驰[2], Marc Chaussidon[3], 林杨挺[2,*], 郝佳龙[2], 李瑞英[2], 谷立新[2], 杨蔚[2], 黄丽莹[1], 都俊[1], 杨亚洲[1], 刘洋[1], 贺怀宇[2], 邹永廖[2], 李献华[2], 吴福元[2]

1. 中国科学院国家空间科学中心，北京 100190
2. 中国科学院地质与地球物理研究所，北京 100029
3. Institut de Physique du Globe de Paris, Université de Paris, CNRS, Paris 75005, France

† 共同一作
* 通讯作者：LinYT@mail.iggcas.ac.cn

摘要

月球表面水含量有多少？月球表面水是从哪里来，怎么来的？月球表面水从表面向下，从赤道向两极，空间分布状态如何？围绕这些重要科学问题，中国科学院国家空间科学中心和中国科学院地质与地球物理研究所联合团队对嫦娥五号月壤样品展开了纳米离子探针 H 元素和同位素分析。研究揭示了月表中纬度地区的月壤颗粒表层具有高含量的太阳风成因水，构建了一个太阳风 H 离子注入和加热扩散丢失的动态平衡模型，并预测了月表高纬度地区月壤颗粒中太阳风成因水的含量。

亮点介绍

- Most of the Chang'e-5 soil grain rims show high abundances of hydrogen in the topmost ~100 nm zones with extremely low δD values, implying nearly exclusively a SW origin.
- The hydrogen-content depth distribution in the Chang'e-5 soil grain rims is phase-dependent, either bell-shaped for glass or monotonic decrease for mineral grains.
- Through modeling the solar wind-H dynamic equilibrium processes in the lunar soil grains, the predicted water contents of bulk soils in the lunar polar regions are consistent with the remote sensing data.

[①] 原文发表于 *Proceedings of the National Academy of Sciences*，2022，119(51): e2214395119。

月表水的来源与分布一直是国际上争论和研究的热点问题。近年来，遥感光谱探测数据发现，月表 OH/H$_2$O 的含量与纬度可能存在正相关性，即从赤道向两极，随着纬度增加水含量逐渐增加，在极区达到最高值(Pieters et al.，2009；Sunshine et al.，2009；Li and Milliken，2017)。最新的研究表明，同一地区水含量存在明显的日变化，暗示月表水有较高的丢失率(Li and Milliken，2017)。这些结果都指示月表水是由太阳风发射的氢离子高速注入月球表面形成的(图 1)。然而，遥感探测并不能识别水的来源，也无法得知水含量从表面向下的分布情况。美国阿波罗号和苏联月球号采集的月球样品均位于低纬区域(8.97°S～26.1°N)，难以研究纬度(以及相关的月表温度)对月表水含量可能产生的影响。我国嫦娥五号于 2020 年底成功着陆在月球，并采集返回了 1.731 kg 月壤样品。嫦娥五号的着陆点位于月面中纬度地区(43.06°N，51.92°W)，高于阿波罗号和月球号的 9 个着陆区。因此，针对月表水的含量、成因和空间分布这些重要科学问题，中国科学院国家空间科学中心和中国科学院地质与地球物理研究所联合团队对嫦娥五号月壤样品开展了实验研究。

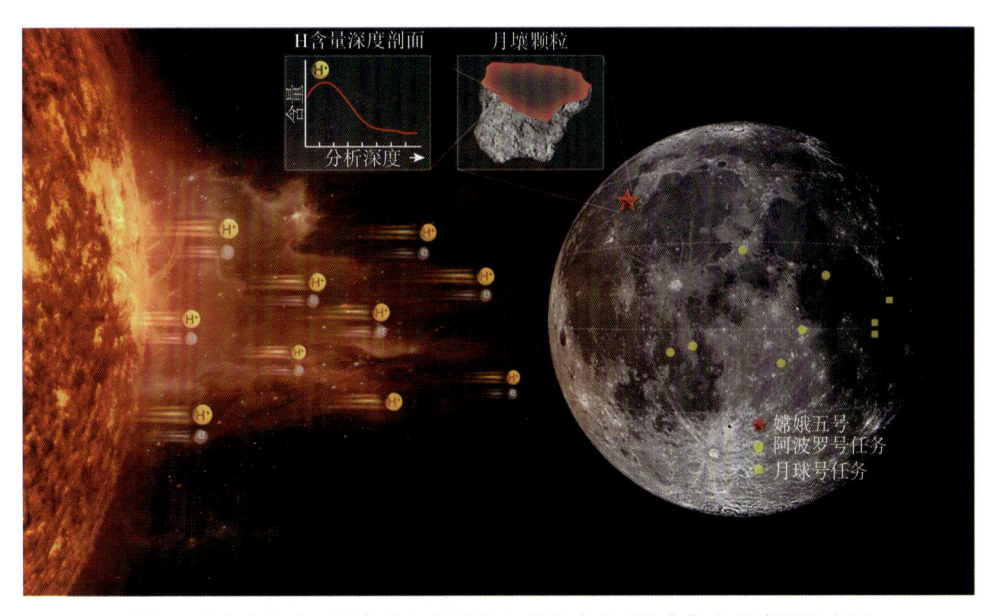

图 1　来自太阳表面的高速氢离子注入到月球表面并富集在月壤颗粒表层

因为水的主要成分之一是氢(H)，因此月球水含量也通常用 H 含量来表达。联合团队利用纳米离子探针，可从月壤颗粒的表面开始，以 1 nm 的分辨率，向内逐层分析 H 含量及其氘/氢同位素(D/H)比值。分析结果显示，嫦娥五号月壤颗粒的最表层(约 100 nm)具有很高的 H 含量(意味着具有很高的水含量)和极低的 D/H 同位素比值(δD 值为–992‰至–908‰)，证明其来自太阳。根据测定的 H 含量以及月壤样品的粒径分布，估算的嫦娥五号着陆区太阳风来源水为 46 ppm，这与遥感结果一致。分析结果还发现，H 含量深度剖面在玻璃和硅酸盐矿物的最表层具有两种不同的分布形态。

研究人员将其中一部分颗粒加热后，再进行纳米离子探针分析。实验结果显示，太阳风注入的 H 在颗粒表层可以很好地保存。基于嫦娥五号矿物和玻璃中发现的、具有不同形状分布的 H 含量深度剖面结果，结合阿波罗号已有的实验数据，联合团队构建了一个太阳风 H 注入和加热扩散丢失的动态平衡模型。该模型预测高纬度区域月壤颗粒表层含有很高的太阳风成因水。同时，基于该模拟结果，估算出的高纬地区月表水含量与遥感结果类似。

致谢

月球样品由中国国家航天局提供，本研究得到国家自然科学基金（41973064、42103035、42230206）、中国科学院前沿科学重点研究计划项目（QYZDJ-SSW-DQC001）、中国科学院重点部署项目（ZDBS-SSW-JSC007）、国家国防科技工业局民用航天技术预先研究项目（D020201，D020203）、中国科学院地质与地球物理研究所重点部署项目（IGGCAS-202101）和中国科学院青年创新促进会（2022147）的资助。

参考文献

Li S, Milliken R. 2017. Water on the surface of the Moon as seen by the Moon Mineralogy Mapper: distribution, abundance, and origins. Science Advances, 3: e1701471.

Pieters C M, Goswami J N, Clark R N, et al. 2009. Character and spatial distribution of OH/H$_2$O on the surface of the Moon seen by M^3 on Chandrayaan-1. Science, 326: 568-572.

Sunshine J M, Farnham T L, Feaga L M, et al. 2009. Temporal and spatial variability of lunar hydration as observed by the Deep Impact spacecraft. Science, 326: 565-568.

嫦娥五号样品揭示月壤矿物中高含量的 OH/H$_2$O[①]

周传娇[1,2]，唐红[1,3,4,*]，李雄耀[1,3,4,*]，曾小家[1,4]，莫冰[1,3,4]，于雯[1,3,4]，吴焱学[5]，曾献棣[1,2]，刘建忠[1,3,4]，文愿运[1]

1. 中国科学院地球化学研究所，贵阳 550081
2. 中国科学院大学地球与行星科学学院，北京 100049
3. 中国科学院比较行星学卓越创新中心，合肥 230026
4. 中国科学院太空制造技术重点实验室，北京 100094
5. 广东工业大学分析测试中心，广州 510006

* 通讯作者：
tanghong@vip.gyig.ac.cn
lixiongyao@vip.skleg.cn

摘要

太阳风成因水（OH/H$_2$O）是月表水的重要来源之一，认识太阳风成因水的形成和分布对于理解月表水的来源、演化和储量等问题具有重要意义。然而目前缺乏对月表太阳风成因水的形成过程及影响因素、赋存状态和分布规律等的认识。本文通过红外光谱仪、纳米离子探针和透射电镜对嫦娥五号月壤样品中的橄榄石、斜长石和辉石开展了研究，揭示了矿物表层存在高含量的太阳风成因水，这些水的形成和保存主要受矿物的暴露时间、晶体结构和成分等影响。研究估算了嫦娥五号地区月壤中的太阳风成因水含量至少为 170 ppm，证实了月表矿物是水的重要"储库"。结合月壤成熟度分析，进一步评估了月表中纬度地区太阳风成因水的分布，为未来月表水资源提取利用提供了重要依据。

亮点介绍

- Study of Chang'e-5 samples shows abundant water (OH/H$_2$O) in lunar minerals attributed to solar wind implantation.
- The water content in lunar soils in Chang'e-5 region is estimated to be >170 ppm.
- The formation and retention of solar wind-derived OH/H$_2$O in minerals is mainly affected by exposure time, crystal structure, and mineral composition.

[①] 原文发表于 *Nature Communications*，2022，13(1)：5336。

1 嫦娥五号月壤矿物水含量与来源

利用红外光谱仪测试了嫦娥五号月壤中橄榄石、斜长石和辉石的红外反射光谱，分析发现月壤矿物普遍存在 OH 形式的水，斜长石 CE-PL2 中存在 H_2O（图 1）。基于地球样品红外反射光谱校正，确定橄榄石、斜长石和辉石的整体水含量分别为 152 ± 14 ～ 311 ± 30 ppm、231 ± 16 ～ 385 ± 27 ppm、134 ± 19 ～ 199 ± 28 ppm。结合纳米离子探针（NanoSIMS 50L）对矿物表层 200 nm 范围内的分析发现，矿物中的水主要分布在极表层内且高度贫氘，δD 为 –773 ± 188‰ 到 –945 ± 384‰，接近太阳风的氢同位素比值（$\delta D \approx$ –1000‰；Huss et al.，2012），指示矿物中的水来源于太阳风。

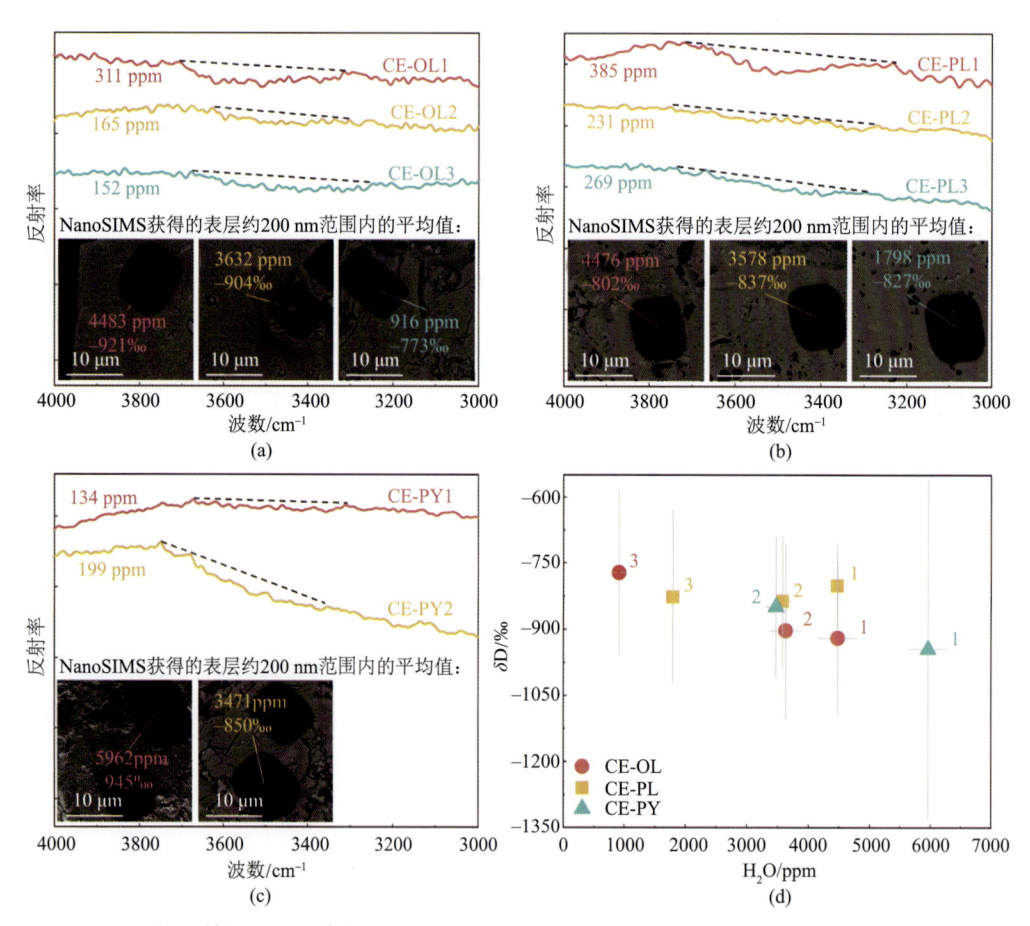

图 1 嫦娥五号月壤中矿物水含量和氢同位素比值（修改自 Zhou et al., 2022）

2 太阳风成因水形成和保存的主要影响因素

显微结构分析表明矿物表层均为部分非晶化和/或完全非晶化的环带，结合水含量分析发现，矿物表层水含量与非晶质环带的厚度和非晶化程度总体上呈正相关，同时与下层晶体中的辐射径迹密度趋势一致。该结果指示矿物的太阳风暴露时间是影响太阳风成因水含量最主要的因素。此外，化学成分与太阳风注入晶面的对比分析表明矿物成分和晶体结构也是太阳风成因水形成和保存的重要影响因素。

3 对月表太阳风成因水分布的启示

结合嫦娥五号月壤矿物组成，估算了嫦娥五号地区月壤中的太阳风成因水含量至少为 170 ppm，显著高于月球内部水（Li et al.，2022；Hu et al.，2021），表明太阳风质子注入是嫦娥五号地区月壤中水的主要来源。此外，嫦娥五号月壤成熟度分析指示了其相对不成熟的特征（Jia et al.，2021），考虑到遥感探测发现的月表中纬度地区太阳风成因水与月壤成熟度正相关（Li and Milliken，2017），本研究表明在月表中纬度地区，如风暴洋北部和雨海盆地，其月壤成熟度与嫦娥五号地区相似，可能存在近似含量的太阳风成因水；而风暴洋西北侧的高地地区月壤相对成熟，该地区月壤中可能存在更高含量的太阳风成因水。

本研究揭示了月壤矿物中高含量的太阳风成因水，评估了月表中纬度地区太阳风成因水分布情况，为未来月表水资源利用提供了重要依据，同时也为太阳系无大气天体表面水的形成机制和保存特征提供了重要参考。

致谢

本研究得到中国科学院战略性先导科技专项（XDB41000000）、国家自然科学基金重点项目（41931077）、中国科学院青年创新促进会项目（2018435）、国家国防科技工业局民用航天技术预先研究项目（D020201）、中国科学院重点部署项目（ZDBS-SSW-JSC007-10）和中国科学院前沿科学重点研究计划项目（QYZDY-SSW-DQC028）资助。"感谢中国科学院地质与地球物理研究所胡森、林红磊、郝佳龙、李瑞瑛和中国科学院地球化学研究所郭壮、谷亚亚、朱凯等对本研究的帮助。

参考文献

Hu S, et al. 2021. A dry lunar mantle reservoir for young mare basalts of Chang'e-5. Nature, 600（7887）: 49-53.
Huss G R, et al. 2012. A new upper limit on the D/H ratio in the solar wind. Lunar and Planetary Science Conference, 43: 1709.
Jia B, et al. 2021. Regolith properties in the Chang'e-5 landing region of the Moon: results from multi-source remote sensing observations. Journal of Geophysical Research: Planets, 126（7）: e2021JE006934.
Li S, Milliken R E. 2017. Water on the surface of the Moon as seen by the Moon Mineralogy Mapper: distribution, abundance, and origins. Science Advances, 3（9）: e1701471.
Li C, et al. 2022. Characteristics of the lunar samples returned by the Chang'E-5 mission. National Science Review, 9（2）: nwab188.
Zhou C, et al. 2022. Chang'E-5 samples reveal high water content in lunar minerals. Nature Communications, 13（1）: 5336.

撞击玻璃珠：月表太阳风成因水储库[①]

摘要

月球表面水的探测和研究是近十年来月球科学的研究热点，对未来月球探测任务原位水资源利用具有重要科学和应用价值。我国嫦娥五号月壤样品为研究月表水的含量、来源、保存和迁移机制提供了重要机遇。本文通过嫦娥五号月壤中撞击玻璃珠的水含量与氢同位素组成的原位测试分析，发现了太阳风成因水在撞击玻璃珠中的向内扩散剖面，揭示撞击玻璃珠是一个储存太阳风成因水的重要储库，这些玻璃珠具备维持月表水循环的能力和潜质，研究结果为深刻理解月表水的含量、来源、保存和迁移机制提供了重要启示。

亮点介绍

- The impact glass beads display water abundance profiles consistent with inward diffusion of solar wind hydrogen, indicating a hydration process on the Moon's surface.
- The abundance of solar wind-derived water in the impact glass beads can be as high as ～2000 ppm, with an average of about 500 ppm.

何会存[1,2]，计江龙[1,2]，张岳[3]，胡森[1,2,*]，林杨挺[1,2]，惠鹤九[3,4,*]，郝佳龙[1]，李瑞瑛[1]，杨蔚[1,2]，田恒次[1,2]，张驰[1,2]，Mahesh Anand[5,6]，Romain Tartèse[7]，谷立新[1]，李金华[1,2]，张迪[8]，毛骞[8]，贾丽辉[8]，李晓光[8]，陈意[8]，张力[9,4]，倪怀玮[9,4]，吴石头[8]，王浩[8]，李秋立[8]，贺怀宇[8]，李献华[8]，吴福元[8]

1. 中国科学院地质与地球物理研究所，地球与行星物理院重点实验室，北京 100029
2. 中国科学院大学，北京 100049
3. 南京大学地球科学与工程学院，南京 210023
4. 中国科学院比较行星学卓越创新中心，合肥 230036
5. School of Physical Sciences, The Open University, Milton Keynes, MK7 6AA, UK
6. Department of Earth Sciences, The Natural History Museum, London, SW7 5BD, UK
7. Department of Earth and Environmental Sciences, The University of Manchester, Manchester, M13 9PL, UK
8. 中国科学院地质与地球物理研究所，岩石圈演化国家重点实验室，北京 100029
9. 中国科学技术大学地球和空间科学学院，合肥 230036

* 通讯作者：
  husen@mail.iggcas.ac.cn
  hhui@nju.edu.cn

[①] 原文发表于 *Nature Geoscience*，2023，16(4)：294-300。

近十几年来的探测和研究证实月表存在少量的水(包括储存在矿物岩石中的水和永久阴影区的水冰)。月表水具有三个典型特征:一是在高纬度相对富集,二是含量随时间变化,三是可发生逃逸。为了解释月表水的动态特征,Benna 等(2019)提出了月表水循环模型,该模型认为,月表 10 cm 到 3 m 区域可能有一个未被发现的储水层。然而,现有研究的任何样品,例如火山玻璃、玄武岩、凝结集块岩、细粒月壤等,都不满足月表水循环猜想的预期。

本文在梳理了前人工作进展和问题的基础上提出撞击玻璃珠可能是验证月表水循环猜想的关键。首先是因为撞击玻璃具备储水能力;其次水在玻璃中的扩散速度较快,使撞击玻璃同时具备排水能力;最后,月壤中普遍存在撞击玻璃珠,含量一般为 3%~5%(体积分数),具备储存少量水的潜质。

CE5 撞击玻璃珠中的水的来源、保存和迁移

通过对嫦娥五号返回样品中撞击玻璃珠微区水含量与氢同位素组成的分析研究,发现月球撞击玻璃珠的水含量可达 2000 ppm,水含量呈现明显的扩散环带特征,边部水含量高,往核部逐渐降低,而氢同位素组成(δD)与水含量呈现相反的特征(图 1)。根据水含量与氢同位素组成的相关性,特别是富水玻璃具备与太阳风相同的氢同位素组成,结合水扩散模拟与两端元混合计算,得出嫦娥五号月壤撞击玻璃珠的水是在撞击作用形成玻璃珠后,太阳风成因水通过扩散方式进入到玻璃珠内部并保存下来的结果。此外,部分玻璃珠可能后期又经历过一定程度的撞击或加热事件,导致其水含量剖面叠加了去气过程[图 1(e)],这说明月表的玻璃珠不仅可以储存水,同时在某种条件下还可释放水,满足月表的水循环过程猜想。

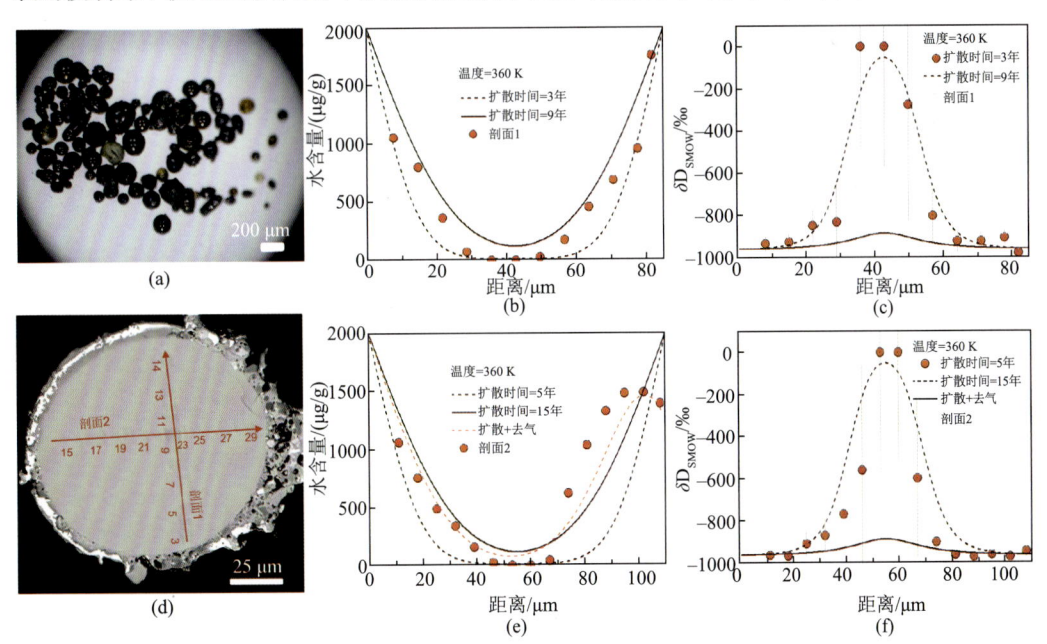

图 1 嫦娥五号撞击玻璃珠(CE5#33, 036)水含量和氢同位素组成剖面,修改自 (He et al., 2023)
(a)为 CE5 撞击玻璃珠的光学图像,(b)~(c)为剖面 1 分析结果;(e)~(f)为剖面 2 分析结果[剖面 2 与剖面 1 垂直如图(d)所示]。图(b)表现出水向内部扩散的特征,图(c)~(f)通过氢同位素组成示踪扩散水为太阳风成因(极端贫氘),图(e)在扩散的基础上还记录了水释放的信息

撞击玻璃珠对月表水含量的贡献和启示

根据撞击玻璃珠的含水量和月壤中玻璃珠的模式丰度，可估算撞击玻璃珠对嫦娥五号月壤的水含量贡献约为 4～78 ppm，结合月球全球尺度月壤厚度的研究结果，估算月壤的储水量最高可达 2.7×10^{14} kg。这项研究不仅发现撞击玻璃是月表水的重要储库，也对理解灶神星、水星等其他无大气天体表面水的来源和成因具有重要启示。

致谢

本研究得到国家自然科学基金项目（42241104、41973062）、中国科学院战略性先导科技专项（XDB 41000000）、中国科学院重点部署项目（ZDBS-SSW-JSC007-15）、中国科学院地质与地球物理研究所重点自主部署项目（IGGCAS-202101、201904、202204）以及国家国防科技工业局民用航天技术预先研究项目（D020201、D020203、D020205）等资助。

参考文献

Benna, M., Hurley, D.M., Stubbs, T.J., Mahaffy, P.R. and Elphic, R.C., 2019. Lunar soil hydration constrained by exospheric water liberated by meteoroid impacts. Nat Geoscience, 12（May）: 333-338.

He, H., Ji, J., Zhang, Y., Hu, S., Lin, Y., Hui, H., Hao, J., Li, R., Yang, W., Tian, H., Zhang, C., Anand, M., Tartèse, R., Gu, L., Li, J., Zhang, D., Mao, Q., Jia, L., Li, X., Chen, Y., Zhang, L., Ni, H., Wu, S., Wang, H., Li, Q., He, H., Li, X. and Wu, F., 2023. A solar wind-derived water reservoir on the Moon hosted by impact glass beads. Nature Geoscience, 16（4）: 294-300.

嫦娥五号月壤的表面特征研究[①]

李琛[1,2]，李阳[2,*]，魏奎先[1,3,*]，郭壮[2]，余涵[1]，陈秀敏[1,3]，李雄耀[2]，马文会[1,3]，刘建忠[2,*]

1. 昆明理工大学冶金与能源工程学院，昆明 650093
2. 中国科学院地球化学研究所，月球与行星科学研究中心，贵阳 550081
3. 昆明理工大学，真空冶金国家工程研究中心，昆明 650093

* 通讯作者：
liyang@mail.gyig.ac.cn
kxwei2008@hotmail.com
liujianzhong@mail.gyig.ac.cn

摘要

嫦娥五号月壤记录了采样区的太空风化改造历史。研究发现，嫦娥五号月壤颗粒的表面广泛分布有微撞击坑、矿物解理面、气化沉积物、覆盖的玻璃质等典型的形貌特征，反映了在以陨石、微陨石轰击为主的太空风化改造过程中，冲击破碎、熔融溅射、气化沉积等作用对月壤颗粒形貌特征的改造。该结果梳理了月壤颗粒中太空风化作用的典型形貌改造特征，从而帮助我们更好地理解月壤的形成与演化过程。

亮点介绍

- Less glass covering is the main morphological feature of the Chang'e-5 lunar soil particles. According to the covering occurrence and the viscosity of the glass, it is calculated that the glass of the Chang'e-5 lunar soil generally undergoes thermal transformation at a temperature greater than 1400 K.

[①] 原文发表于《中国科学：物理学、力学、天文学》，2023，53(1)：239603。

1 引言

由于缺乏浓密的大气层和全球性磁场的保护，月球表面物质持续遭受陨石与微陨石的撞击，还有太阳风、太阳耀斑粒子、银河宇宙射线辐射以及昼夜温差引起的热疲劳等作用的改造，即太空风化作用。在太空风化等外动力地质作用的改造下，月表岩石发生冲击破碎、熔融胶结、气化沉积、翻腾混合等作用形成粒径不等的月壤颗粒，并在其中形成大量的胶结质玻璃、非晶质环带、单质金属铁、气泡结构、辐射损伤径迹等太空风化改造特征[1,2]。嫦娥五号月壤是迄今为止人类采集的最年轻的月球样品(玄武岩年龄约20亿年)[3]，相比于更为古老的阿波罗计划与月球计划样品(约30亿年以上)，能够从采样点的经纬度、演化历史以及物质组成等方面帮助我们重新认识月球表面太空风化作用[4]和月壤的形成与演化历史[5]。

太阳风是来自于太阳表面的高速等离子体，主要由 H^+、He^+ 等离子以及自由电子组成[6]，速度通常为 250～750 km/s [7]，能够注入到矿物颗粒表层几十至上百纳米。太阳风粒子对月壤颗粒表面特征的改造包括：通过与晶格原子的核以及核外电子碰撞，使其脱离原有晶格位置形成空位和填隙粒子，并随着注入剂量的增加造成矿物结构的部分非晶化、完全非晶化和形成气泡结构[8,9]；太阳风质子与硅酸盐矿物中的氧结合形成羟基，这是月球表面太阳风成因水的来源[10]；太阳风粒子在大角度倾斜入射到月壤矿物中时，能够将部分晶格原子碰撞出来，形成溅射离子(特别是 Na^+、K^+)，这是月球大气的重要来源。

太阳耀斑粒子和银河宇宙射线能量较高但通量较低，同样主要由 H^+、He^+ 等离子组成。太阳耀斑粒子的能量范围为数十至数百兆电子伏(MeV)，在月壤中的穿透深度为微米级，主要在矿物颗粒中形成辐射损伤径迹。银河宇宙射线的能量则通常为吉电子伏(GeV)以上，在月壤中的穿透深度可达数米，主要形成宇宙成因核素(例如 ^{10}Be、^{26}Al、^{38}Cl、^{14}C、^{21}Ne 等)[11,12]。整体而言，太阳风、太阳耀斑粒子以及银河宇宙射线的入射，主要改造月壤颗粒的微观晶体结构与元素、同位素组成，对月壤颗粒的形貌特征改变不大。

除了冷热循环以及微弱的热流外，陨石、微陨石撞击是月球表面主要的热改造事件。陨石的撞击可以改变月表形貌，将深处的物质挖掘并抛射，从而影响更大范围的月表地貌特征[13]。较大规模的撞击可以导致月表物质的搬运与混合，使采样区域的月壤的来源多样化。嫦娥五号采样区的样品可能由 P58 区域内的 1892 个撞击坑(主要贡献为 1 km 以内的 12 个撞击坑)和 P58 以外的 4 个撞击坑(贡献微弱)的初级溅射物混合本土的月海玄武岩碎屑演化而成[14]。陨石和微陨石的撞击引起瞬时的高温与高压，使矿物和岩石原有的结构破坏并形成新的结构。撞击是月球演化后期仅有的同时输出热量和动量的事件，这意味着陨石与微陨石撞击是改变月壤颗粒表层特征的主要因素。具体的影响包括：冲击破碎、熔融溅射、气化沉积等作用，在月壤中形成大量的矿物碎屑、冲击玻璃、熔融溅射物、胶结质玻璃、微陨石坑以及气化沉积形成的非晶质环带等。其中，单质金属铁作为太空风化的特征产物广泛存在于胶结质玻璃和非晶质环带之中。单质金属铁是判断月壤成熟度的关键指标，同时也是影响月壤反射光谱特征的主要因素[15,16]。

综上，月表经受着多种外动力地质作用的改造，从而显著改变了月壤颗粒的表面特征，包括微观形貌、元素组成、晶体结构以及光谱等特性[17]。本研究以嫦娥五号月壤颗粒表面的微撞击坑、解理表面、气化沉积物、覆盖的玻璃质等典型表面形貌特征的角度作为切入点，深入分析其形成机制，进而推论月壤的形成与演化历史。

2　结果与讨论

在嫦娥五号细粒月壤的表面广泛分布着纳米-微米级别的微撞击坑。微撞击坑的分布极为广泛，但含有这些微撞击坑的颗粒表面往往具有其他的复杂现象。然而，尺寸通常较小的微型撞击坑在电子显微分析过程中需要喷涂导电层，这使微撞击坑的形貌难以清晰辨认。嫦娥五号月壤颗粒表面微撞击坑形貌特征说明微陨石的撞击形式是多样化的[18]（如图1所示）。嫦娥五号细粒月壤表面的微撞击坑直径都较小，难以在更大型的撞击改造后完好保存下来。如图1(a)所示，尽管颗粒表面密集分布微型撞击坑，但是整个颗粒在宏观视野下与其他颗粒并无较大区别。图1(b)展示了该颗粒的局部放大图像，形貌类似的数十个微撞击坑集中分布在矿物颗粒的表面。从溅射物的方向可以大致判断，这些撞击坑应该是在短时间内的密集撞击下形成的[19]。大多数的微撞击坑都包括如下的结构特征：中心的撞击凹陷区、四周的微凸起物、呈液滴或者溅射状的抛射物、撞击体残余物等。大多数的撞击坑是近圆形的（如3#坑），而撞击体尺寸、撞击速度、撞击角度等因素的不同也会使少数陨石坑的形貌不规则（如1#坑）。撞击体残余物在大多数撞击中难以保存。因此，得以完好保存的撞击体残留物一般来自较低速度的撞击（如2#坑）。2#撞击坑的内部仍存在更小的微撞击坑，这反映了微撞击事件的多期次性。部分颗粒的表面并未形成典型的撞击坑结构，但是周围的凹陷表明撞击速率更低，和气化沉积的颗粒形貌类似，与典型的微撞击坑具有较大区别（3#坑中心与右下）。图1中展示的撞击坑与次级撞击坑的规律类似，因为次级撞击是密集分布的，而且撞击速率也较低（一般 < 5 km/s）。

如图1(c)~(d)中所示的，次级撞击体也可能是微小的高温熔融液滴，液滴撞击到矿物表面首先溅射而难以在撞击靶表面形成深坑（如4#坑、5#坑）。未完全凝固的撞击体则会在颗粒表面形成多个液滴状的溅射形状（如6#坑与7#坑对比）[20]。此类型撞击形成的熔融撞击体与溅射物，可以用惯性力主导的水锤方程描述撞击时的最大动压力：

$$P_{\max} = \rho_{\text{impactor}} \, v_{\text{impact}} \, c_{\text{impactor}} \tag{1}$$

其中，$P_{\max}$(Pa)是撞击过程的最大动压力，ρ_{impactor}(kg/m^3)是撞击体的密度，v_{impact}(m/s)是撞击速度，c_{impactor}是声音在撞击体内的传导速率常数。

月表的逃逸速度可能是限制二次撞击速率的条件之一，但是近距离的二次撞击事件不会受此限制。因此，在微撞击坑内的物质实际上是瞬时高压反应的产物。对微撞击坑的细致研究可以为矿物的冲击变质特征、微撞击坑的结构和撞击体来源以及溅射物去向等提供研究样本。

图 1 嫦娥五号月壤颗粒表面微撞击坑形貌特征的扫描电镜二次电子图像

本研究对嫦娥五号细粒月壤表面形貌特征，如微撞击坑、解理表面、气化沉积物、覆盖的玻璃质进行了细致研究，并得到了如下结论：

(1) 微撞击坑大多数是次级撞击导致的，尽管二次撞击的速率较低，但仍可以产生高压并大范围地改变月壤颗粒的表面形貌特征。

(2) 解理表面说明经受撞击的时间短且速度大，同时新鲜的解理面与风化表面可以为太阳风暴露历史的研究提供天然对照。

(3) 气化沉积物是月壤颗粒经受高温改造作用的证据，颗粒的表面性质决定了气化沉积物的产状，小颗粒沉积物的形成温度偏低。

(4) 覆盖的玻璃质较少是嫦娥五号月壤颗粒的主要形貌特征，根据其覆盖产状和玻璃质的黏度，计算得到嫦娥五号月壤的玻璃质普遍经受温度大于 1400 K 的热作用的改造。

根据微撞击坑、矿物解理面、气化沉积物、覆盖的玻璃质等典型形貌特征的分析可知，嫦娥五号月壤普遍经受了陨石和微陨石撞击作用的改造，包括冲击破碎、熔融溅射、气化沉积等。微观形貌特征是研究月球表面的风化改造作用和月壤形成与演化过程的前提。上述研究结果为嫦娥五号月壤更深层次的研究奠定了基础。

致谢

该成果得到了中国科学院战略性先导科技专项(XDB41000000)和国家自然科学基金重点项目(41931077)等项目的资助。

参考文献

[1] Pieters C M, Noble S K. Space weathering on airless bodies [J]. Journal of Geophysical Research: Planets, 2016, 121(10): 1865-84.

[2] Hapke B. Space weathering from Mercury to the asteroid belt [J]. Journal of Geophysical Research: Planets, 2001, 106(E5): 10039-73.

[3] Li Q-L, Zhou Q, Liu Y, Xiao Z, Lin Y, Li J-H, Ma H-X, Tang G-Q, Guo S, Tang X. Two billion-year-old volcanism on the Moon from Chang'E-5 basalts [J]. Nature, 2021: 1-8.

[4] Qian Y, Xiao L, Wang Q, Head J W, Yang R, Kang Y, van der Bogert C H, Hiesinger H, Lai X, Wang G. China's Chang'e-5 landing site: geology, stratigraphy, and provenance of materials [J]. Earth and Planetary Science Letters, 2021, 561: 116855.

[5] Hu S, He H, Ji J, Lin Y, Hui H, Anand M, Tartèse R, Yan Y, Hao J, Li R. A dry lunar mantle reservoir for young mare basalts of Chang'E-5 [J]. Nature, 2021, 600: 49-53.

[6] Galvin A, Ipavich F, Gloeckler G, Coplan M, Hovestadt D, Hilchenbach M, Buergi A, Klecker B, Scholer M, Bochsler P. Solar wind composition: first results from SOHO and future expectations. Proceedings of the American Astronomical Society Meeting Abstracts# 188, F, 1996 [C].

[7] McComas D, Elliott H, Schwadron N, Gosling J, Skoug R, Goldstein B. The three-dimensional solar wind around solar maximum [J]. Geophysical Research Letters, 2003, 30(10).

[8] Daly L, Lee M R, Hallis L J, Ishii H A, Bradley J P, Bland P, Saxey D W, Fougerouse D, Rickard W D, Forman L V. Solar wind contributions to Earth's oceans [J]. Nature Astronomy, 2021, 5: 1275-1285.

[9] Gu L, Chen Y, Xu Y, Tang X, Lin Y, Noguchi T, Li J. Space weathering of the Chang'e-5 lunar sample from a mid-high latitude region on the Moon [J]. Geophysical Research Letters, 2022, 49(7): e2022GL097875.

[10] Zeng X, Tang H, Li X, Zeng X, Yu W, Liu J, Zou Y. Experimental investigation of OH/H_2O in H+-irradiated plagioclase: implications for the thermal stability of water on the lunar surface [J]. Earth and Planetary Science Letters, 2021, 560: 116806.

[11] Anchordoqui L, Paul T, Reucroft S, Swain J. Ultrahigh energy cosmic rays: the state of the art before the auger observatory [J]. International Journal of Modern Physics A, 2003, 18(13): 2229-366.

[12] Keller L P, Berger E L, Zhang S, Christoffersen R. Solar energetic particle tracks in lunar samples: a transmission electron microscope calibration and implications for lunar space weathering [J]. Meteoritics & Planetary Science, 2021, 56(9): 1685-707.

[13] Canup R M. Dynamics of lunar formation [J]. Annual Review of Astronomy and Astrophysics, 2004, 42(1): 441-75.

[14] Jia B, Fa W, Zhang M, Di K, Xie M, Tai Y, Li Y. On the provenance of the Chang'E-5 lunar samples [J]. Earth and Planetary Science Letters, 2022, 596: 117791.

[15] Hörz F, Basilevsky A T, Head J W, Cintala M J. Erosion of lunar surface rocks by impact processes: a synthesis [J]. Planetary and Space Science, 2020, 194: 105105.

[16] Sasaki S, Nakamura K, Hamabe Y, Kurahashi E, Hiroi T. Production of iron nanoparticles by laser irradiation in a simulation of lunar-like space weathering [J]. Nature, 2001, 410(6828): 555-7.

[17] Li C, Hu H, Yang M-F, Pei Z-Y, Zhou Q, Ren X, Liu B, Liu D, Zeng X, Zhang G. Characteristics of the lunar samples returned by Chang'E-5 Mission [J]. National Science Review, 2021, 9(2): nwab188.

[18] Zhang H, Zhang X, Zhang G, Dong K, Deng X, Gao X, Yang Y, Xiao Y, Bai X, Liang K, Liu Y, Ma W, Zhao S, Zhang C, Zhang X, Song J, Yao W, Chen H, Wang W, Zou Z, Yang M. Size, morphology, and composition of lunar samples returned by Chang'E-5 mission [J]. Science China: Physics, Mechanics

& Astronomy, 2021, 65(2): 229511.
[19] Matsumoto T, Hasegawa S, Nakao S, Sakai M, Yurimoto H. Population characteristics of submicrometer-sized craters on regolith particles from asteroid Itokawa [J]. Icarus, 2018, 303: 22-33.
[20] Cheng X, Sun T-P, Gordillo L. Drop impact dynamics: impact force and stress distributions [J]. Annual Review of Fluid Mechanics, 2021, 54: 57-81.

嫦娥五号月壤微观形貌特征及其对太空风化的指示意义[①]

摘要

研究识别嫦娥五号返回月壤样品颗粒的类型、含量、形貌、结构和成分特征，可为嫦娥五号着陆区月壤的成因与月球表面演化过程提供关键科学依据。利用扫描电镜–能谱仪、矿物自动定量分析系统和显微激光拉曼光谱仪对嫦娥五号表取月壤样品CE5C0400（YJFM00403）进行了系统研究，发现月壤颗粒组成多样，包括斜长石、单斜辉石和橄榄石等矿物、玄武岩碎屑、黏结物和玻璃球。颗粒表面和内部微观结构复杂，呈现各种破碎、表面附着堆积、微撞击坑、溅射物等形式的微米–纳米级的形貌特征。嫦娥五号月壤的微形貌特征记录了以微陨石撞击为主导的复杂太空风化过程：一方面反复的撞击作用使月壤颗粒破碎、粒度变细；另一方面撞击引发的局部熔融又使颗粒发生胶结，同时伴随含铁矿物分解形成微–纳米级单质铁颗粒。上述过程反复进行，导致月壤颗粒大小和物相组成复杂多变。

顾铱[1]，孙继尧[1]，肖倩[1]，李毅恒[1]，王心怡[1]，曹克楠[1]，刘亦婷[1]，何琦[1]，杨浩[2]，陈倩[3]，杨金昆[3]，宋文磊[3]，宗克清[1,4]，张文[4]，巫翔[4]，胡兆初[4]，肖龙[1,4]，佘振兵[1,2,*]，汪在聪[1,4,*]

1. 中国地质大学地球科学学院，武汉 430074
2. 中国地质大学，生物地质与环境地质国家重点实验室，武汉 430078
3. 西北大学地质学系，大陆动力学国家重点实验室，西安 710069
4. 中国地质大学，地质过程与矿产资源国家重点实验室，武汉 430074

* 通讯作者：
zbsher@cug.edu.cn
zaicongwang@cug.edu.cn

亮点介绍

- The Chang'e-5 soils are characterized by diverse, micrometer to nanometer scale morphological features in the form of fragmentation, surface attachment and microcratered and sputtered structures.
- Micrometer impacts led to the fragmentation and fining of the lunar soils, whereas impact-induced local melting welded the soils and led to the formation of micrometer to submicrometer metal spheres.
- Morphological features of the lunar soils reveal complex processes of space weathering dominated by repeated micrometeorite impacts that resulted in significant changes in their particle sizes and mineral components.

[①] 原文发表于《地球科学》，2022，47(11)：4145-4160。

1 嫦娥五号月壤主要颗粒类型

本文重点对嫦娥五号表取月壤中的单矿物颗粒、岩石碎屑、角砾岩、黏结物和玻璃进行了观察和描述。月壤中的主要矿物为辉石、斜长石、橄榄石和钛铁矿,前三者也常以单矿物颗粒形式出现。此次研究通过扫描电镜二次电子图像揭示单矿物颗粒更多的微观特征[图 1(a)]。岩屑代表性结构包括微晶结构、次辉绿结构、斑状结构和局部出现的硅酸盐液态不混溶结构[图 1(b)]等,且对 12 个代表性玄武岩岩屑颗粒的 TIMA 分析给出了嫦娥五号着陆区玄武岩的总体物相组成[图 1(c)]。黏结物是由岩石和矿物颗粒被熔融状态的玻璃胶结形成的颗粒,而发育气孔构造是其最重要的特征[图 1(d)]。玻璃球[图 1(e)]表面常见附着块状、球状、长条状、片状等形态颗粒。

2 月壤颗粒表面微观结构及其太空风化意义

2.1 月壤颗粒表面微观结构

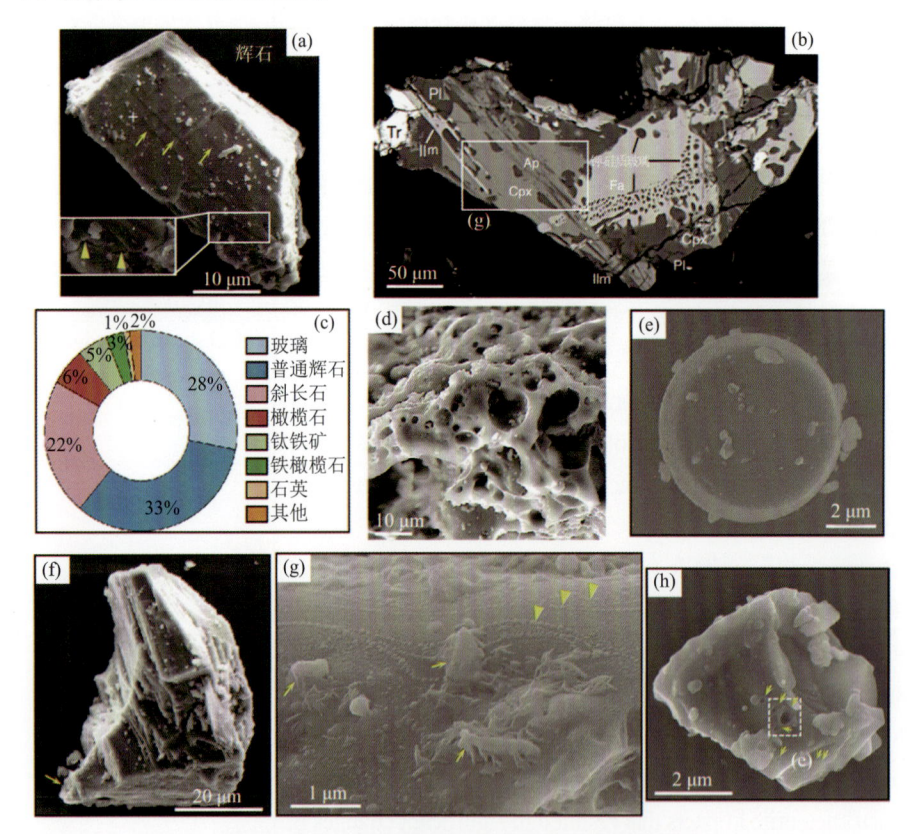

图 1 嫦娥五号月壤矿物组成及代表性形貌特征

(a)辉石颗粒二次电子图像;(b)橄榄石硅酸盐液态不混溶结构;(c)嫦娥五号玄武岩岩屑的矿物组成;(d)黏结物颗粒表面显示密集分布且大小不一的气孔;(e)表面附着细微颗粒的玻璃球;(f)破碎结构;(g)附着结构;(h)微陨石撞击坑微米级近垂直撞击坑(箭头所示)及其溅射物

本研究共扫描372颗细粒月壤颗粒，发现了各种形态的表面微结构现象，根据形貌特征，将本次所观察到的表面微结构分为破碎结构[图1(f)]、附着结构[图1(g)]和微陨石撞击坑及相关结构[图1(h)]三类。

2.2 太空风化对嫦娥五号月壤的改造

本文在嫦娥五号表取样品中观察到的各种微形貌特征直观地记录了太空风化作用对该区域月壤的改造过程(图2)。显然，嫦娥五号月壤样品经历了普遍而复杂的后期改造，记录了不同尺度的太空风化过程，而进一步的微区—超微区研究很可能发现更多新的太空风化现象。

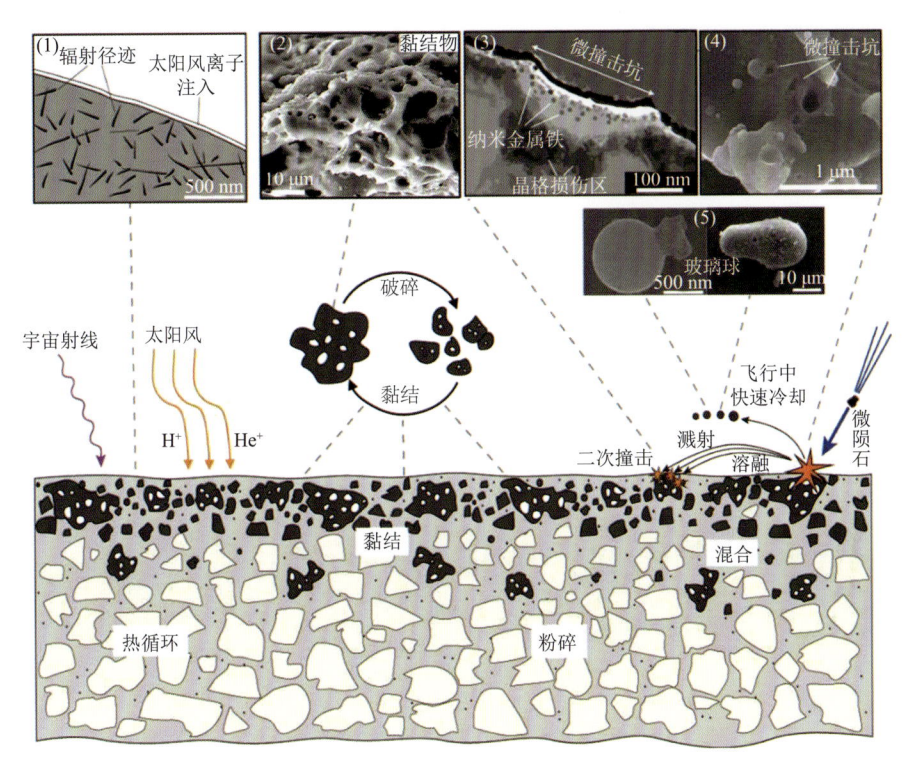

图2 嫦娥五号月壤经历后期复杂改造过程的模式图

插图(1)~(5)示意各种太空风化产物，其中(1)和(3)分别据Li等(2022)和Gu等(2022)修改，(2)、(4)和(5)为本文资料

嫦娥五号月壤的各种微形貌结构特征记录了太空风化作用对该区域月壤的改造过程(图2)。微陨石撞击或其溅射物的二次撞击造成了月壤颗粒表面的微米-亚微米级撞击坑和各种破碎结构，而撞击导致局部熔融形成玻璃，胶结附近微颗粒而形成大量微米级的黏结物及其中的气孔构造，或溅射形成玻璃球。在黏结物内部和颗粒表面以不同形态分布的微米-亚微米级金属球可能是由撞击后熔融状态下的含铁矿物被还原形成。上述过程反复进行，以破碎和黏结两种主要形式导致月壤颗粒大小和成分的变化。目前已有资料表明嫦娥五号月壤与阿波罗样品具有相似的太空风化特征(Gu et al., 2022)，但未来从月球不同区域返回的更多样品和定量化研究可能揭示月表太空风化的空间差异性。

致谢

本研究得到国家国防科技工业局民用航天技术预先研究项目（D020205）和中国地质大学生物地质与环境地质国家重点实验室项目（GBL12101）的支持。感谢生物地质与环境地质国家重点实验室景颖浩在扫描电镜观察中的帮助。

参考文献

Gu, L., Chen, Y., Xu, Y., et al. 2022. Space weathering of the Chang'e-5 lunar sample from a mid-high latitude region on the Moon. Geophysical Research Letters, 49（7）: e2022GL097875.

Li, C., Guo, Z., Li, Y., et al. 2022. Impact-driven disproportionation origin of nanophase iron particles in Chang'E-5 lunar soil sample. Nature Astronomy, 6（10）: 1156-1162.

月壤玻璃：捕获并保留月球上氦资源的关键物质

李傲 [1,2,†]，陈霄 [1,2,†]，宋丽建 [1,2,†]，陈国新 [1,†]，许巍 [1,*]，霍军涛 [1,*]，高萌 [1]，李明 [1]，张蕾 [1]，姚冰楠 [1]，吉敏 [1]，张岩 [1]，赵少凡 [3]，姚伟 [3]，柳延辉 [4]，王军强 [1,2,*]，白海洋 [3,4,*]，邹志刚 [3,5]，杨孟飞 [3]，汪卫华 [3,4,6]

1. 中国科学院宁波材料技术与工程研究所，宁波 315201
2. 中国科学院大学材料科学与光电技术学院，北京 100049
3. 中国空间技术研究院，北京 100049
4. 中国科学院物理研究所，北京 100049
5. 南京大学现代工程与应用科学学院，南京 210093
6. 松山湖材料实验室，东莞 523830

† 共同一作
* 通讯作者：
weixu@nimte.ac.cn
huojuntao@nimte.ac.cn
jqwang@nimte.ac.cn
hybai@iphy.ac.cn

摘要

氦-3（^{3}He）作为一种清洁核聚变能源，在能源、科学研究和国防安全等领域具有重要应用价值。已有研究表明月球土壤中由于太阳风辐照储存了大量的氦，但由于大部分氦原子被保存在晶体缺陷或固溶体中，提取氦资源是十分困难的。本文通过研究嫦娥五号月壤样品，在月壤钛铁矿表面的非晶层中发现大量氦泡，并进一步证明非晶层的特殊的无序原子堆积结构是捕获 ^{3}He 气体的关键因素。基于这些结果，我们推测气泡中储存的氦能够通过机械破碎的方法快速提取，而非加热至高温释放。这些结果有助于探明月球上氦的储存机制，并为将来氦资源的原位提取提供了理论依据。

亮点介绍

- A large number of Helium bubbles were found in the glass layer on the ilmenite surface of Chang'e-5 lunar regolith for the first time. The special disordered atomic packing structure of glasses is the critical factor for capturing the noble helium gas.
- According to our estimation, the total mass of ^{3}He in the bubbles should be up to 0.26×10^9 kg, which is enough for the need of ～2600 years on the Earth.
- Compared to the helium dissolved in the lunar crystal lattice that requires high temperatures to release, the helium gas contained in bubbles is much easier to extract by using a mechanical milling strategy at ambient temperatures.

---

① 原文发表于 *Materials Futures*，2022，1（3）：035101。

1 引言

氦-3 作为 He 的同位素,在科研、能源与国防等领域有着重要应用前景。比如,作为一种可控核聚变燃料,氦-3 核聚变产生的能量是开采所需的 250 倍,是铀-235 裂变反应的 12.5 倍,且氦-3 核聚变过程无中子二次辐射危险,更加清洁和可控。然而,地球上氦元素主要是氦-4,氦-3 储量只有 0.5t 左右,远远无法满足现有需求(Eberhardt et al., 1970)。研究已经证明氦-3 在近月表是非常丰富的(Mueller et al., 1976),甚至远高于基于扩散模型模拟的结果(Kiko et al., 1978)。对于月球上不同颗粒保留氦的研究表明,钛铁矿对于氦的保留能力很强(Harris-Kuhlman, 1998; Fa and Jin, 2007; Burgess and Stroud, 2018; Christoffersen et al., 1996; Keller and McKay, 1997),其氦的含量与钛铁矿中 TiO_2 的含量密切相关(Johnson et al., 1999; Fa and Jin, 2007)。普遍认为氦原子在月壤颗粒中主要存在于晶体缺陷中或者以固溶体形式保留,因此钛铁矿晶体是最适合捕获并保留氦-3 的。探究为何月球表面会捕获如此多的氦是非常有意义的。

2 结果与讨论

挑选出的一个钛铁矿颗粒如图 1(a)所示,下部为钛铁矿颗粒,上部为胶结质物质(主要含 O、Al、Si、Ca)。利用透射电子显微镜(TEM)观察,可以看到钛铁矿的表面是一

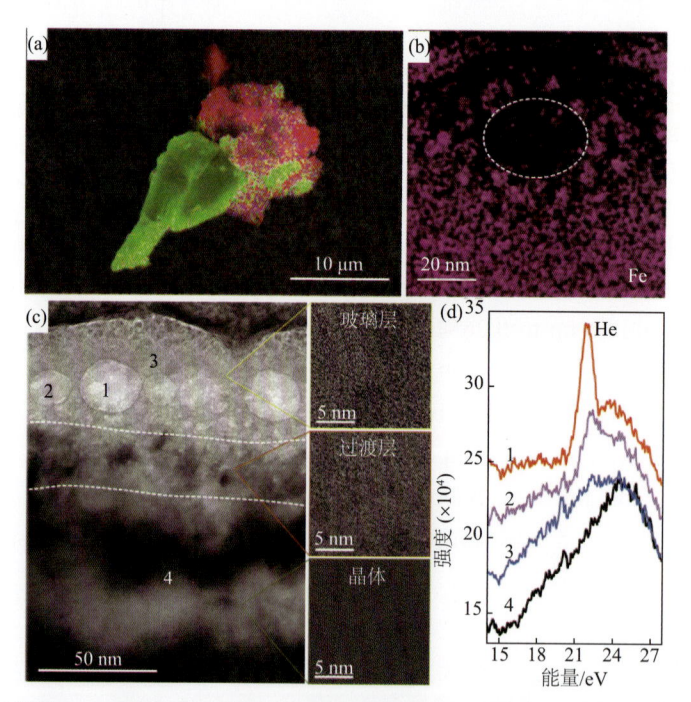

图 1 (a)EDS 显微图,一颗形似康乃馨花的月壤钛铁矿颗粒(花托部分)和黏接的胶结物质(花冠);(b)透射电镜下观测到的一个氦气泡的放大图,红色为 Fe 元素分布情况;(c)月壤钛铁矿表面形成了玻璃层,氦气泡主要在玻璃层中;(d)图(c)中不同位置的电子能量损失谱曲线

层由于太阳风辐照导致的玻璃层，在玻璃层之下是玻璃向晶体转变的过渡层，样品内部则是晶体层[图 1(c)]。在表面的玻璃层中，可以发现大量直径为 5~25 nm 的气泡。X 射线能量散射谱(EDS)结果表明气泡内不含 Fe 元素[图 1(b)]。对样品不同位置采集电子能量损失谱(EELS)信号可以发现，气泡处的 EELS 信号在约 22 eV 的位置有一个与氦对应的明显的信号峰，而其余位置的 EELS 信号没有表现出氦信号[图 1(d)]。

根据以上结果，我们可以对月球上氦的储量进行估算。所有气泡内氦的总质量约为 $(8.4\sim64.5)\times10^{10}$ kg，总体积约为 $(2.5\sim5)\times10^{8}$ m³。根据氦-3 与氦-4 的比例(约 4×10^{-4})，可以计算出气泡内氦-3 的质量约为 26 万 t。已有的研究证明 100 t 的氦-3 进行核聚变产生的能量可以满足全球一年的能量需求(Wittenberg et al.，1986)，那么气泡内的氦-3 将

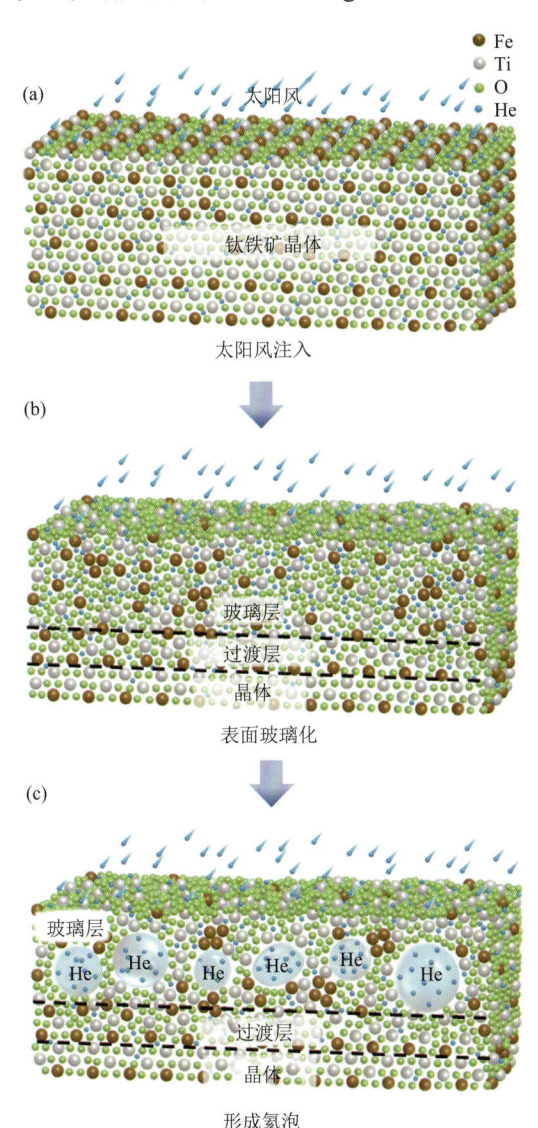

图 2　氦在钛铁矿表面被捕获和保存的示意图

(a)太阳风将氦原子注入到钛铁矿晶格中；(b)太阳风长时间的辐照导致钛铁矿表面玻璃化；
(c)氦原子扩散到玻璃表面玻璃层并形成氦泡

可供全球使用 2600 年。值得注意的是，气泡内的氦-3 浓度远高于晶体缺陷与固溶体中氦-3 的浓度，因此使用简易的机械破碎方法便能够将氦-3 提取出来，这对于在月球上原位提取氦-3 意义重大。

为了解释为何钛铁矿颗粒表面的玻璃层会保量大量的氦泡，我们提出了如图 2 所示的示意图。来自太阳风的氦离子被注入到钛铁矿晶格中，并被保留在空隙中。钛铁矿表面的晶格由于长时间的太阳风辐照导致损伤，产生一层玻璃层。被注入到钛铁矿晶格内的氦原子由于沟道扩散效应以及月球上的冷热循环会被逐渐释放(Cho et al.，1985)，当氦原子扩散至表面的玻璃层时，无沟道扩散效应的玻璃层会将扩散的氦原子捕获，形成氦泡。玻璃层的超高稳定性(Nie et al.，2021；Fromknecht et al.，1996)以及密集的原子排列结构(Zhang et al.，2008)使玻璃可以将氦泡保存数万年之久。

致谢

感谢来自国家航天局钱学森实验室和国家自然科学基金的资金支持(NSFC 51922102、92163108、61888102、11790291)。感谢来自中国科学院青年创新促进会项目(2019296)、浙江省自然科学基金(LZ22A030001、LR22E010004)以及宁波市 202 科技创新项目(2022Z033)的资金支持。

参考文献

Burgess K D, Stroud R M. 2018. Phase-dependent space weathering effects and spectroscopic identification of retained helium in a lunar soil grain. Geochim Cosmochim Acta, 224: 64-79.

Cho K, Allen W R, Finstad T G, et al. 1985. Channeling effect for low energy ion implantation in Si. Nucl Instrum Methods Phys Res B, 7: 265-272.

Christoffersen R, McKay D S, Keller L P. 1996. Microstructure, chemistry, and origin of grain rims on ilmenite from the lunar soil finest fraction. Meteorit Planet Sci, 31(6): 835-848.

Eberhardt P, Geiss J, Graf H, et al. 1970. Trapped solar wind noble gases, Kr^{81}/Kr exposure ages and K/Ar ages in Apollo 11 lunar material. Science, 167(3918): 558-560.

Fa W, Jin Y Q. 2007. Quantitative estimation of helium-3 spatial distribution in the lunar regolith layer. Icarus, 190(1): 15-23.

Fromknecht R, Auer R, Khubeis I, et al. 1996. Lattice location and electrical conductivity in ion implanted TiO_2 single crystals. Nucl Instrum Methods Phys Res B, 120(1-4): 252-256.

Harris-Kuhlman K R. 1998. Trapping and diffusion of helium in lunar minerals. The University of Wisconsin-Madison.

Johnson J R, Swindle T D, Lucey P G. 1999. Estimated solar wind-implanted helium-3 distribution on the Moon. Geophys Res Lett, 26(3): 385-388.

Keller L P, McKay D S. 1997. The nature and origin of rims on lunar soil grains. Geochim Cosmochim Acta, 61(11): 2331-2341.

Kiko J, Kirsten T, Ries D. 1978. Distribution properties of implanted rare gases in individual olivine crystals from the lunar regolith Proc. Lunar Planet. Science Conf. 9th vol 9 pp 1655-1665.

Mueller H W, Jordan J, Kalbitzer S, et al. 1976. Rare gas ion probe analysis of helium profiles in individual lunar soil particles Proc. Lunar Science Conf. 7th vol 1 pp 937-951.

Nie X, Wang J, Duan W, et al. 2021. Effects of different crystallization methods on photocatalytic performance of TiO_2 nanotubes. Appl Phys A, 127: 1-9.

Wittenberg L J, Santarius J F, Kulcinski G L. 1986. Lunar source of ^{3}He for commercial fusion power. Fusion Technology, 10(2): 167-178.

Zhang H, Chen B, Banfield J F, et al. 2008. Atomic structure of nanometer-sized amorphous TiO_2. Phys Rev B, 78(21): 214106.

遥感和撞击坑定年

基于嫦娥五号样品的月球撞击坑年代函数优化[①]

岳宗玉[1]，邸凯昌[2,*]，林杨挺[1]，芶盛[1]

1. 中国科学院地质与地球物理研究所，北京 100029
2. 中国科学院空天信息创新研究院，北京 100101
* 通讯作者：
  dikc@radi.ac.cn

摘要

月表地质年龄主要通过撞击坑统计定年法得到，它所用的年代函数依赖于阿波罗计划和月球计划样品的同位素年龄标定，但缺少10亿～30亿年间的样品。我国嫦娥五号样品年龄为20.3亿年，填补了这一段年龄空白，成为标定撞击坑年代函数的"金钉子"。根据嫦娥五号月球样品的同位素年龄和着陆区撞击坑统计结果，对月球年代函数模型进行了优化，并推广到火星，为月球和行星科学研究提供了更精确的"时间标尺"。

亮点介绍

- CE5 sample was dated to the center of the age gap of previous lunar samples.
- Lunar chronology function is updated with CE5 samples' radiometric age.
- New lunar chronology function is more reliable in future studies.

[①] 原文发表于 *Nature Astronomy*，2022，6：541-545；*Earth and Planetary Science Letters*，2022，595：117765。

1 月球撞击坑产率函数和年代函数

地质年龄是地质演化历史研究中不可或缺的重要信息，但在月球上，由于采样区域非常少，地质单元的年龄主要通过撞击坑统计定年方法得到(Neukum，1983；岳宗玉等，2021)。假定月球表面某地质单元的年龄为 t，该单元内大于直径 D 的撞击坑的频数(即单位面积上的撞击坑个数)表示为 $N(D, t)$，Neukum (1983) 指出 $N(D, t)$ 可以表示为 $N(D, t) = G(D) \times F(t)$，即表示为两个分别只含有直径 D 和年龄 t 的函数的乘积，这里的 $G(D)$ 称为撞击坑的产率函数，它反映的是月表撞击坑频数分布的一般规律，$F(t)$ 称为撞击坑的年代函数，它反映的是月表不同直径的撞击坑分布频数随时间变化的一般规律。

为了得到撞击坑的年代函数 $F(t)$，需要在遥感影像上统计地质单元内的撞击坑频数 $N(D, t)$，以及同位素定年法获得的地质单元样品的绝对年龄 t，然后通过最小二乘拟合得到年代函数 $F(t)$。显然，选定地质单元的 $N(D, t)$ 与撞击坑直径密切相关：如果撞击坑的直径 D 不同，那么它对应的撞击坑频数 N 也就不同，最终拟合出来的撞击坑年代函数 $F(t)$ 也就不同，一般情况下选定 $D=1$ km 来推导撞击坑年代函数，其中 Neukum (1983) 给出的年代函数应用最广，该函数中用到的月球样品的年龄来自于阿波罗计划和月球计划样品，而这些样品的年龄在 10 亿~30 亿年是空白，这几乎占据了月球地质年龄的一半，因此在这个年龄区间增加控制点显得弥足珍贵。我国嫦娥五号采集的样品同位素年龄是 20.3 亿年(Li et al., 2021)，这为优化撞击坑年代函数增加了一个极为重要的"金钉子"。

2 月球撞击坑年代函数优化

撞击坑的年代函数根据采集的月球样品同位素年龄以及该样品所代表地质单元的撞击坑频数拟合得到。增加一个新的控制点要求精确的样品同位素测年和代表性的撞击坑空间密度。前面提到拟合撞击坑的年代函数 $F(t)$ 时，选用的地质单元上撞击坑的直径为 $D=1$ km，然而阿波罗计划和月球计划的样品所代表的许多地质单元的面积都很小，例如阿波罗14号任务采集的 Cone 撞击坑形成事件的样品所代表的统计面积仅约 0.48 km^2，显然不可能在这个统计区域直接找到直径 D 在 1 km 以上的撞击坑，因此这种情况下需要根据撞击坑的产率函数推导该区域理论上应该出现的直径 D 在 1 km 以上的撞击坑频数，其方法就是将根据该区域统计得到的指定直径 $D<1$ km 的撞击坑的频数，得到该区域年龄所代表的撞击坑产率函数的完整形式，然后将 $D=1$ km 代入，得到这个区域直径 D 在 1 km 以上的撞击坑频数。

由于有多个撞击坑产率函数(Hartmann et al., 1981；Neukum，1983；Neukum et al., 2001)，所以在优化撞击坑年代函数时，必须指明这个过程中用了哪个撞击坑产率函数，也就是说撞击坑的年代函数实际是依赖于产率函数的。在常用的产率函数中，Neukum (1983) 和 Neukum 等(2001)给出了相同形式的表达式，而且二者给出的 $N(1, t)$ 的比值在统计直径小于 1 km 时近似为 1，如图 1 所示。

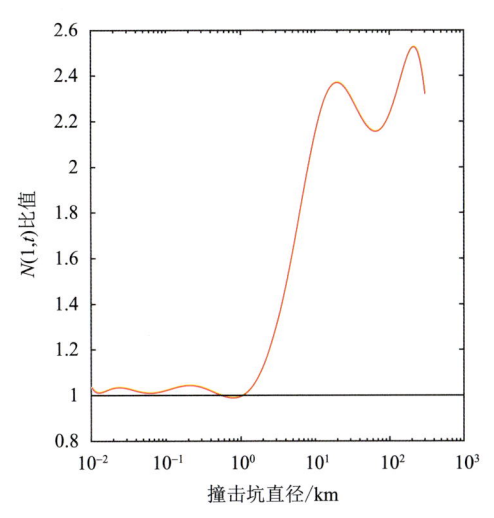

图1 在相同统计面积上根据Neukum(1983)和Neukum等(2001)给出的产率函数得到的$N(1,t)$的比值随直径的变化关系(图中水平横线表示1)

Jia 等(2020)利用 Neukum 等(2001)的产率函数,在嫦娥五号样品所代表的地质单元上得到了直径在 1 km 之上的撞击坑的分布密度,即 $N(1)$ 值,类似的,Hiesinger 等(2012)更新了撞击坑年代函数统计区域中年轻地质单元的 $N(1)$ 值时也是用 Neukum 等(2001)的产率函数,但是二者在统计过程中用到的撞击坑直径都小于 1 km,所以 Jia 等(2020)得到的 $N(1)$ 值与根据 Neukum(1983)的产率函数得到的结果是近似的。

在理清推导撞击坑年代函数所用到的数据点之后,就可以利用非线性最小二乘拟合法优化月球撞击坑年代函数了。在此基础上,结合火星和月球之间撞击频率的关系,并利用撞击坑与陨石大小之间的经验公式,可以推导火星撞击坑定年模型。这两项研究由中国科学院空天信息创新研究院遥感科学国家重点实验室行星遥感团队联合中国科学院地球化学研究所、国家天文台共同完成,由于增加了嫦娥五号关键控制点,新的撞击坑定年模型能够得到更加精确的年代信息,为月球和行星科学研究提供更精确的"时间标尺"。

致谢

本研究得到中国科学院战略性先导科技专项(XDB 41000000)、国家自然科学基金(42230206)的资助。

参考文献

岳宗玉, 邸凯昌, 刘建忠. 2021. 行星表面撞击坑统计定年原理及应用. 矿物岩石地球化学学报, 40(5): 1130-1142.

Hartmann W K, Strom R, Weidenschilling S, et al. 1981. Chronology of planetary volcanism by comparative studies of planetary cratering. In: Merrill R, Ridings R. (Eds.), Basaltic Volcanism on the Terrestrial

Planets (Basaltic Volcanism Study Project). Pergamon Press, New York, pp. 1050-1127.

Hiesinger H, van der Bogert C H, Pasckert J H, et al. 2012. How old are young lunar craters? J Geophys Res, 117(E12): E00H10.

Jia M, Yue Z, Di K, et al. 2020. A catalogue of impact craters larger than 200 m and surface age analysis in the Chang'e-5 landing area. Earth Planet Sc Lett, 541: 116272.

Li Q L, Zhou Q, Liu Y, et al. 2021. Two-billion-year-old volcanism on the Moon from Chang'E-5 basalts. Nature, 600: 54-58.

Neukum G. 1983. Meteoriten bombardement und Datierung planetarer Oberflachen Habilitation Thesis for Faculty Membership. Univ. of Munich. 186 pp. (English translation, 1984: Meteorite bombardment and dating of planetary surfaces. Habilitation Thesis, University München, Munich, Germany.)

Neukum G, Ivanov B A, Hartmann W K. 2001. Cratering records in the inner solar system in relation to the lunar reference system. Space Sci Rev, 96(1-4): 55-86.

Yue Z, Di K, Wan W, et al. 2022a. Updated lunar cratering chronology model with the radiometric age of Chang'e-5 samples. Nat Astron, 6: 541-545.

Yue Z, Di K, Michael G, et al. 2022b. Martian surface dating model refinement based on Chang'E-5 updated lunar chronology function. Earth Planet Sc Lett, 595: 117765.

去偏的撞击坑密度揭示月球撞击体的通量和来源[①]

谢明刚[1,*]，肖智勇[2,*]

1. 桂林理工大学理学院，桂林 541000
2. 中山大学大气科学学院，行星环境与宜居性研究实验室，珠海 519082

* 通讯作者：
xieminggang13@gmail.com
xiaozhiyong@mail.sysu.edu.cn

摘要

  月球表面的撞击坑记录了内太阳系完整的撞击历史。太阳系巨行星可能经历过早期轨道不稳定的状态，在此过程中向内太阳系输送了大量的撞击体。以往的轨道动力学模拟认为残余星子的撞击通量快速下降，而月球表面撞击坑的观测似乎指示了相对缓慢的通量下降，因此主流观点认为月球的早期撞击体可能来自主带小行星。但是，以往观测的月球表面的撞击坑分布密度含有大量偏差，例如地形退化、溅射物覆盖、靶体物性演化等均是影响坑群观测的重要因素。本研究综合了以上因素对观测坑群的影响，并对所有阿波罗计划、月球计划和嫦娥五号着陆点的坑群开展重新观测和去偏。结果表明月球自约 38 亿年以来的撞击通量大致恒定，而更早期的通量比广泛使用的撞击坑年代学方程得到的结果大 100 倍。这意味着年龄>38 亿年的古老撞击盆地主要是残余星子增生形成。该结果支持巨行星早期迁移的假说。

亮点介绍

- Considering topographic degradation, target properties and measurement errors, we establish a model to derive debiased crater densities on a competent-rock-like reference target.
- Adopting dynamic-model-predicted impact flux of impactors from different sources to derive a new crater chronology.

[①] 原文发表于 *Earth and Planetary Science Letters*，2023，602：117963。

月球表面的撞击坑坑群一直是内太阳系撞击历史研究的重点。近年来的研究发现，之前被广泛使用的诺伊库姆(Neukum)定年系统(Neukum et al., 2001)存在多种不足：①在建立产生方程(撞击坑形成频率与撞击坑大小的关系)与年代方程时，均未考虑靶体性质的影响，对于同一个撞击体，不同靶体上形成的撞击坑大小不同，从而导致其密度也不同(Marchi et al., 2009；Le Feuvre and Wieczorek, 2011；Xie et al., 2019)；②未考虑撞击坑退化对空间密度的影响，撞击坑直径随着退化程度的增加而变大，从而导致不同直径的撞击坑的密度随时间有不同程度的增大(Xie et al., 2017)；③未考虑误差对分布密度的影响，较大的撞击坑直径观测误差(约为直径的10%；Robbins et al., 2018)导致观测到的分布(为误差分布与实际分布的卷积)与实际分布存在较明显的差异；④未考虑非稀疏效应，对于大撞击坑密度较高的区域，大撞击坑不再稀疏，其形成过程会直接导致大量较小的撞击坑消失，这使得小撞击坑的密度被低估(Kneissl et al., 2016)。

本研究综合考虑了上述效应，建立了新的撞击坑产生方程模型，并对阿波罗计划、月球计划和嫦娥五号采样区域开展了撞击坑大小-频率分布观测(图1)。结合新建立的产生方程与观测，得到了去偏的撞击坑密度(图2)。与之前常规的年代学方程拟合函数(指数函数与多项式的和)不同，本研究采用轨道动力学给出的撞击体通量演化关系来拟合去偏的撞击坑密度(图3)。研究发现，月球早期撞击通量衰减速率明显快于模拟给出的来源于主带的撞击体通量(Nesvorný et al., 2017)，但是与残余星子的撞击通量符合得较好(Brasser et al., 2020)。该发现支持月球古老撞击坑主要是由于残余星子撞击形成。

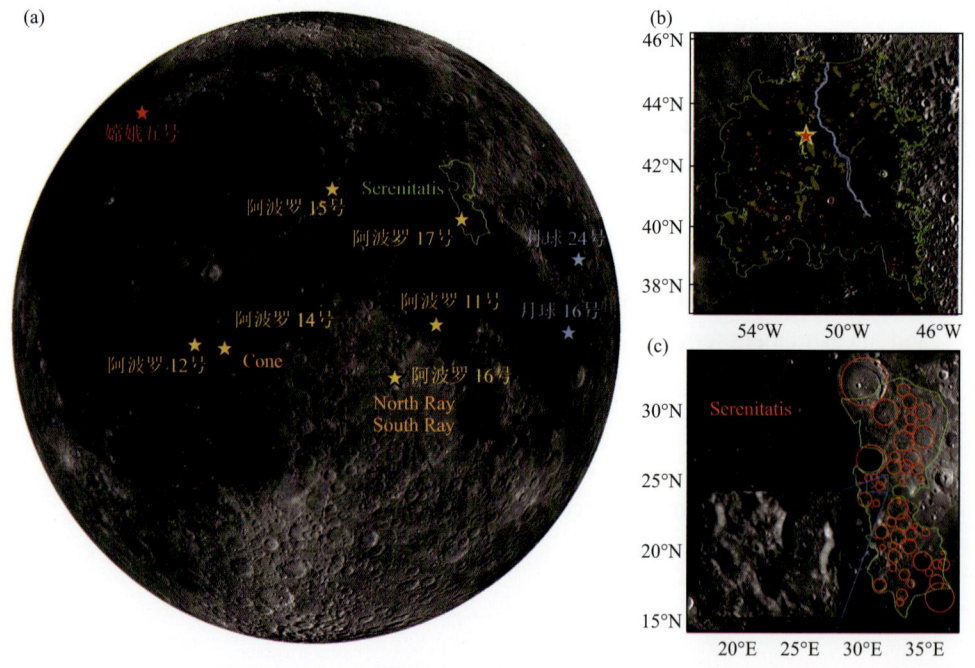

图1 (a)年代学方程的定标点位置；(b)嫦娥五号着陆点所在地质单元的撞击坑统计；(c)澄海盆地溅射毯上的撞击坑统计

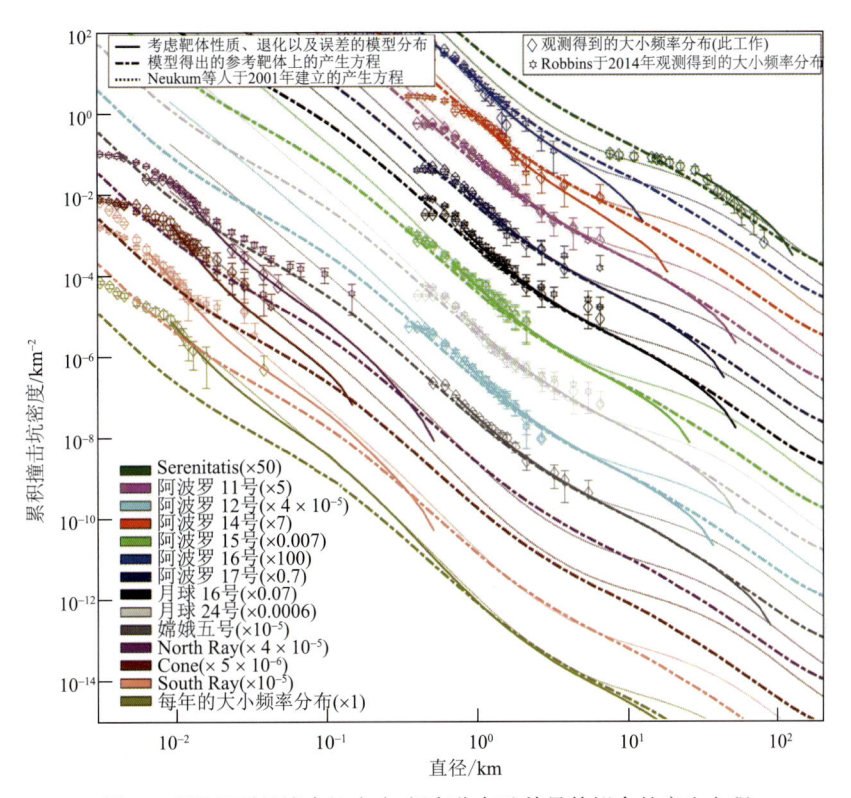

图 2　观测得到的撞击坑大小-频率分布及其最佳拟合的产生方程

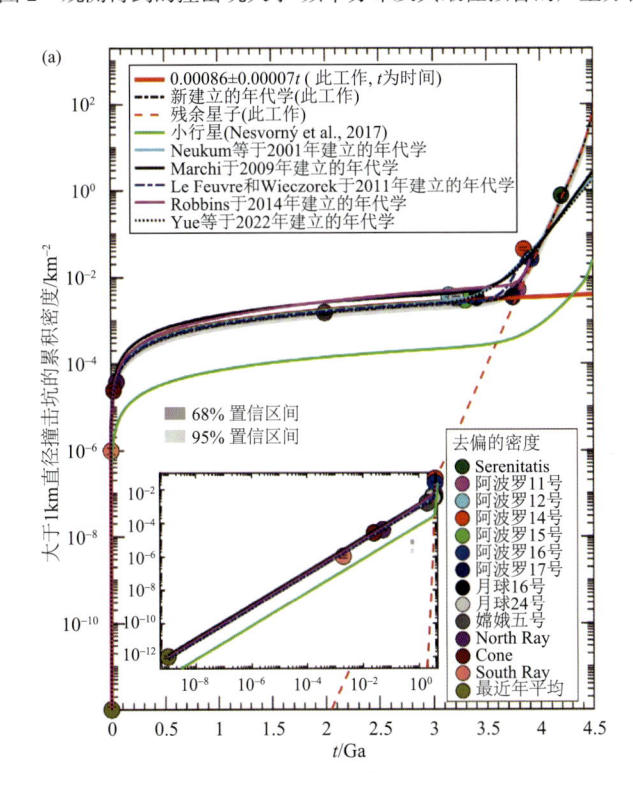

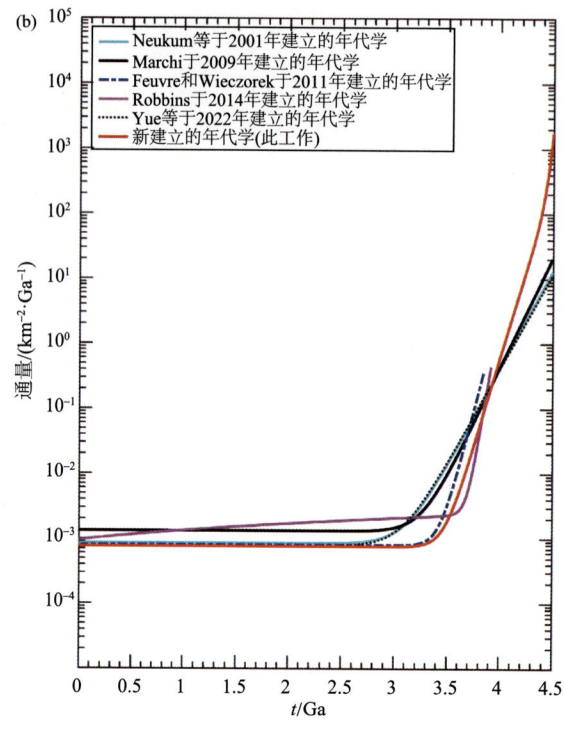

图 3　新建立的年代学方程及其与之前建立的年代学方程的对比

致谢

该研究获得了中国科学院战略性先导科技专项(XDB41000000)与国家自然科学基金(12173011、42241108、42273040)的支持。

参考文献

Brasser, R., S. C. Werner, and S. J. Mojzsis (2020), Impact bombardment chronology of the terrestrial planets from 4.5 Ga to 3.5 Ga, Icarus, 338, 113514, doi: https://doi.org/10.1016/j.icarus.2019.113514.

Kneissl, T., G. G. Michael, and N. Schmedemann (2016), Treatment of non-sparse cratering in planetary surface dating, Icarus, 277, 187-195, doi: https://doi.org/10.1016/j.icarus.2016.05.015.

Le Feuvre, M., and M. A. Wieczorek (2011), Nonuniform cratering of the Moon and a revised crater chronology of the inner Solar System, Icarus, 214(1), 1-20, doi: https://doi.org/10.1016/j.icarus.2011.03.010.

Marchi, S., S. Mottola, G. Cremonese, M. Massironi, and E. Martellato (2009), A new chronology for the Moon and Mercury, The Astronomical Journal, 137(6), 4936, doi: https://doi.org/10.1088/0004-6256/137/6/4936.

Nesvorný, D., F. Roig, and W. F. Bottke (2017), Modeling the Historical Flux of Planetary Impactors, The Astronomical Journal, 153(3), 103, doi: 10.3847/1538-3881/153/3/103.

Neukum, G., B. A. Ivanov, and W. K. Hartmann (2001), Cratering records in the inner solar system in relation to the lunar reference system, Space Science Reviews, 96(1-4), 55-86, doi: https://doi.org/10.1023/A:1011989004263.

Robbins, S. J. (2014), New crater calibrations for the lunar crater-age chronology, Earth And Planetary

Science Letters, 403, 188-198.

Robbins, S. J., J. D. Riggs, B. P. Weaver, E. B. Bierhaus, C. R. Chapman, M. R. Kirchoff, K. N. Singer, and L. R. Gaddis (2018), Revised recommended methods for analyzing crater size-frequency distributions, Meteoritics & Planetary Science, 53(4), 891-931.

Xie, M., M.-H. Zhu, Z. Xiao, Y. Wu, and A. Xu (2017), Effect of topography degradation on crater size-frequency distributions: Implications for populations of small craters and age dating, Geophysical Research Letters, 44(20), 10, 171-110, 179.

Xie, M., Z. Xiao, and A. Xu (2019), Time-dependent production functions of lunar simple craters on layered targets with consideration of topographic degradation. Geophysical Research Letters, 46, 10987-10996.

Yue, Z., et al. (2022), Updated lunar cratering chronology model with the radiometric age of Chang'e-5 samples, Nature Astronomy, 6(5), 541-545.

嫦娥五号样品

——月球遥感定量反演的新地面真值[①]

尹承翔[1]，曹海军[1]，付晓辉[1,2,*]，陈剑[1]，张江[1]，凌宗成[1,2]

1. 山东大学空间科学与物理学院，空间科学研究院，山东省光学天文与日地空间环境重点实验室，威海 264209
2. 中国科学院比较行星学卓越创新中心，合肥 230026

* 通讯作者：

　fuxh@sdu.edu.cn

摘要

嫦娥五号任务从月球风暴洋东北部成功返回了 1731 g 月壤样品。最新返回的月壤有望为月球遥感数据定量反演提供新的地面真值(Ground Truth)。本研究中首先利用遥感数据获取了着陆单元的矿物组成和化学成分(FeO、TiO_2、Th)，并与嫦娥五号月壤样品实验室分析结果进行对比。二者之间的差异(特别是橄榄石含量)反映了目前利用遥感数据反演元素和矿物含量的方法仍存在提升空间。本研究通过系统对比分析发现：①嫦娥五号月壤具有高铁、中钛、富钍的化学特征，显著区别于已有阿波罗月壤，可为月球遥感研究提供全新的地面真值；②嫦娥五号月壤代表了一类发育成熟的年轻月海月壤，外来溅射物占比较小，能够反映着陆区玄武岩的成分特征；③嫦娥五号月壤粒径较小(95%颗粒处于 1.4～3.35 μm 范围内)，符合月壤表征协会(Lunar Soil Characterization Consortium, LSCC)提供地面真值的样品标准(<45 μm)。此外，嫦娥五号着陆区也具有独特性：①位于月球正面西部的中纬度地区，不同于美苏样品返回任务所着陆的低纬度区域；②位于月球晚期玄武岩单元，区别于已有的光谱定标区。基于着陆区遥感及样品研究成果，本研究在嫦娥五号着陆区所在地质单元(Em4)内划定了定标区的范围，可为后续遥感定标区的建立提供参考。

亮点介绍

- Systematic comparative analysis reveals the feasibility of establishing a calibration area in the Chang'e-5 landing area based on the measured lunar soil as the ground truth.

- The general range of calibration area has been delimited, thus providing a reference for establishing a remote sensing calibration area in the future.

[①] 原文发表于《中国科学：物理学 力学 天文学》，2023，53：239604。

我国嫦娥五号(CE-5)任务于 2020 年 12 月从月球正面风暴洋东北部地区成功带回了 1731 g 的月球样品(图 1),这是自 1976 年苏联月球 24 号以来人类的再次全新的月球样品返回任务。嫦娥五号样品返回后,我国的科研工作者利用各种高精尖仪器对这些珍贵的月球样品进行了矿物学、地球化学、同位素年代学研究,取得了一系列振奋人心的成果。同位素定年结果显示,嫦娥五号着陆区玄武岩结晶年龄约为 20 亿年(Li et al., 2021a; Che et al., 2021),这比陨石中发现的最年轻玄武岩还要年轻 8 亿~9 亿年(Borg et al., 2009)。

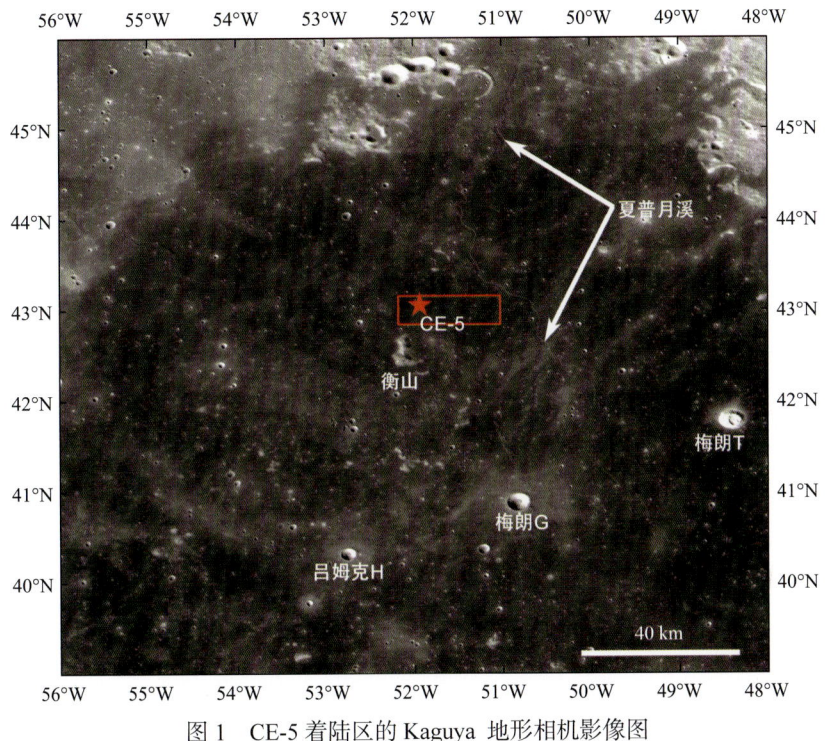

图 1 CE-5 着陆区的 Kaguya 地形相机影像图
CE-5 着陆点用红色五角星标注,红色矩形框代表划定的 CE-5 定标区

嫦娥五号着陆区玄武岩代表了一类化学成分特殊的新型玄武岩(Tian et al., 2021)。阿波罗玄武岩样品铁、钛含量涵盖了较大的范围(FeO 质量分数 0~30%;TiO_2 质量分数 0~15%),但钛含量表现出明显的双峰式特征,中钛玄武岩(TiO_2 质量分数约为 6%)较为稀少(图 2)。嫦娥五号玄武岩正好处在高钛与低钛之间,占据了中钛范围(图 2)。另外,嫦娥五号玄武岩全岩 FeO 含量达 22.2%(质量分数)(Tian et al., 2021),在已有的月球样品中属于极富铁类型。在不相容元素含量上,阿波罗月海玄武岩样品一般都有着较低的钍含量(绝大部分低于 2 ppm),嫦娥五号玄武岩大于 4 ppm 的钍含量(Tian et al., 2021)使其代表了一类富钍玄武岩。

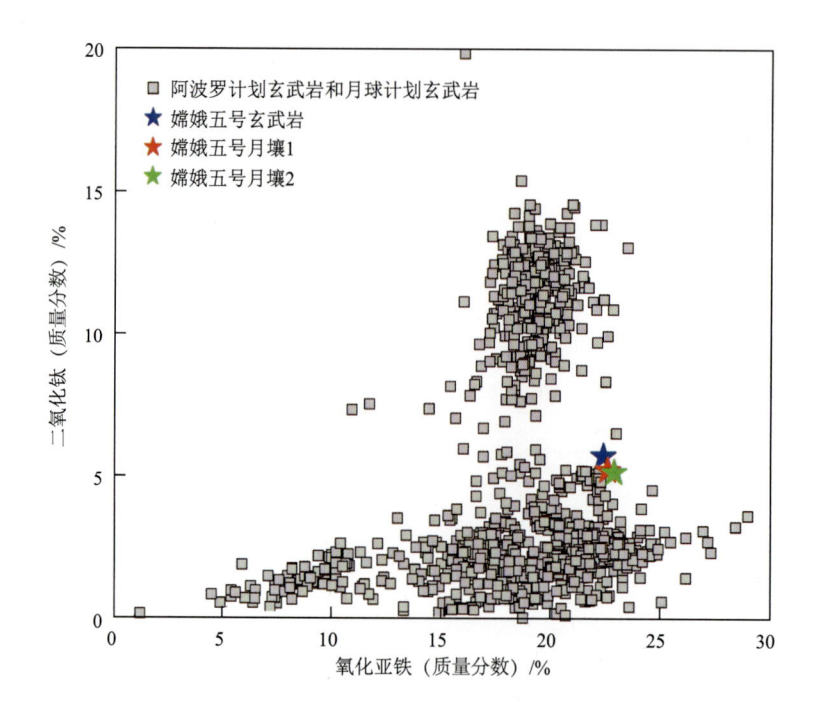

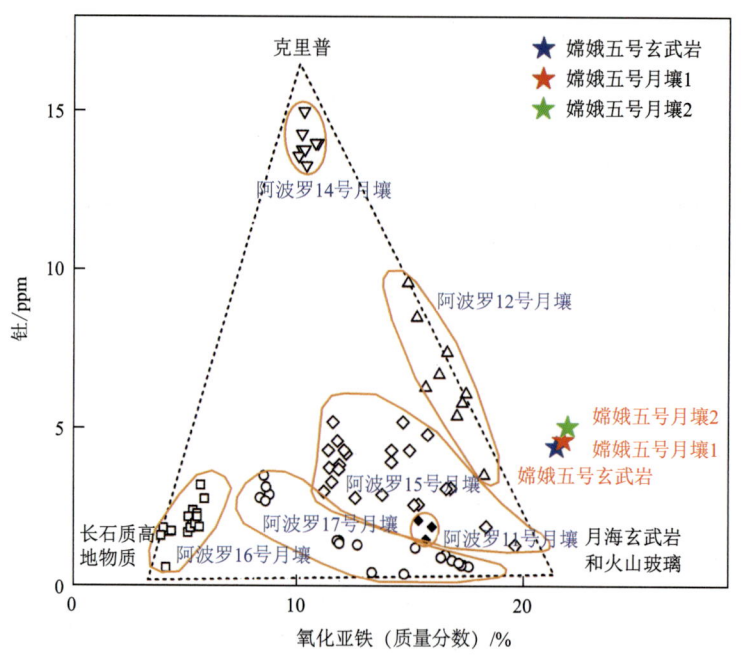

图 2 阿波罗计划、月球计划以及嫦娥五号样品铁-钛、铁-钍投图

遥感成功揭示了嫦娥五号玄武岩单元富铁、中钛、富钍的特征，但其探测结果与嫦娥五号月壤实测结果之间存在差异。遥感获得的着陆区 FeO 含量（Kaguya MI 质量分数为 16.1%±0.5%；LP GRS 质量分数为 19.3%）要明显低于月壤实测数据（质量分数 22.2%）。而遥感反演的 TiO_2 和 Th 含量要高于月壤实测结果。在矿物组成上，遥感探测与嫦娥五号样品实测结果也存在较大差异。Kaguya MI 反演的橄榄石丰度图表明嫦娥五号着陆区橄榄石

含量为15.9%（质量分数），远远高于嫦娥五号月壤的实测结果（质量分数5.7%；Li et al., 2021b）。

以上遥感探测结果与月壤样品实测数据之间的差异反映利用遥感光谱数据反演元素和矿物的含量仍存在提升空间。同时，也凸显了结合嫦娥五号着陆区精细遥感研究和实验室月壤分析结果建立嫦娥五号遥感定标点的必要性。

综合着陆区遥感探测和月壤分析结果，本研究在嫦娥五号着陆点周围划定了遥感定标区域的范围（图1），可为后续遥感定标区的建立提供参考。该定标区为一个矩形区域（约1.15° × 0.31°），嫦娥五号着陆点位于定标区西部。定标区东北角靠近夏普月溪，西南角靠近衡山。定标区域选择时考虑以下因素：①定标区域覆盖嫦娥五号采样点；②定标区域内成分均一；③定标区内无明显外来溅射物混入，代表了原生晚期玄武岩单元。

致谢

本研究受到国家重点研发计划（2022YFF0503100）、国家国防科技工业局民用航天技术预先研究项目（D020201）和中国科学院战略性先导科技专项（XDB 41000000）。付晓辉还受到山东大学仲英青年学者和青年学者未来计划项目资助。尹承翔还受到中国科学技术协会2022年度研究生科普能力提升项目（KXYJS2022094）资助。

参考文献

Borg L E, Gaffney A M, Shearer C K, et al. Mechanisms for incompatible-element enrichment on the Moon deduced from the lunar basaltic meteorite Northwest Africa 032. Geochimica et Cosmochimica Acta, 2009, 73: 3963-3980.

Che X, Nemchin A, Liu D, et al. Age and composition of young basalts on the Moon, measured from samples returned by Chang'e-5. Science, 2021, 374: 887-890.

Li Q-L, Zhou Q, Liu Y, et al. Two-billion-year-old volcanism on the Moon from Chang'e-5 basalts. Nature, 2021a, 600: 54-58.

Li C, Hu H, Yang M-F, et al. Characteristics of the lunar samples returned by the Chang'E-5 mission. National Science Review, 2021b, 9(2): nwab188.

Tian H-C, Wang H, Chen Y, et al. Non-KREEP origin for Chang'e-5 basalts in the Procellarum KREEP Terrane. Nature, 2021, 600: 59-63.

新方法新技术

嫦娥五号月壤样品单颗粒分析工作流程图①

李金华 [1,*]，李秋立 [2]，赵亮 [2]，张金海 [1]，唐旭 [1]，谷立新 [1]，郭倩 [2]，马红霞 [2]，周琴 [3]，刘延 [1]，刘沛余 [1]，邱浩 [1]，黎刚 [4]，谷林 [5]，郭顺 [2]，李春来 [3]，李献华 [2]，吴福元 [2]，潘永信 [1]

1. 中国科学院地质与地球物理研究所，地球与行星物理重点实验室，北京 100029
2. 中国科学院地质与地球物理研究所，岩石圈演化国家重点实验室，北京 100029
3. 中国科学院国家天文台，月球与深空探测重点实验室，北京 100101
4. 中国科学院高能物理研究所，北京 100049
5. 中国科学院物理研究所，北京 100190

* 通讯作者：lijinhua@mail.iggcas.ac.cn

摘要

2020年12月17日，嫦娥五号从月球带回1731 g月壤样品，中国科学家第一次拥有属于自己的地外天体返回样品，这在我国行星科学发展史上具有里程碑意义。月壤样品极其珍贵，多数为亚毫米和微米大小的颗粒。如何利用有限的珍贵样品获得尽可能多的基础数据，同时开展高效、高质量的科学研究，对我国科研人员提出了巨大挑战。作为首批获得月壤样品的科研单位，中国科学院地质与地球物理研究所联合中科院国家天文台、高能物理研究所和物理研究所等多家单位，协同开展相关技术的研发工作，建立了一套行之有效的月壤返回样品单颗粒综合分析的工作流程图，该技术对于后续返回的嫦娥六号月壤及小行星样品等均具有重要的参考意义。

亮点介绍

- This study developed two strategies that allow to screen the Zr-containing particles from the CE-5 lunar particle array in an average time of a few seconds to minutes per particle for isotope geochronology.
- A technical roadmap was summarized for an integrated study from single particles on nanometer to atomic scales on the CE-5 lunar soil samples and other extraterrestrial samples.

---

① 原文发表于 *Geoscience Frontiers*，2022，13(3)：101367。

基于样品挑选和后续分析的共性，本研究提出针对嫦娥五号月壤以及未来行星返回样品的单颗粒综合分析的"六步走"工作流程图(图1)。步骤1：单颗粒样品显微操作，制备成样品阵列，利用μXRF技术快速扫描分析挑选目标颗粒，并按照后续分析测试需要制备成不同类型单颗粒样品(比如，树脂包埋、机械抛光或表面导电处理等)。步骤2：目标颗粒样品的 3D-XRM/FIB-SEM 联合分析，在微纳米尺度上获得样品三维形貌、结构和成分信息。步骤3：目标颗粒样品的 SEM 综合分析，在微纳尺度上获得样品的表面

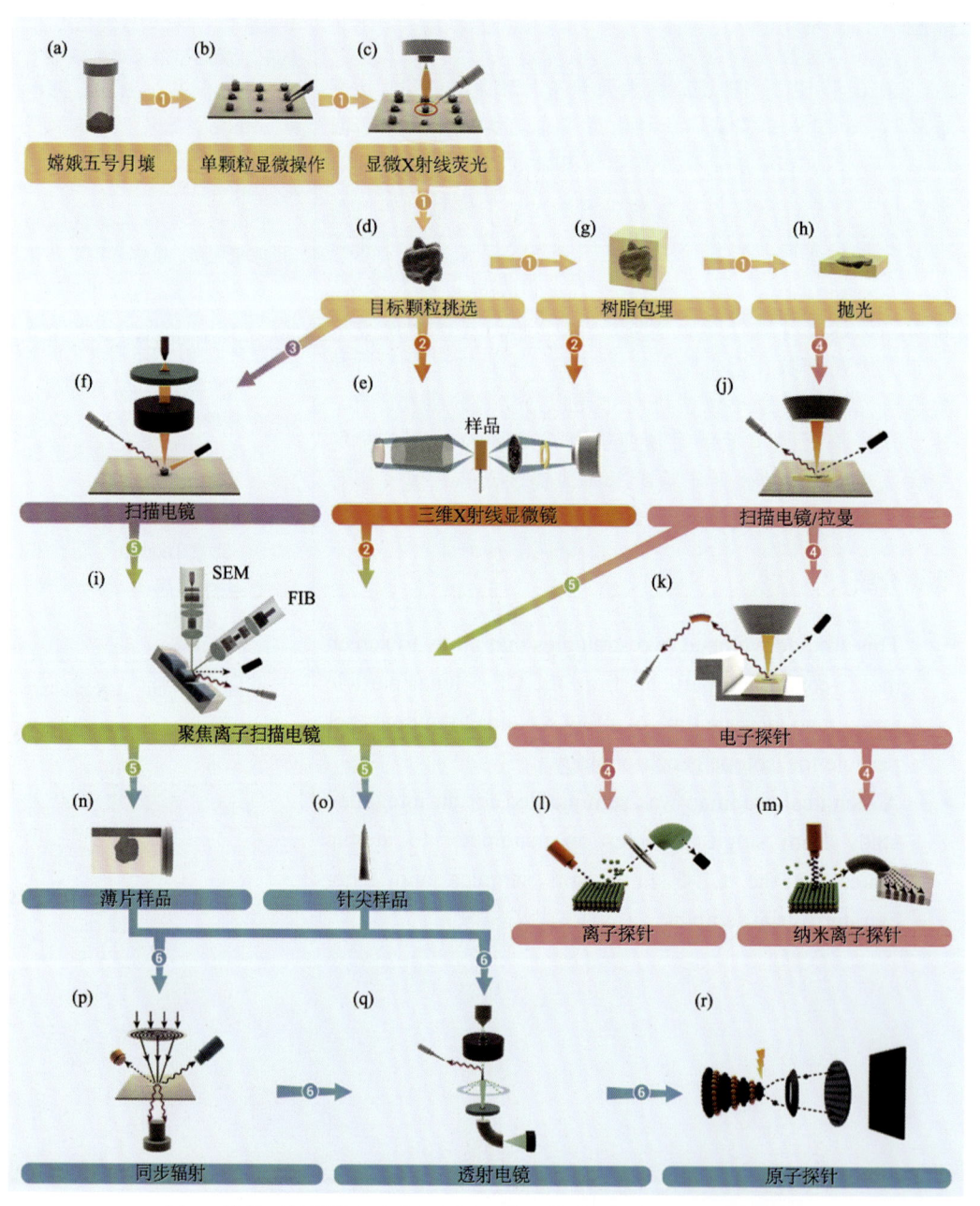

图 1　嫦娥五号月壤和未来行星返回样品单颗粒综合分析工作流程图

形貌、结构和化学成分信息。步骤 4：目标颗粒截面样品的综合微区分析(如 SEM、Raman、EPMA、SIMS 和 NanoSIMS)，在微纳米尺度上获得样品截面的形貌、结构、矿物相、化学成分(包括主量、微量元素及其同位素)等信息。步骤 5：利用先进的 FIB-SEM 技术，对目标颗粒样品中感兴趣的微区域进行三维重构分析，以及对其进行精准微切割，制备微纳尺寸的"薄片"或"针尖"样品。步骤 6：综合利用同步辐射 STXM、先进的 TEM 和 APT 技术，在纳米到原子水平，对"薄片"或"针尖"样品开展形貌、结构、矿物相、化学成分、元素价态、元素同位素和微磁学等综合分析。

根据"六步走"工作流程，可快速筛选出嫦娥五号月壤样品中的富锆(Zr)颗粒并精准定位目标颗粒中的含锆矿物，进而确定嫦娥五号月壤玄武岩的形成年龄。具体方案如下。

方案一：多颗粒快速定位。利用单颗粒显微操作技术，将微米尺寸的月壤样品制备成单颗粒的阵列。然后利用显微 X-射线荧光光谱技术(μXRF)对样品阵列进行"无损、无接触、无污染"的快速扫描分析，获得所有颗粒的化学元素及其分布图像，并结合谱学半定量分析技术，挑选出富含锆元素的目标颗粒(图 2，如 P6 和 P17)。将挑选出的富锆颗粒进行树脂包埋后，将单颗粒机械抛光与截面扫描电镜观察(SEM)相结合，最终将

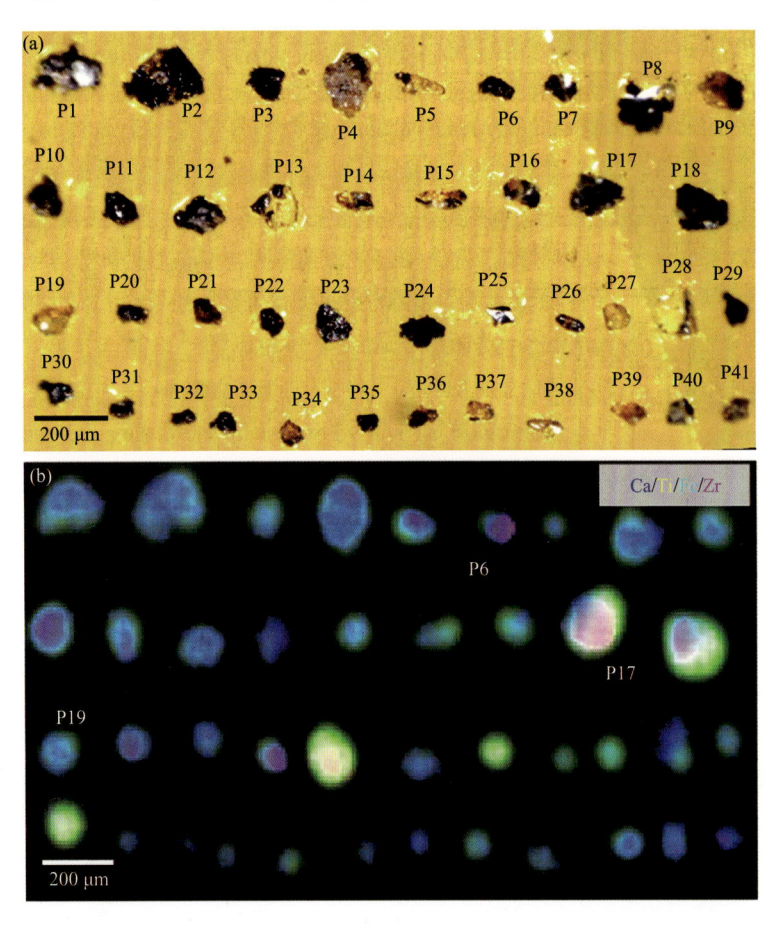

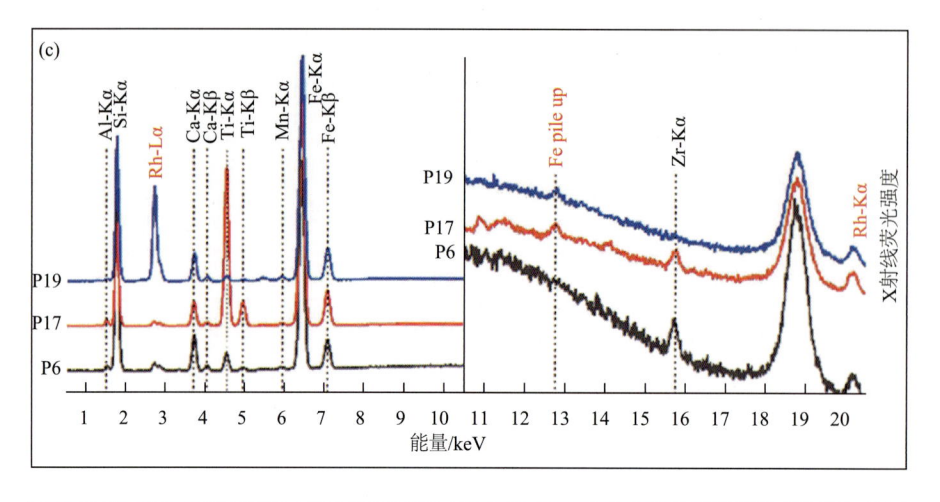

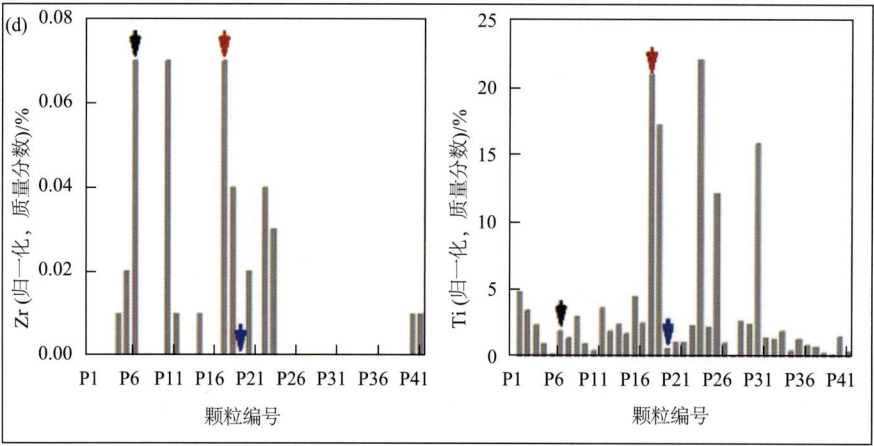

图 2　显微 X-射线荧光光谱技术快速筛选富锆颗粒

含锆矿物暴露在样品的平整截面上,并通过后续的二次离子质谱探针(SIMS)微区原位同位素分析,获得该样品的高精度年龄(Li and Li, 2016)。利用这套方案,研究人员在拿到第一批月壤样品后的 24 小时内,就从中挑选出 47 个单颗粒目标样品,并从中精准定位了 51 个含锆矿物,确定嫦娥五号月壤玄武岩的形成年龄为 2030±4 Ma(Li et al., 2021)。

方案二:单颗粒精准定位。第一套方案虽行之有效,但机械抛光过程不能可视化,存在将目标矿物(如斜锆石等)提前磨掉或者损坏的风险。因此,在第二套方案中,研究人员将 μXRF 的化学元素成像与三维 X-射线显微镜(3D-XRM)结构成像分析相结合,从挑选出的富锆目标颗粒中精准定位富锆矿物(图 3)。然后,利用虚拟数字化、3D-XRM 与聚焦离子束-扫描电镜(FIB-SEM)三维切片技术,将目标颗粒中的富锆矿物暴露到一个平整的截面上(图 4),可用于后续的 SIMS 微区原位同位素分析。整个样品的 FIB 切割过程也可以通过 SEM 技术将其结构和化学成分分阶段地记录下来,从而部分保留该样品的三维结构和成分信息。

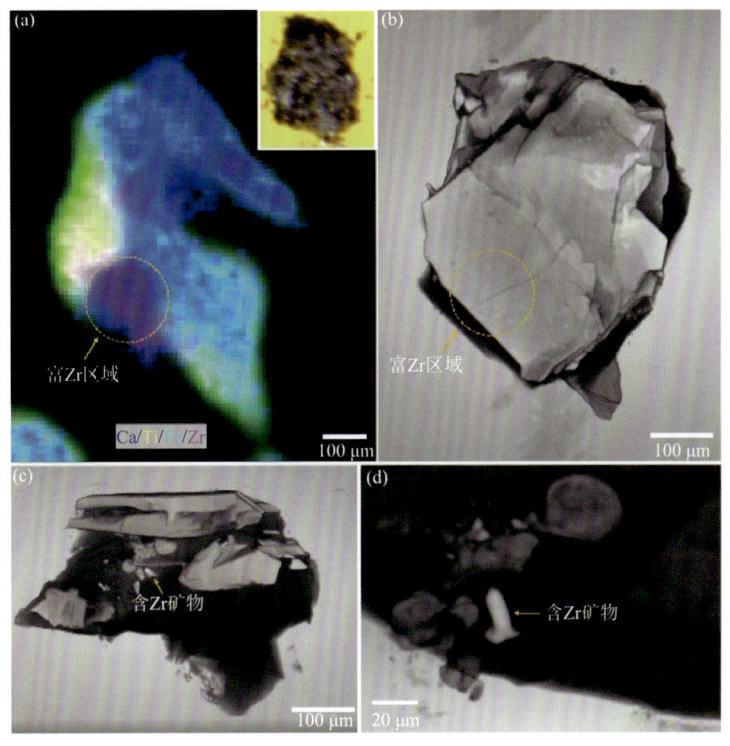

图 3 μXRF/3D-XRM 联用精准定位颗粒中的含锆矿物

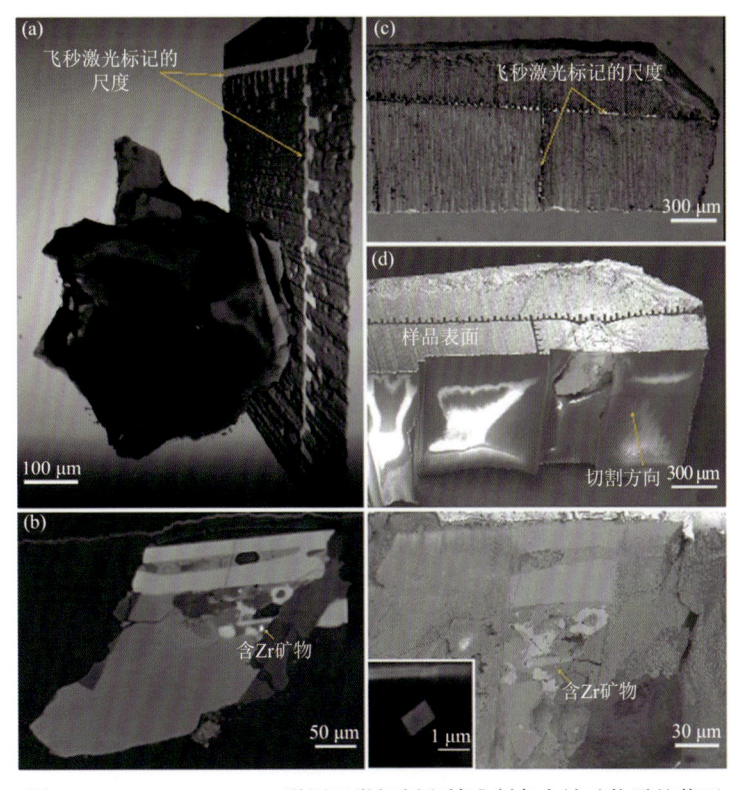

图 4 3D-XRM/FIB-SEM 联用显微切割和精准制备含锆矿物平整截面

嫦娥五号月壤样品虽然微小，但每个小颗粒在一定程度上相当于一个独立的小岩块，其矿物组成、表面形貌、内部结构和化学成分均蕴含丰富的"月球演化和太空风化"等相关信息。正如挑选富锆颗粒用于同位素年代学研究一样，将月壤颗粒分门别类并挑选出来，同样可以有目的地开展其他科学研究。与电子束和离子束等微束分析方法相比，μXRF 依托 X-射线分析技术，穿透性强，化学灵敏度高，且不需要对样品及其表面进行复杂的预处理，因而能在微米尺度下，快速获得月壤颗粒的化学元素组成及各种元素的分布特征，用于挑选各种类型的目标颗粒。无论是机械抛光与 SEM 结合，还是 XRM 与 FIB-SEM 联合，均能将目标矿物暴露到一个平整的截面，既适用于 SIMS（微米分辨率的元素和同位素）分析，也同样适用于不同尺度和不同类型的微区分析，如显微拉曼（Raman，微米分辨率的化合物和矿物相鉴定）、SEM（纳米分辨率的形貌、结构和成分分析）、电子探针（EPMA，亚微米分辨率的主、微量元素定量分析）、纳米二次离子质谱（NanoSIMS，亚微米到纳米分辨率的元素和同位素分析），还能直接用于 FIB-SEM 的精准微切割，制备微纳尺寸的"薄片"或"针尖"样品，用于更为精细的同步辐射扫描透射 X-射线显微镜（STXM，纳米分辨率的化学成分、元素价态和磁学分析）、透射电镜（TEM，亚纳米到原子分辨率的形貌、结构、成分、矿物相和微磁学分析）和原子探针（APT，原子分辨率的元素和同位素分析）研究（Li and Pan, 2015; Yang et al., 2015; Burnett et al., 2016; Wang and Li, 2022）。

需要指出的是，该研究提出的"六步走"工作流程，并不能涵盖嫦娥五号和未来行星返回样品所需的所有技术，也并不是一成不变和标准程式化的，在实际工作中需要结合样品特性或具体科学目标进行调配和改进。比如，以该研究为例，可将步骤 1、步骤 2/步骤 4 结合，快速寻找富锆颗粒并精准定位含锆矿物，开展样品的微区同位素年代学和地球化学等研究工作。将步骤 1、步骤 3、步骤 5 和步骤 6 结合，选定特定类型单颗粒样品，开展太空风化、行星矿物学和微磁学等研究工作。此外，该研究提出的"六步走"工作流程，按照"先无损，后微损""先单颗粒，后微纳米尺度，最后原子水平""先侧重表面，后开展内部结构"的分析思路，将现有的多种显微学和显微谱学技术，在分析的时间节点上进行了排列组合，可获得同一个样品不同尺度下的多种信息，因而也同样适用于各种地球珍贵样品（如来自地球早期、深部或深海等来之不易、不可重现的微小样品）的综合研究。

致谢

该研究受国家重点研发计划（2018YFA0702600）、中国科学院前沿科学重点研究项目（QYZD-SSW-JSC007-13）、中国科学院地质与地球物理研究所重点部署项目（IGGCAS-202101）和国家自然科学基金项目（41890843、41920104009）资助。

参考文献

Burnett, T.L., Winiarski, B., Kelley, R., et al. 2016. Xe$^+$ Plasma FIB: 3D microstructures from nanometers to hundreds of micrometers. Microscopy Today, 24（3）: 32-39.

Li, J.H., Pan, Y.X. 2015. Applications of transmission electron microscopy in the earth sciences. Scientia Sinica Terrae, 45: 1359-1382. In Chinese.

Li, Q. L., Zhou, Q., Liu, Y., et al. 2021. Two-billion-year-old volcanism on the Moon from Chang'e-5 basalts. Nature, 600（7887）: 54-58.

Li, X.H., Li, Q.L. 2016. Major advances in microbeam analytical techniques and their applications in earth science. Science Bulletin, 61（23）: 1785-1787.

Wang, J, Li, J.H. 2022. Scanning transmission X-ray microscopy at the Canadian Light Source: progress and selected applications in geosciences. Atomic Spectroscopy, 43（1）: 84-98.

Yang, W., Hu, S., Zhang, J.C., et al. 2015. NanoSIMS analytical technique and its applications in earth sciences. Science China: Earth Sciences, 58（10）: 1758-1767.

Yang, W., Lin, Y. 2020. New lunar samples returned by Chang'E-5: opportunities for new discoveries and international collaboration. The Innovation, 2（1）: 100070.

嫦娥五号月壤单颗粒中铁价态的原位微区分析
——FIB，AES 和 TEM-EELS 联用技术[①]

莫冰 [1,2,3]，郭壮 [1,3]，李阳 [1,2,*]，朱丹 [1,2]，曾小家 [1]，李雄耀 [1,2]，刘建忠 [1,2]，吴焱学 [4]

1. 中国科学院地球化学研究所，贵阳 550081
2. 中国科学院比较行星学卓越创新中心，合肥 230026
3. 中国科学院大学地球与行星科学学院，北京 100049
4. 广东工业大学分析测试中心，广州 510006

* 通讯作者：
   liyang@mail.gyig.ac.cn

摘要

纳米级金属铁（npFe⁰）是月表太空风化的主要产物，其存在显著改变了月壤的反射光谱特征。npFe⁰ 的成因主要包括亚铁离子的还原、橄榄石/辉石的原位分解以及硅酸盐中亚铁离子的歧化反应等。本研究结合了聚焦离子束（FIB）、俄歇电子能谱（AES）和透射电子显微镜-电子能量损失谱（TEM-EELS）等微区分析技术，完成了嫦娥五号月壤中含铁相的纳米级原位价态分析。结果表明，铁元素在 npFe⁰、铁硅酸盐和非晶基质中的含量和价态均不同。在 npFe⁰ 和橄榄石颗粒中，铁元素价态分别为 0 价和 +2 价，而橄榄石颗粒边缘的非晶基质中含有 +3 价的铁。这一发现为月表 npFe⁰ 的 Fe^{2+} 歧化反应成因提供了新证据。本研究表明，FIB、AES 和 TEM-EELS 联用是精确分析月壤中铁元素价态的有效方法，为研究其他地外样品中铁元素的价态以及其他变价元素奠定了基础。

亮点介绍

- Using ultra-thin foils extracted by FIB is effective to eliminate the charging effects of the CE-5 lunar soil grains during AES analysis.

- AES can determine the potential pollution and oxidation of CE-5 lunar soil by terrestrial environment due to its high surface sensitivity (several nanometers) and capacity to identify metallic iron oxidation.

- In situ investigation of Fe^0, Fe^{2+} and Fe^{3+} within individual CE-5 lunar soil grain was achieved by using FIB, AES and TEM-EELS, shedding light on the formation of npFe⁰.

[①] 原文发表于 *Atomic Spectroscopy*，2022，43(1)：53-59。

月壤中广泛存在的纳米级金属铁(npFe⁰)会改变月壤的反射光谱特征,其可能成因包括亚铁离子的还原、橄榄石/辉石的原位分解以及硅酸盐中亚铁离子的歧化反应等(Guo et al., 2020; Li et al., 2022)。确认月壤含铁相中铁元素的价态是研究npFe⁰成因的最基本前提。前人分析月壤样品铁价态的方法主要包括全岩分析和微区原位分析两类。基于嫦娥五号月壤样品的珍稀属性以及npFe⁰的纳米级粒径,分析其铁价态的手段需具有高空间分辨率、无损、无污染等特征。此外,为确保分析的准确性,还需考虑月壤颗粒在样品制备及转移过程中可能导致的铁的氧化。

本工作将聚焦离子束(FIB)、俄歇电子能谱(AES)和透射电子显微镜-电子能量损失谱(TEM-EELS)联合,原位分析了嫦娥五号月壤颗粒中含铁相的铁元素价态(图1)。AES是一种表面灵敏度很高的分析手段,分析深度仅有几个原子层,一般用于导体/半导体分析。将样品制备成超薄切片可以有效去除AES分析绝缘样品时的荷电效应,依据其Fe_{MNN}峰位、峰形可识别铁元素的价态(姚文清等,2015)。因此,本工作利用FIB制备了嫦娥五号月壤颗粒的超薄切片(厚度 < 100 nm),并通过与标准样品AES谱图的对比排除了样品保存、转移及制备过程中地球环境可能造成的月壤颗粒铁价态的改变,为后续的铁价态分析奠定了基础。

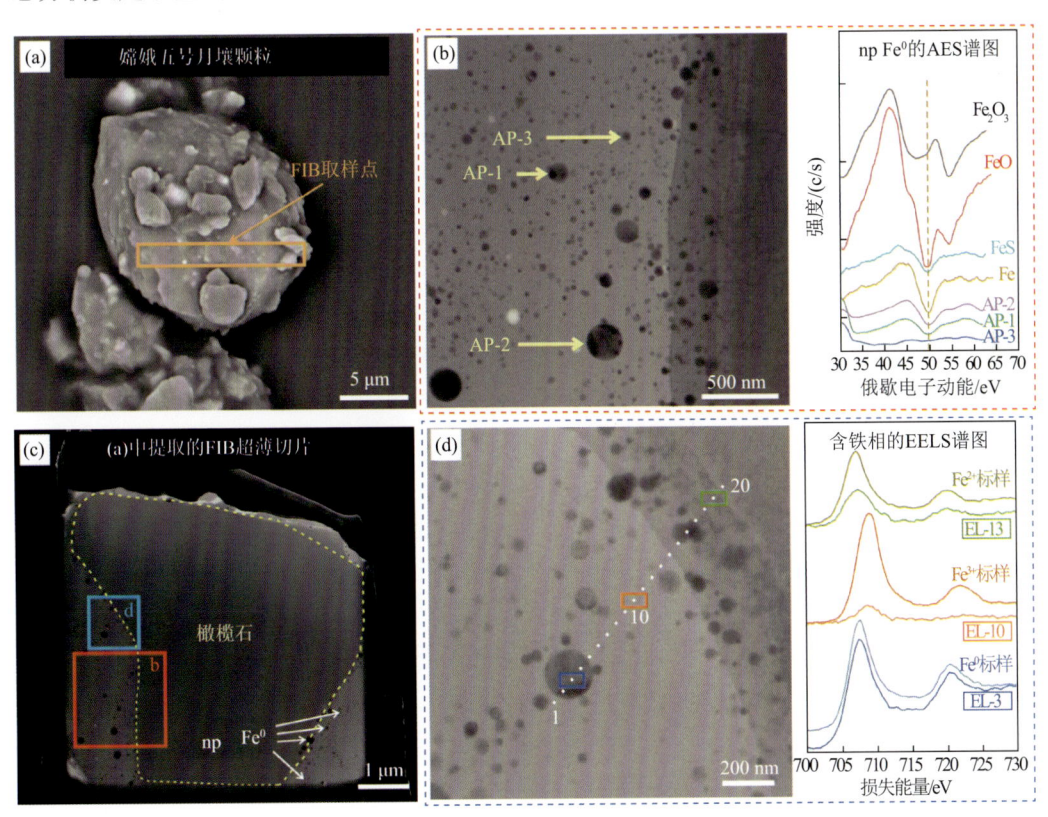

图1 嫦娥五号月壤颗粒的AES与EELS谱图(修改自 Mo et al., 2022)

TEM-EELS具备原子级空间分辨率,分析过程无污染,是分析铁元素价态的一种方法。本工作制备的嫦娥五号月壤单颗粒的原位超薄切片,既有效消除了AES分析绝缘样品时的荷电效应，同时也满足 TEM-EELS 的分析需求。TEM-EELS 分析表明嫦娥五号月壤中的纳米级铁颗粒为 0 价单质铁，橄榄石及其亚固相边缘中的铁元素为二价，而纳米铁颗粒附近的熔体基质中含有三价铁。本工作将 FIB、AES 和 TEM-EELS 有机结合，排除可能的污染因素，确认了嫦娥五号月壤中三价铁的存在，为月壤中 npFe^0 的歧化反应成因提供了新证据。同时，为研究其他地外样品中铁元素的价态以及其他变价元素奠定了基础。

致谢

感谢中国科学院战略性先导科技专项（XDB41000000）、国家自然科学基金项目（41931077）、民用航天技术预先研究项目（D020201）、中国科学院青年创新促进会项目（2020395）、中国科学院重点部署项目（ZDBS-SSW-JSC007-10）和广西科技基地和人才专项（AD1850007）的资助。

参考文献

姚文清, 吴焱学, 杨立平, 等. 2015. 硅酸盐中微颗粒铁的化学态测定, 国家标准,（20150515-T-469）.

Guo Z, Li Y, Liu S, et al. 2020. Discovery of nanophase iron particles and high pressure clinoenstatite in a heavily shocked ordinary chondrite: implications for the decomposition of pyroxene. Geochim. Cosmochim. Acta, 272, 276-286.

Li C, Guo Z, Li Y, et al. 2022. Impact-driven disproportionation origin of nanophase iron particles in Chang'e-5 lunar soil sample. Nat. Astron., 6, 1156-1162.

Mo B, Guo Z, Li Y, et al. 2022. In situ Investigation of the Valence States of Iron-bearing Phases in Chang'E-5 Lunar Soil using FIB, AES, and TEM-EELS Techniques, Atomic Spectroscopy, 43（1）, 53-59.

μXRF 与 3D XRM 联合无损技术鉴别和定量分析嫦娥五号月壤单颗粒中的钛铁矿[①]

摘要

准确鉴别和定量分析月壤中的钛铁矿对于研究月球内部演化历史和外动力作用具有重要意义。本研究将显微X-射线荧光光谱技术（μXRF）与三维 X-射线显微镜（3D XRM）结构成像分析相结合，对嫦娥五号月壤样品中微米级颗粒的钛铁矿进行鉴别和定量分析，提出一种无损的表征方案，以此对嫦娥五号月壤样品进行快速鉴定和定量分析。此方案对于其他珍贵地外样品同样有效。

亮点介绍

- A correlative μXRF and 3D XRM approach was applied to non-destructively identify and quantify ilmenite from micro-sized single particles in China's Chang'e-5 (CE-5) lunar soil samples.

张朝群 [1,2,3]，李金华 [1,2,3,*]

1. 中国科学院地质与地球物理研究所，地球与行星物理重点实验室，北京 100029
2. 青岛海洋科学与技术国家实验室，海洋地质过程与环境功能实验室，青岛 266061
3. 南方海洋科学与工程广东省实验室，珠海 5109082
* 通讯作者：
  lijinhua@mail.iggcas.ac.cn

[①] 原文发表于 *Atomic Spectroscopy*，2022，43(4)：284-291。

月表钛铁矿记录了太空风化过程中氦的注入和自身的氧化-还原反应，解析太空风化过程中钛铁矿的物理化学变化是未来开发相关月球资源的关键（Burgess and Stroud，2018）。嫦娥五号样品中钛铁矿的氦储存情况和钛铁矿的风化程度可能与阿波罗号和月球号样品有所差异，厘清嫦娥五号样品中钛铁矿的精细结构有助于综合理解太空风化作用机理（Gu et al.，2022）。已有的嫦娥五号返回样品研究表明，钛铁矿极不均匀地分布在月壤玄武岩碎屑中（Li et al.，2022a），从样品中高效挑选出富含钛的颗粒，并对其中的钛铁矿进行定量和精准定位是进行钛铁矿微结构相关研究的基础。

因此，本研究建立了一套无损技术鉴别和定量分析嫦娥五号月壤单颗粒中的钛铁矿的方案。首先，利用单颗粒显微操作技术，将微米尺寸的嫦娥五号样品制备成单颗粒的阵列。然后，利用μXRF对样品阵列进行无损、无污染的快速扫描分析，获得所有颗粒的化学元素及其分布图像，结合谱学半定量分析技术，挑选出两个代表性的含钛颗粒［图1(a)：P15；(b)：P17］。SEM 分析确定两个颗粒都含有亚微米级的钛铁矿，但主矿物不同，P15 以长石和橄榄石为主［图2(a)～(c)］，而 P17 以长石和辉石占主导［图2(d)～(f)］。最后，利用 3D XRM 对两个颗粒进行三维重构，并对颗粒中的钛铁矿进行分割，进而得到其三维形貌信息（图3，以 P15 为例）。μXRF 和 3D XRM 均可无损地对月壤单颗粒中

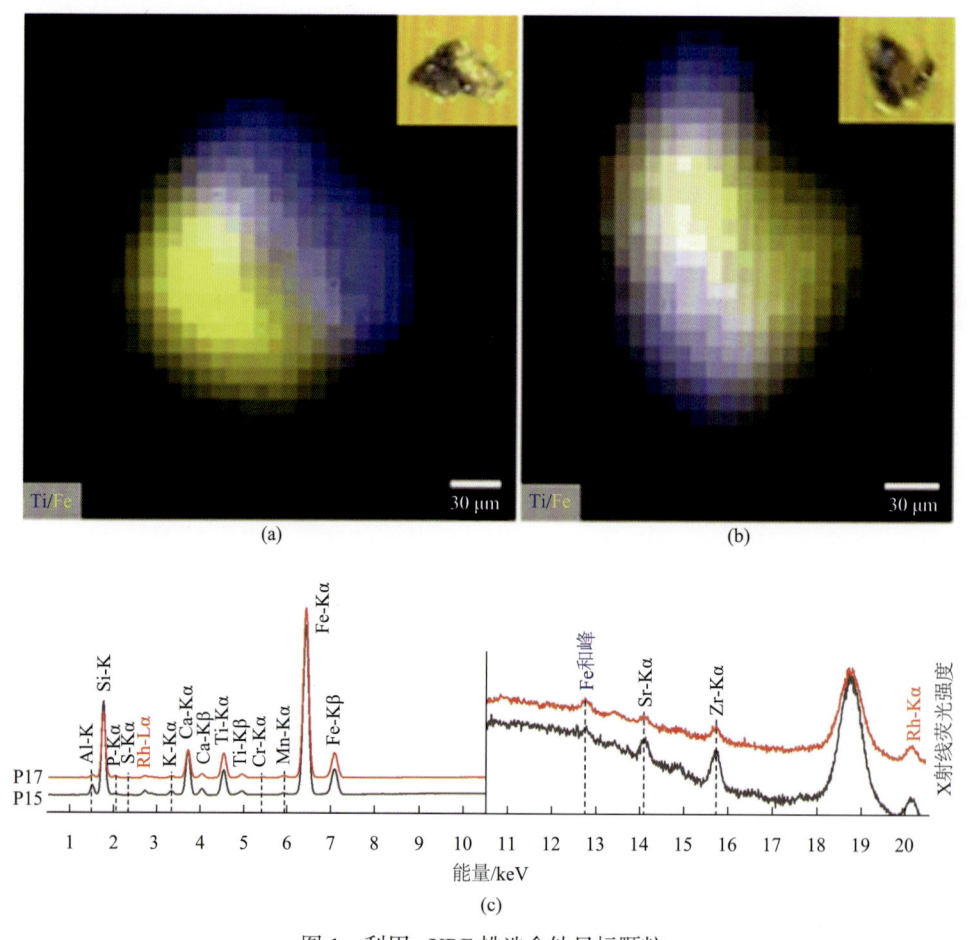

图1 利用 μXRF 挑选含钛目标颗粒

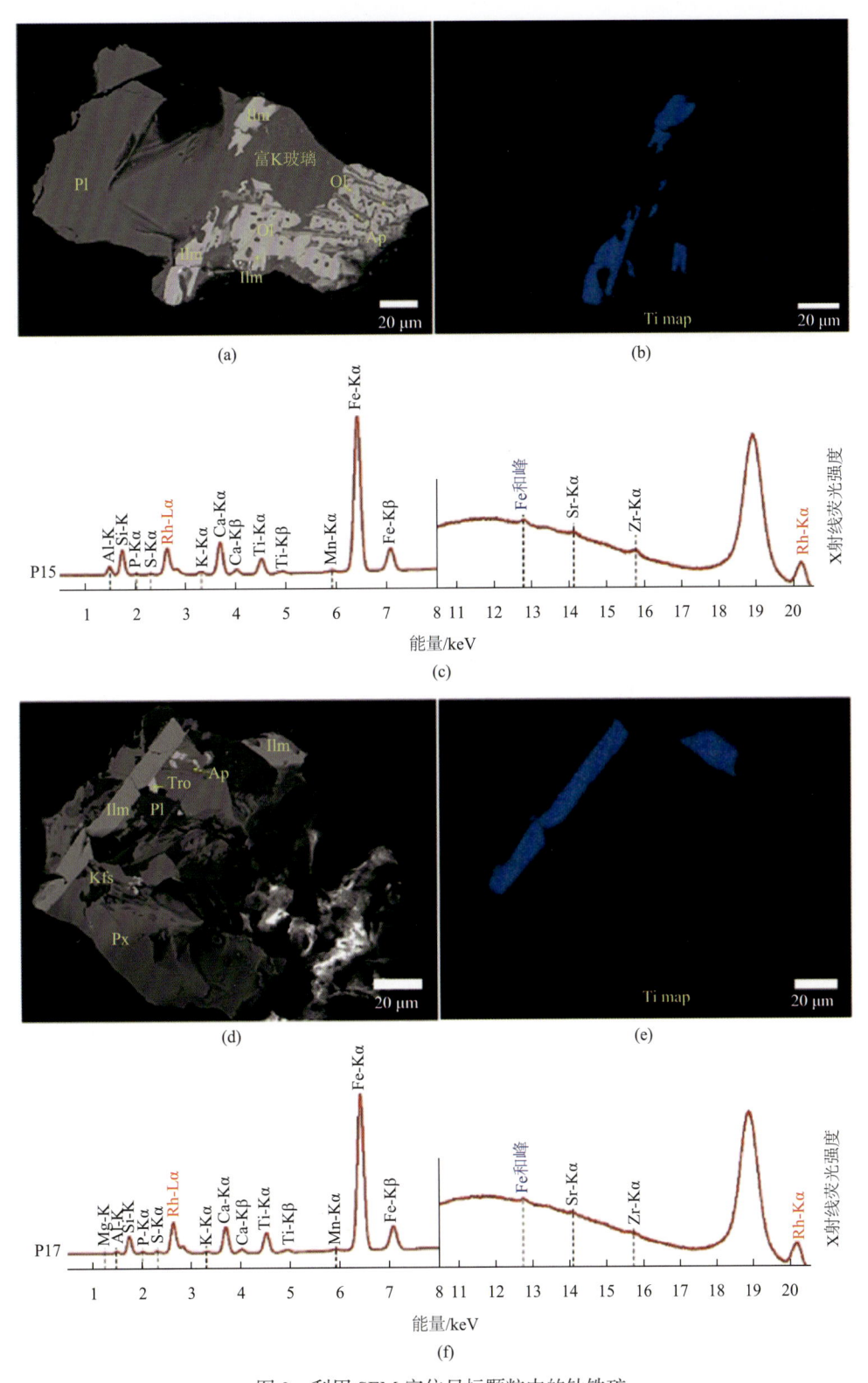

图 2 利用 SEM 定位目标颗粒中的钛铁矿

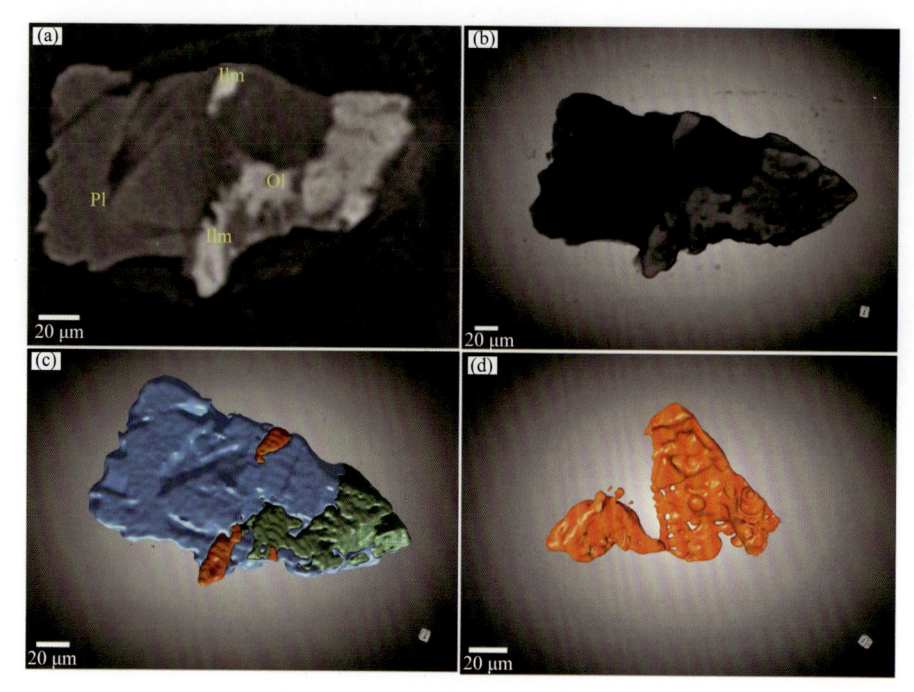

图 3 利用 3D XRM 对含钛铁矿目标颗粒进行三维重构

的钛铁矿进行定量分析,结果表明 3D XRM 估算出的钛铁矿含量与 μXRF 定量分析结果相近。因此,本研究不仅实现了单颗粒尺度上的钛铁矿定量,还获得了其三维形貌信息,对钛铁矿的后期深度分析至关重要。

基于课题组前期提出的嫦娥五号样品单颗粒分析工作流程(Li et al., 2022b),本文进一步细化了其中部分步骤,并提出一套无损定量和精准定位钛铁矿的方案:①利用 μXRF 分析无损且快速地从月壤中挑选出富含钛的颗粒;②利用 μXRF 定量分析颗粒中钛铁矿;③利用 3D XRM 对所选的颗粒进行三维重构,对钛铁矿进行分割和三维可视化,获得钛铁矿在单颗粒中的三维分布特征。该方案为钛铁矿后续的精细表征[如聚焦离子束-扫描电镜(FIB-SEM)定位切割和二次离子质谱探针(SIMS)微区原位同位素分析等]提供重要基础。

针对未来月球返回样品,本研究也提出一套无损的单颗粒挑选方案:①利用 μXRF 技术快速扫描月壤单颗粒阵列,并对单颗粒进行定量分析;②根据钛含量对颗粒进行分组(如:高钛、低钛、中钛),并挑选出不同组中的富锆颗粒;③利用 3D XRM 对挑选颗粒中的锆石进行鉴定和定位,为后续定年分析提供基础。

致谢

该研究受中国科学院前沿科学重点研究项目(ZDBS-SSW-JSC007-13)、中国科学院地质与地球物理研究所重点部署项目(IGGCAS-202101)和国家自然科学基金项目(41890843、41920104009)资助。

参考文献

Burgess, K. D.; Stroud, R. M. 2018. Phase-dependent space weathering effects and spectroscopic identification of retained helium in a lunar soil grain. Geochimica et Cosmochimica Acta, 224: 64-79.

Gu, L.; Chen, Y.; Xu, Y., et al. 2022. Space weathering of the Chang'e-5 lunar sample from a mid-high latitude region on the Moon. Geophysical Research Letters, 49（7）: e2022GL097875.

Li, C. L.; Hu, H.; Yang, M. F., et al. 2022a. Characteristics of the lunar samples returned by the Chang'E-5 mission. National Science Review, 9（2）: nwab188.

Li, J. H.; Li, Q. L.; Zhao, L., et al. 2022b. Rapid screening of Zr-containing particles from Chang'e-5 lunar soil samples for isotope geochronology: technical roadmap for future study. Geoscience Frontiers, 13（3）: 101367.

月壤热改造过程的透射电镜原位加热模拟实验研究方法[①]

摘要

热改造事件在太阳系固态行星及小行星表面物质的形成与演化过程中发挥着重要作用，研究地外样品微观热改造特征是探索其母体热演化历史的有效途径。然而，鉴于早期分析测试技术的局限性，一直无法实现矿物热改造过程的实时观察以及热改造条件的准确量化。本研究聚焦离子束（FIB）、透射电子显微镜（TEM）的原位加热技术和电子能量损失谱（EELS）等先进的原位微区分析技术联用，利用嫦娥五号月壤样品（编号为：CE5C0400YJFM00505），模拟了星体表面经历的热演化过程。实验结果证明，TEM原位加热模拟实验可以有效地研究嫦娥五号月壤样品中热驱动的元素地球化学行为以及矿物微区热改造的结构特征，对纳米金属铁的多种形成机制、亚稳相矿物相的热分解、辉石出溶片晶形成以及元素扩散过程等可提供重要的量化信息，并能够与此前的理论模型计算结果进行交叉验证。更重要的是，该研究方法还为月球、火星以及小行星返回样品的分析提供了新的研究视角。

李瑞 [1,2,3]，郭壮 [1,3]，李阳 [1,2,*]，鲜海洋 [4]，曾小家 [1]，李雄耀 [1,2]，刘建忠 [1,2]

1. 中国科学院地球化学研究所，月球与行星科学研究中心，贵阳 550081
2. 中国科学院比较行星学卓越创新中心，合肥 230026
3. 中国科学院大学，北京 100049
4. 中国科学院广州地球化学研究所，矿物学与成矿学重点实验室，广州 5106401

* 通讯作者：
   liyang@mail.gyig.ac.cn

亮点介绍

- Combining FIB and TEM in-situ heating technologies, the different formation mechanisms of npFe^0 in mafic silicate at 800°C are discussed.
- The experimental results show a good correlation with the thermal histories of celestial bodies and exhibit a remarkable ability to predict the formation and growth of np-Fe^0 in Chang'e-5 soils.

[①] 原文发表于 *Atomic Spectroscopy*，2022，43(4)：346-351。

纵观深空探测历程与行星科学研究历史，不同尺度的热改造事件对太阳系固态行星及小行星表面物质的形成与演化过程发挥着重要作用(Keller and Mckay, 1993)。研究地外样品微观热改造结构特征是探索其母体热演化历史的有效途径。已有相关的理论计算及模拟实验给出了地外样品热变质的关键参数(例如冷却速率、反应温度等)，这为理解太阳系固态行星及小行星的热演化历史提供了重要参考。然而，一方面，由于早期分析测试技术的限制，无法实时观察矿物热改造过程，并有效量化热改造条件；另一方面，矿物的微观结构特征的形成通常涉及多种因素的共同作用，仅通过样品分析难以确定热改造特征的具体形成过程以及相关的控制因素(Lindsley and Burnham, 1970)。为了准确有效地模拟行星表面的热演化过程并量化相关参数，以及探究地外样品中铁元素的热驱动地球化学行为特征和纳米级单质金属铁(npFe^0)的形成机制，本研究选择了嫦娥五号月壤、火星陨石 NWA 12522 和地球样品。通过聚焦离子束技术制备了超薄切片样品，并利用 TEM 原位加热模拟实验方法(Thompson et al., 2017)，对不同矿物(普通辉石、富铁易变辉石和富镁橄榄石等)的热改造过程进行了深入研究。

1 易变辉石和富镁橄榄石中 npFe^0 的形成机制

易变辉石在 800 ℃的温度条件下加热 30 分钟后，发生了显著的微观结构特征改变，大量不同粒径的 npFe^0 析出并遍布于整个样品之中[图 1(b)]，且出现了无定形二氧化硅以及气孔构造[图 1(d)～(e)]。结合 EELS 的数据分析，推测易变辉石中出现的 npFe^0 极有可能是在亚固态的热条件下通过富铁易变辉石分解反应而形成的[图 1(i)]，其反应可以表示为(Guo et al., 2020)：FeSiO$_3$ → Fe + SiO$_2$ + 1/2 O$_2$。然而，在相同实验条件下，富镁橄榄石在亚固相热条件下形成的 npFe^0 更可能是歧化反应成因[图 1(j)]，反应机制可以描述为：3Fe^{2+} → 2Fe^{3+} + Fe^0。富镁橄榄石中原有的少量 Fe^{3+} 极有可能是促发歧化反应发生的诱因之一，还有待更多的实验结果加以验证。

2 npFe^0 的生长过程

在不同矿物的加热实验中均产生了铁颗粒汇聚生长的现象[图 2(a)～(d)]，这与嫦娥五号以及前期阿波罗月壤的研究结果一致[图 2(f)～(g)]，进一步证明了 npFe^0 能够在亚固相的热条件下持续生长合并，且明显大于月壤颗粒表层环带 npFe^0 的平均粒径[图 2(e)]。

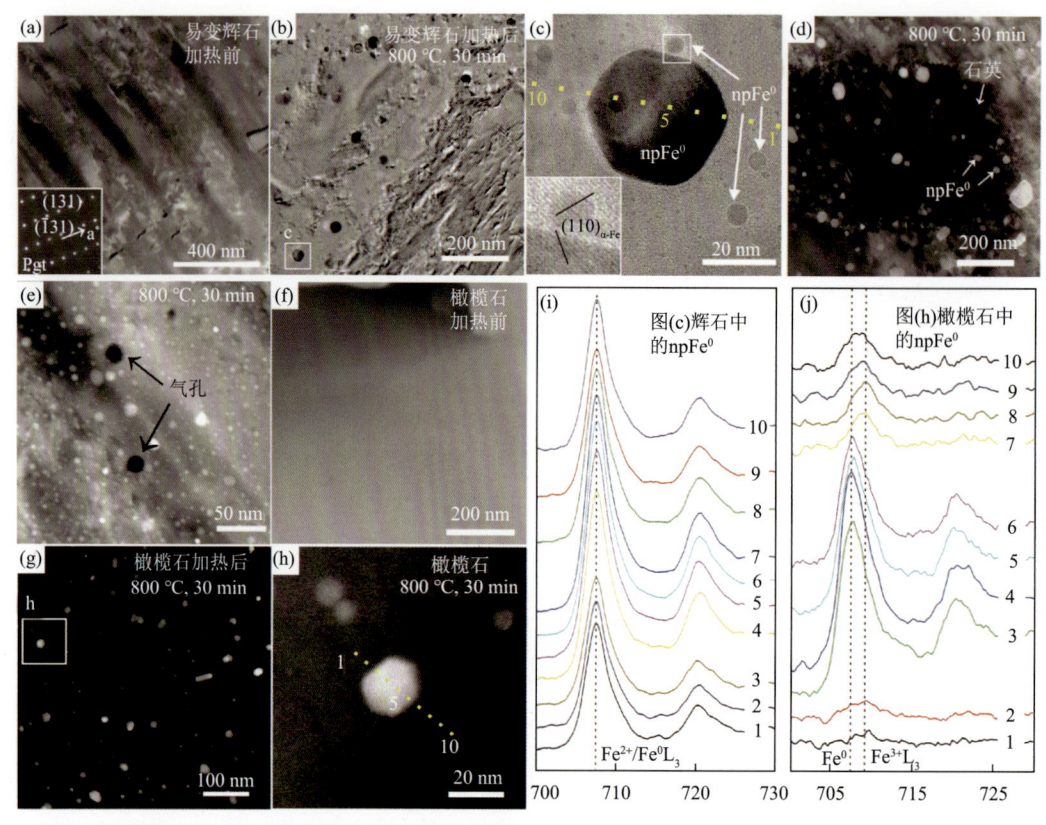

图 1　富铁易变辉石和富镁橄榄石在 800 ℃下经历了 30 分钟单次加热后的 TEM 图像和 EELS 结果（修改自 Li et al., 2022）

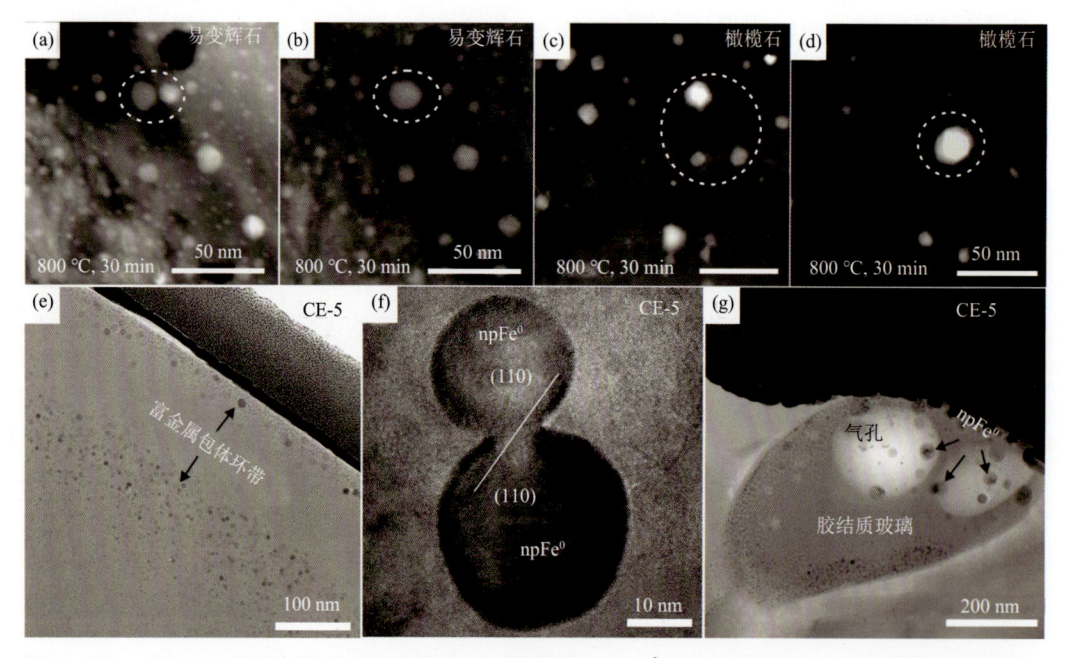

图 2　(a)～(d) TEM 原位加热实验中易变辉石与橄榄石中 npFe^0 的合并过程；(e)～(g) 嫦娥五号样品中 npFe^0 的赋存特征及生长过程（修改自 Li et al., 2022）

致谢

对中国科学院战略性先导科技专项(XDB 41000000)、国家自然科学基金项目(41931077)、民用航天技术预先研究项目(D020201)、中国科学院青年创新促进会项目(2020395)、中国科学院重点部署项目和前沿科学研究计划项目(ZDBS-SSW-JSC007-10、QYZDY-SSW-DQC028)、中国科学院技术支撑人才项目(E2CR015)以及广西科技基地和人才专项(AD1850007)的资金支持表示感谢。

参考文献

Guo Z, Li Y, Liu S, Xu H, Xie Z, Li S, Li X, Lin Y, Coulson I M and Zhang M. 2020. Discovery of nanophase iron particles and high pressure clinoenstatite in a heavily shocked ordinary chondrite: Implications for the decomposition of pyroxene. Geochimica et Cosmochimica Acta, 272: 276-286.

Keller L P and Mckay D S. 1993. Discovery of vapor deposits in the Lunar regolith. Science, 261(5126): 1305-1307.

Li R, Guo Z, Li Y, Xian H Y, Zeng X J, Li X Y and Liu J Z. 2022. Thermal-induced alterations in Lunar soil grains revealed via in situ TEM heating. Atomic Spectroscopy, 43(4): 346-351.

Lindsley D H and Burnham C W. 1970. Pyroxferroite-stability and X-Ray crystallography of synthetic $Ca_{0.15}Fe_{0.85}SiO_3$ pyroxenoid. Science, 168(3929): 364-367.

Thompson M S, Zega T J and Howe J Y. 2017. In situ experimental formation and growth of Fe nanoparticles and vesicles in lunar soil. Meteoritics & Planetary Science, 52(3): 413-427.

一种以极低的样品消耗同时测定嫦娥五号月壤粒度和矿物组成的新方法[①]

摘要

嫦娥五号探测任务首次从月球风暴洋北部采集并带回月壤样品，为这个之前未被探索过的区域提供了前所未有的地面原位信息，特别是月壤的颗粒大小和矿物组成对于解释该区域的遥感数据至关重要。本文基于拉曼光谱微颗粒分析技术，以极低的样品消耗（约 30 μg）测定了月壤的粒度参数和矿物组成。结果表明，月表铲取月壤样品的粒度为 0.4～73.9 μm（平均 3.5 μm），主要由辉石（39.4%）、斜长石（37.5%）、橄榄石（9.8%）、铁钛氧化物（1.9%）、玻璃（8.3%）和其他次要或微量矿物组成，与前人通过大量月壤样品测试获得的结果一致。除了极小的样品消耗外，文章所述方法只需简单制样过程即可进行测试，并能快速建立一个可准确回溯的月壤粒度和成分信息数据库。该方法还可用于未来更多从地外天体返回颗粒样品的研究。

亮点介绍

- Using a newly-developed Raman-based particle analysis technique, the mineral constituents and particle size properties of the CE-5 soil were simultaneously determined at the μg level.
- The analyzed CE-5 sample has an overall small size （mean=3.5 μm）, and mainly consists of pyroxene（39.4%）, plagioclase（37.5%）, olivine（9.8%）, Fe-Ti oxides（1.9%） and glass（8.3%）.
- In addition to minimum sample consumption, our new method requires little sample preparation, and can rapidly build a large database, making it particularly suitable for the analysis of future returned soil samples from extraterrestrial bodies.

曹克楠[1]，董明潭[2]，佘振兵[1,*]，肖倩[1]，王心怡[1]，钱煜奇[3]，李毅恒[3]，汪在聪[3]，何琦[3]，巫翔[3]，宗克清[3]，胡兆初[3]，肖龙[3]

1. 中国地质大学（武汉）地球科学学院，生物地质与环境地质国家重点实验室，武汉 430074
2. 中国地质大学（武汉）环境学院，武汉 430074
3. 中国地质大学（武汉）地球科学学院，地质过程与矿产资源国家重点实验室，武汉 430074

* 通讯作者：zbsher@cug.edu.cn

[①] 原文发表于 Science China: Earth Sciences，2022，65（9）：1704-1714；《中国科学：地球科学》，52（9）：1726-1736。

嫦娥五号(CE-5)样品为约 2.0 Ga 月海岩浆活动的产物(Che et al., 2021; Li et al., 2021), 记录了目前绝无仅有的晚期月海玄武岩地面真实信息(Staid et al., 2011; Zhang et al., 2016), 若能准确测定其矿物组成, 将为轨道遥感数据的校准提供关键依据。然而, 采用传统分析方法确定样品的矿物组成通常需要较大的样品量, 并可能导致相当大的样品损耗, 这在很多地外样品的研究中通常是无法接受的。此外, 决定月球表面光谱特征的主要是粒度小于 45 μm 的月壤颗粒(Pieters et al., 1993; Pieters et al., 2006), 而 X-射线粉晶衍射(XRD)等传统的模式丰度分析方法并不能提供样品的粒度信息, 因此无法直接应用于轨道光谱数据的解译。为解决上述问题, 我们基于配备有微颗粒自动分析功能的共聚焦拉曼光谱系统开发了一种新的分析技术。该方法以极低的样品消耗量(μg 级)实现了对 CE-5 月壤样品的粒度特征和矿物模式丰度的同时获取。本文获得的具有粒度信息的矿物组成数据可与遥感数据直接对比, 为 CE-5 月壤研究提供了新的视角。

1 分析流程

本研究采用的分析流程如下: ①取出微量月壤样品约 30 μg 置于 75 mm×25 mm 镀铝载玻片上, 移液枪向其滴入约 5 μL/滴的超纯水 2~3 滴进行样品分散, 然后将载玻片放置在 60℃的热台上进行干燥[图 1(a)]; ②用 50 倍物镜在暗场反射光模式下对月壤颗粒进行大面积图像拼接和景深合成, 根据获得图像中不同位置的亮度来自动识别颗粒并重建颗粒分布图, 并获得粒度信息[图 1(b)]; ③选择 1~45 μm 的月壤颗粒进行自动拉曼分析获得高信噪比的光谱[图 1(c)]; ④通过自建的月壤矿物拉曼光谱数据库对颗粒进行自动识别, 获得每一种矿物相的粒度和体积等信息, 计算得出矿物模式丰度[图 1(d)]。

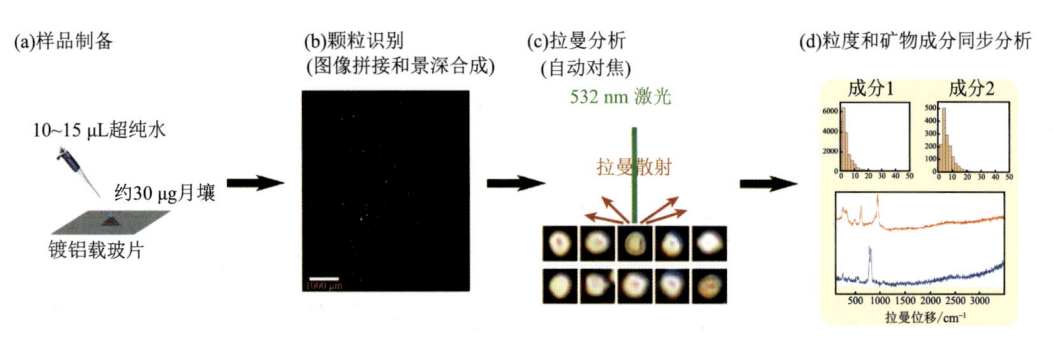

图 1 拉曼光谱自动颗粒分析同时测定粒度特征和矿物组成示意图

2 分析结果

6 次分析共获得 24881 个月壤颗粒特征, 数据结果表现出一致的粒径分布。月壤粒径为 0.4~73.9 μm, 平均值 3.5 μm; 体积范围在 0.04~211695 μm^3, 中位数为 6.5 μm^3, 平均值为 289.5 μm^3, 较大的标准差说明颗粒体积大小分布极不均一。通过拉曼光谱共识别出 5927 个矿物颗粒[图 2(a)]，包括辉石(39.4%)、斜长石(37.5%)、橄榄石(9.8%)、铁钛氧化物(1.9%)、玻璃(8.3%)和其他矿物(3.2%)(陨硫铁、纳米金属铁、磷酸盐和硅质矿物)。

  CE-5 月壤样品矿物组成显示出与粒度的相关性[图 2(b)~(c)]，表现为橄榄石和辉石相对集中在较粗的颗粒中，而斜长石则相反，这与之前阿波罗月壤的研究相吻合[图 2(d)]。另外还记录了随颗粒减小，辉石和橄榄石含量普遍下降，而斜长石含量逐渐上升的趋势。这些趋势可能是在空间风化过程中(如微陨石撞击)，斜长石比镁铁质矿物更容易破碎所导致的。总体而言，CE-5 月壤的矿物组成与阿波罗低钛月海玄武岩样品最为相似。

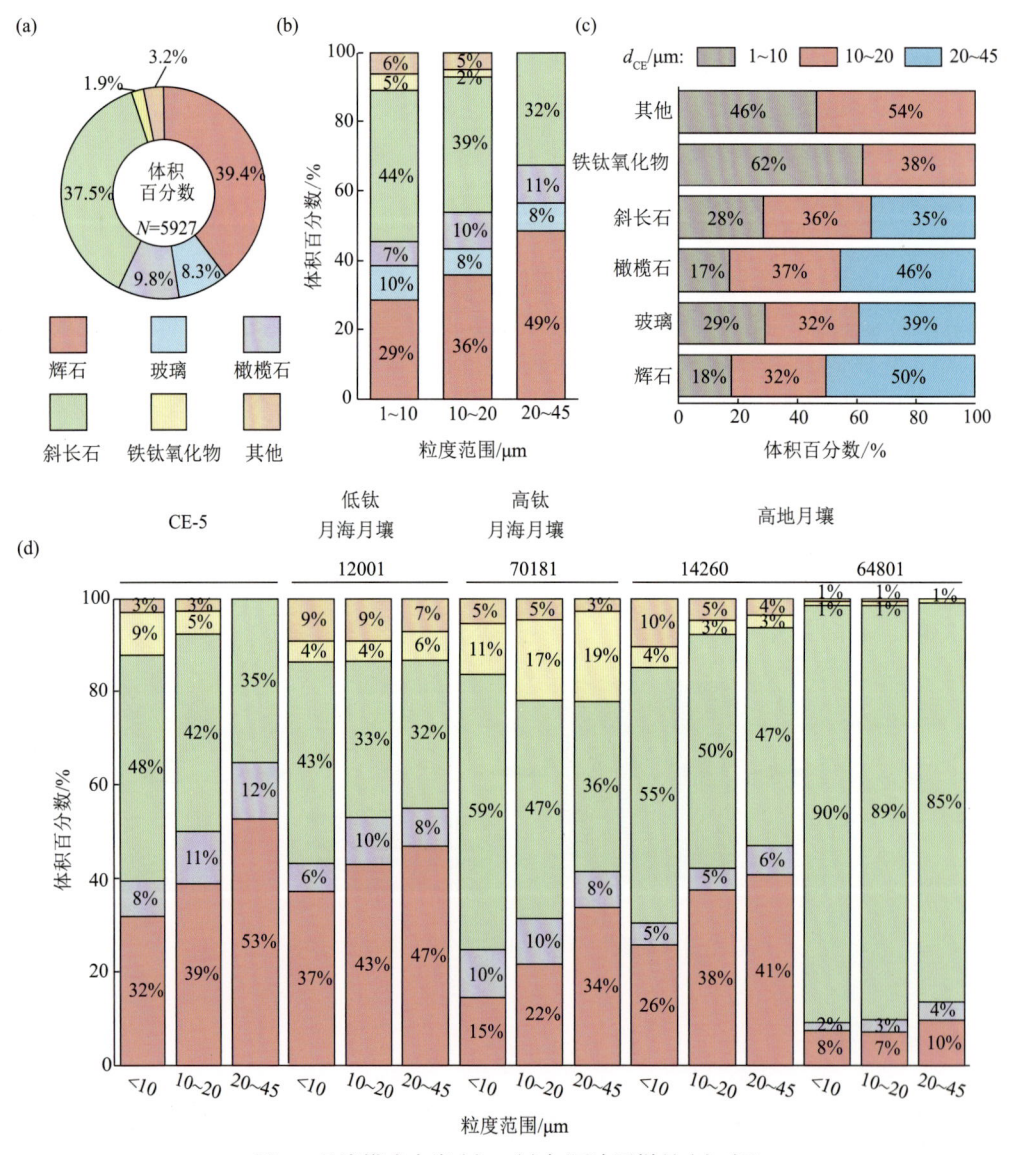

图 2 月壤模式丰度(a)~(c)与阿波罗样品(d)对比

阿波罗样品数据来源：月海样品，Taylor 等，2001；高地样品，Taylor 等，2010

致谢

本研究得到了国家国防科技工业局民用航天技术预先研究项目(D020205)、国家自然科学基金(42172337)和中国地质大学生物地质与环境地质国家重点实验室项目(GBL12101)的支持。

参考文献

Che X, Nemchin A, Liu D, et al. 2021. Age and composition of young basalts on the Moon, measured from samples returned by Chang'e-5. Science, 374(6569): 887-890.

Li Q, Zhou Q, Liu Y, et al. 2021. Two-billion-year-old volcanism on the Moon from Chang'e-5 basalts. Nature, 600(7887): 54-58.

Pieters C M, Fischer E M, Rode O, et al. 1993. Optical effects of space weathering: the role of the finest fraction. J Geophys Res-Solid Earth, 98(E11): 20817-20824.

Pieters C, Shkuratov Y, Kaydash V, et al. 2006. Lunar soil characterization consortium analyses: pyroxene and maturity estimates derived from Clementine image data. Icarus, 184(1): 83-101.

Staid M I, Pieters C M, Besse S, et al. 2011. The mineralogy of late stage lunar volcanism as observed by the Moon Mineralogy Mapper on Chandrayaan-1. J Geophys Res-Solid Earth, 116: E00G10.

Taylor L A, Pieters C M, Keller L P, et al. 2001. Lunar mare soils: space weathering and the major effects of surface-correlated nanophase Fe. J Geophys Res-Solid Earth, 106(E11): 27985-27999.

Taylor L A, Pieters C, Patchen A, et al. 2010. Mineralsogical and chemical characterization of lunar highland soils: insights into the space weathering of soils on airless bodies. J Geophys Res-Solid Earth, 115: E02002.

Zhang X, Wu Y, Ouyang Z, et al. 2016. Mineralogical variation of the late stage mare basalts. J Geophys Res-Solid Earth, 121(10): 2063-2080.

嫦娥五号玄武岩存在显微尺度 K 同位素不均一性[①]

安诗超[1]，陈嘉阳[1]，Samuel Boschi[1]，李伟强[1,*]

1. 南京大学地球科学与工程学院，内生金属矿床国家重点实验室，南京 210023
* 通讯作者：liweiqiang@nju.edu.cn

摘要

本研究改进了碰撞反应池多接收等离子体质谱仪（CC-MC-ICP-MS）的 K 同位素分析方法，将碰撞反应池使用的反应气体从标准的氢气改为氘气，极大地提高了 K 同位素比值对 Ca 污染的容忍度，使 CC-MC-ICP-MS 在测量 K 同位素时，可充分发挥其高灵敏度的优势，从而实现低 K 含量样品的高精度 K 同位素分析。基于该方法，本研究从 1 颗毫米尺度嫦娥五号玄武岩岩屑中挑选出 6 个长石和辉石单矿物颗粒样品，并对它们进行了超低消耗的 K 同位素分析。结果显示，长石的 $\delta^{41}K$ 值为 –0.60‰ 到 +0.03‰，辉石的 $\delta^{41}K$ 值为 –0.37‰ 到 –0.18‰，首次揭示了月球玄武岩存在显微尺度 K 同位素不均一性。

亮点介绍

- Robustness of K isotope analysis using CC-MC-ICP-MS has been improved using D_2 as the reaction gas instead of H_2.
- Significant K isotope fractionation at millimeter-scale during lunar magmatic activities has been revealed by the improved method for the first time.

[①] 原文发表于 *Analytical Chemistry*，2023，95(4)：2140-2145。

钾(K)的稳定同位素是新兴的示踪工具,在地球科学、行星科学与生物科学等研究领域都展现了巨大的研究潜力,已成为国际研究热点。高精度的 K 同位素比值分析技术是这些研究的基础。过去几年来,国际上多个实验室开发出了基于高分辨多接收等离子质谱(MC-ICP-MS)的 K 同位素分析方法(An et al., 2022; Hobin et al., 2021; Hu et al., 2018; Li et al., 2020; Télouk et al., 2022)。这些方法均对 K 的消耗量较大(一般大于 10 μg),使得 K 同位素在针对低 K 含量样品和珍贵样品(如陨石、月壤等地外样品)的研究中受到很大限制。

近两年,碰撞反应池技术开始应用于 MC-ICP-MS 的 K 同位素分析,凭借其超高的信号灵敏度(可达 1500 V/ppm),从仪器计数率的角度,用几十甚至几 ppb 的含 K 溶液就可以产生足够的测量信号实现高精度 K 同位素比值分析,这使得低含量的 K 同位素分析成为可能(Chen et al., 2021; Li et al., 2022; Moynier et al., 2021; Zheng et al., 2022)。但是已有研究显示碰撞反应池质谱仪(CC-MC-ICP-MS)测 K 同位素比值时,其结果极易受样品钙(Ca)污染的影响[图 1(b)],需要将溶液的 Ca/K 比值控制在 1%以下,才能保证测量的准确度。由于 Ca 是实验室非常常见的污染元素,在实验容器、试剂甚至实验室环境中都广泛存在,实验室溶液的 Ca 背景含量一般在 ppb 级别,这导致我们不能用低浓度的 K 溶液上样做 K 同位素的分析,否则无法匹配国际上已有方法中低 Ca/K 比值的要求。Ca/K 比值的限制,使 CC-MC-ICP-MS 在测量 K 同位素时,无法发挥其高灵敏度的优势,也限制了对低 K 含量样品的 K 同位素研究。

本研究发现,Ca 离子在碰撞反应池里和 H_2 反应形成 CaH^+ 是影响 K 同位素分析的关键过程。如果将碰撞反应池使用的反应气体从标准的氢气改为氘气,可使 Ca 污染对 K 同位素比值的影响大大降低(图 1)。其原理如图 1(a)所示,将碰撞反应气从氢气变为氘气后,它与 Ca 形成的化合物离子从 $^{40}CaH^+$ 变为 $^{40}CaD^+$,质量数从 41 变为 42,不再对质量数为 41 的 $^{41}K^+$ 造成质谱干扰,从而避免对 $^{41}K/^{39}K$ 同位素比值测量的影响。在氘气模式下,样品溶液的 Ca/K 值高达 20%时,Ca 都不会显著影响 K 同位素测量的准确性[图 1(b)]。氘气在碰撞反应池质谱仪的应用,显著降低了 Ca 对 K 同位素分析的影响,大大提高分析的精准度和稳定性。该方法可以用低至 30 ppb 的 K 溶液获得高精准度的 K 同位素数据,对 $^{41}K/^{39}K$ 测量的的长期外部复现性优于 0.06‰。这一方法既有比肩高分辨质谱方法的稳健性,又有碰撞反应池(氢气模式)的灵敏度,是对 K 同位素分析方法的重大改进和优化(图 2)。

基于该方法,本研究对嫦娥五号返回样品进行了超低样品消耗的 K 同位素分析,从一颗 17.6 mg 的月岩玄武岩岩屑中挑出了 6 个长石和辉石单矿物颗粒样品,每个样品质量均在 0.5 mg 以下,而其含 K 量低至 400 ng。利用改进的 K 同位素分析方法,获得了高精度 K 同位素数据,结果显示,长石的 K 同位素从–0.60‰到+0.03‰,辉石的 K 同位素从–0.37‰到–0.18‰(图 3)。这一结果首次揭示了月球玄武岩存在显微尺度 K 同位素不均一性,为未来 K 同位素在月球岩浆活动研究的应用打开了新的窗口。这一方法对地外返回样品进行消耗量更少、更精细的高精度 K 同位素研究提供的支撑,将更好地服务于未来我国深空探测计划。

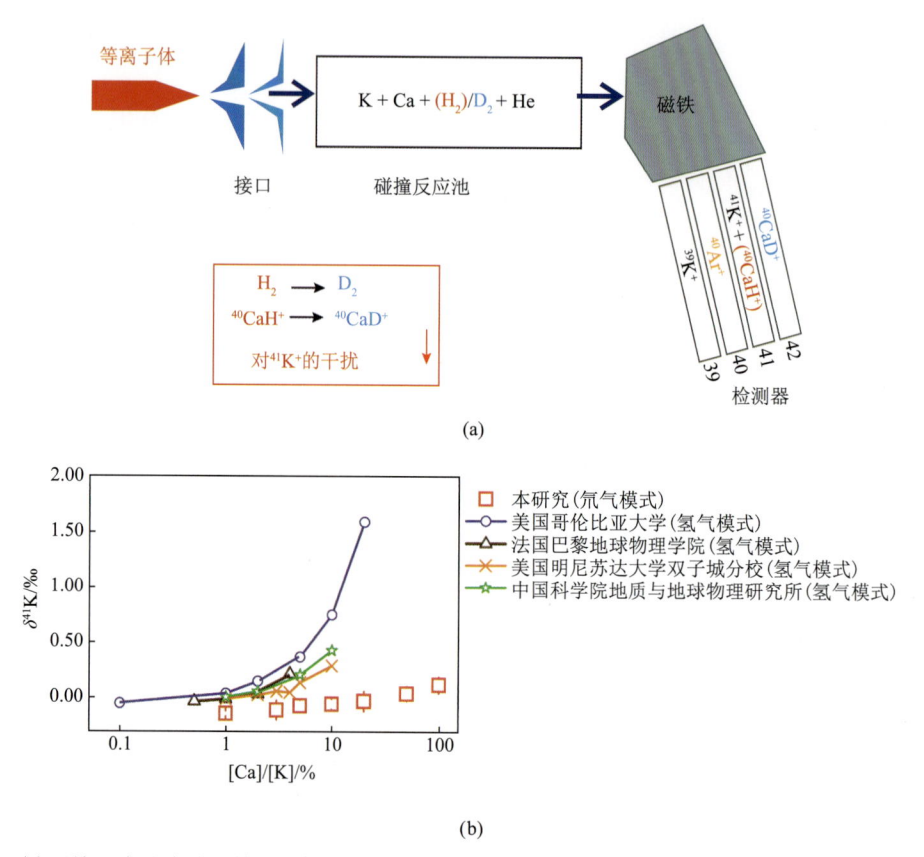

图 1 (a) 碰撞反应池多接收等离子体质谱仪测量 K 同位素分析方法的原理；(b) 本研究与前人研究中 Ca 基质对 K 同位素测量的影响对比

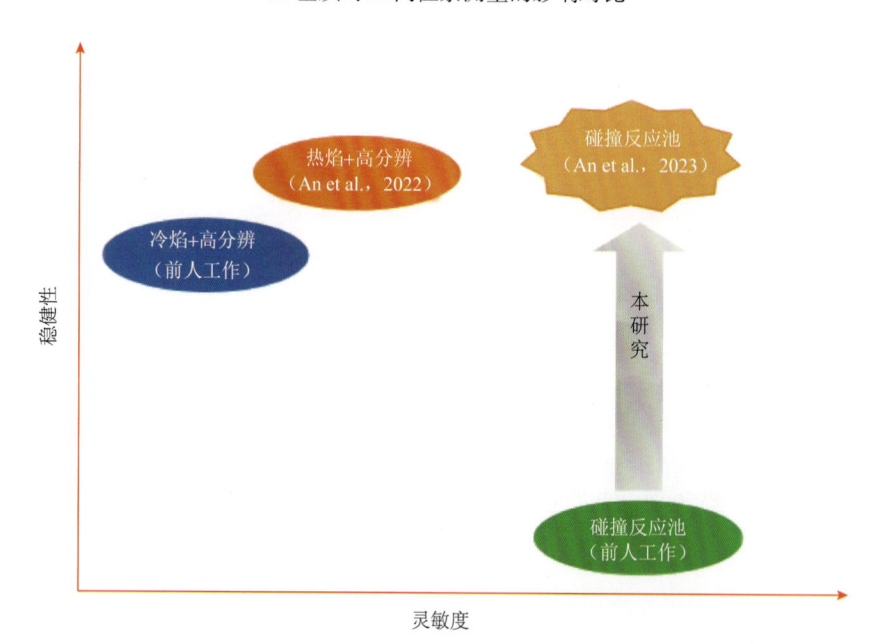

图 2 本研究在高精度 K 同位素分析方法的发展方向上的作用

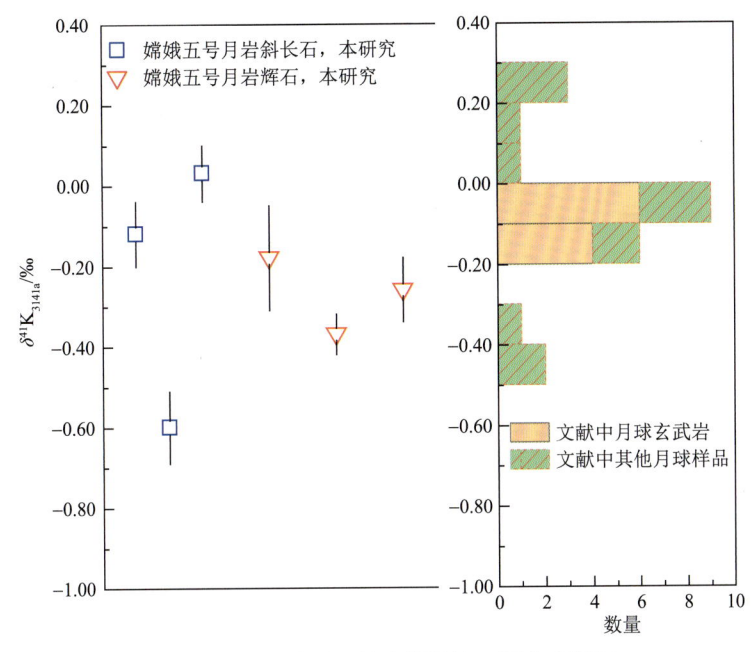

图 3 嫦娥五号返回月球样品的 K 同位素研究

致谢

本研究获得了国家自然科学基金（42241120、41873004、41903004），关键地球物质循环前沿科学中心/中央高校基本科研业务费（14380165、14380126、14380141）以及国家航天局（CNSA）基金（D020205）等项目的联合资助。

参考文献

An, S., Luo, X. and Li, W.（2022）Precise measurement of （41）K/（39）K ratios by high-resolution multicollector inductively coupled plasma mass spectrometry under a dry and hot plasma setting. Rapid Commun Mass Spectrom 36, e9289.

An, S., Chen, J., Boschi, S., Li, W.（2023）Significantly Enhanced Robustness of K Isotope Analysis by Collision Cell MC-ICP-MS and Its Application to the Returned Lunar Samples by China's Chang'e-5 Project. Anal Chem 95(4), 2140-2145.

Chen, H., Saunders, N.J., Jerram, M. and Halliday, A.N.（2021）High-precision potassium isotopic measurements by collision cell equipped MC-ICPMS. Chemical Geology 578, 120281.

Hobin, K., Costas Rodriguez, M. and Vanhaecke, F.（2021）Robust potassium isotopic analysis of geological and biological samples via multicollector ICP-Mass spectrometry using the "extra-high resolution mode". Anal Chem 93, 8881-8888.

Hu, Y., Chen, X.Y., Xu, Y.K. and Teng, F.Z.（2018）High-precision analysis of potassium isotopes by HR-MC-ICPMS. Chemical Geology 493, 100-108.

Li, W.J., Cui, M.M., Pan, Q.Q., Wang, J., Gao, B.Y., Liu, S.K., Yuan, M., Su, B.X., Zhao, Y., Teng, F.Z. and Han, G.L.（2022）High-precision potassium isotope analysis using the Nu Sapphire collision cell

(CC)-MC-ICP-MS. Sci China Earth Sci 65, 1510-1521.

Li, X.Q., Han, G.L., Zhang, Q. and Miao, Z. (2020) An optimal separation method for high-precision K isotope analysis by using MC-ICP-MS with a dummy bucket. J Anal Atom Spectrom 35, 1330-1339.

Moynier, F., Hu, Y., Wang, K., Zhao, Y., Gerard, Y., Deng, Z.B., Moureau, J., Li, W.Q., Simon, J.I. and Teng, F.Z. (2021) Potassium isotopic composition of various samples using a dual-path collision cell-capable multiple-collector inductively coupled plasma mass spectrometer, Nu instruments Sapphire. Chemical Geology 571, 120144.

Télouk, P., Albalat, E., Tacail, T., Arnaud-Godet, F. and Balter, V. (2022) Steady analyses of potassium stable isotopes using a Thermo Scientific Neoma MC-ICP-MS. J Anal Atom Spectrom 37, 1259-1264.

Zheng, X.Y., Chen, X.Y., Ding, W.M., Zhang, Y.C., Charin, S. and Gerard, Y. (2022) High precision analysis of stable potassium (K) isotopes by the collision cell MC-ICP-MS "Sapphire" and a correction method for concentration mismatch. J Anal Atom Spectrom 37, 1273-1287.

着陆区外来物质

结合 TIMA-SEM-EPMA 技术首次在嫦娥五号角砾岩样品中定位并识别月球高地岩屑[①]

盛思彰 [1,2]，陈意 [3,4]，张波 [5]，郝金华 [2]，王水炯 [1,2,*]

1. 中国地质大学（北京），地质过程与矿产资源国家重点实验室，北京 100083
2. 中国地质大学（北京）科学研究院，北京 100083
3. 中国科学院地质与地球物理研究所，岩石圈演化国家重点实验室，北京 100029
4. 中国科学院大学地球与行星科学学院，北京 100049
5. 北京大学地球与空间科学学院，造山带与地壳演化教育部重点实验室，北京 100871

* 通讯作者：wsj@cugb.edu.cn

摘要

通过结合 TIMA-SEM-EPMA 技术，首次在嫦娥五号角砾岩样品（CE5C0800YJYX132GP）中定位并识别了四块来自月球高地的岩屑，它们分别为辉长质斜长岩、橄长质斜长岩、斜长岩和橄长岩。其中三块斜长质岩屑 Mg# 值较高（>70），区别于阿波罗任务返回的亚铁斜长岩，为月壳成分的不均一性提供了新的证据。

亮点介绍

- We identify for the first time four lunar highland clasts from the breccias returned by the Chang'e-5 mission by a TIMA-SEM-EPMA combined technique.
- The Mg-rich nature of anorthositic clasts differs from those ferroan anorthosites returned by Apollo missions and thus provides important information on the heterogeneity of ancient lunar crust.

[①] 原文发表于 *Atomic Spectroscopy*，2022，43（4）：352-363。

嫦娥五号(CE-5)着陆于风暴洋东北部,为迄今为止月球样品返还任务中的最高纬度区域。嫦娥五号返还样品为着陆区域岩石风化产物及少量溅射物质的混合,代表古老月壳的月球高地物质可能以溅射的方式少量出现于嫦娥五号样品中。本研究采取了TIMA-SEM-EPMA结合的工作流程首次在嫦娥五号角砾岩光片样品(CE5C0800YJYX132GP)中发现了四块来自高地的斜长质和橄长质岩屑,并从矿物学与地球化学角度开展了对嫦娥五号样品中高地岩屑物质的研究。这些高地物质在月壳成分是否均一及月球形成及演化等核心科学问题上具有重要的研究价值。

1 TIMA-SEM-EPMA 工作流程

(1)使用Tescan集成式矿物分析仪(TIMA),在束斑尺寸为110 nm的高精度分辨模式下对角砾岩样品进行元素扫描(在直径26 mm光片样品区域内,耗时10小时,分析超过30种元素)。月壳高地物质以镁铁质矿物富镁、长石富钙为典型地球化学特征,因此TIMA元素分析能够在破碎的角砾岩区域中快速定位潜在的高地物质。

(2)使用场发射扫描电子显微镜(SEM),对富镁区域拍摄清晰的背散射(BSE)图片,初步获取目标区域岩屑的矿物学信息。

(3)使用电子探针(EPMA),在电子束斑1～2 μm的工作条件下对目标区域的不同矿物进行高精度主量元素分析,鉴定目标区域的矿物种类,获取岩屑的矿物比例及矿物主量成分。

2 嫦娥五号样品中富镁高地岩屑反映月壳不均一性

在嫦娥五号角砾岩光片样品(CE5C0800YJYX132GP)中发现的来自高地的岩屑物质包括三块斜长岩岩屑(一块辉长质斜长岩岩屑,一块橄长质斜长岩岩屑,一块斜长岩岩屑)及一块橄长岩岩屑(图1)。高地物质中镁铁质矿物 Mg#为 65.1～87.9,斜长石牌号为93.9～97.6,显著区别于月海玄武岩。此外,三块斜长岩岩屑的Mg#值较高(>70),与月球陨石中所发现的镁质斜长岩岩屑组分相近,而区别于阿波罗任务返回的亚铁斜长岩(图2)。

美国阿波罗任务返还的月球样品中发现的亚铁斜长岩(FAN)、镁质岩套(Mg-suite)及克里普岩(KREEP)是构建月球岩浆洋模型(LMO)的重要基石。经典岩浆洋模型认为,初始斜长质月壳形成于月球岩浆洋结晶晚期,其镁铁质成分中铁相对富集,因此月壳具有亚铁斜长质成分。然而,在月球陨石中,斜长质岩屑多为镁质而非亚铁质,且镁质岩套的岩屑很少被发现,表明月壳成分可能并不均一(Arai et al.,2008;Gross et al.,2014;Korotev et al.,2003;Ohtake et al.,2012)。本文在嫦娥五号中发现的斜长质岩屑均具有富镁的特征(Mg#>70),与月球陨石中所发现的镁质斜长岩岩屑组分相近,而区别于阿波罗任务返回的亚铁斜长岩。相较于经典岩浆洋模型,嫦娥五号斜长质岩屑中镁铁质矿物镁的含量及变化更符合序列演化模型(Longhi and Ashwal,1985)或初始月壳交代模型(Xu et al.,2020)。因此,对嫦娥五号返还样品中高地物质的研究对探讨早期月壳的形成与演化具有重要的科学意义。

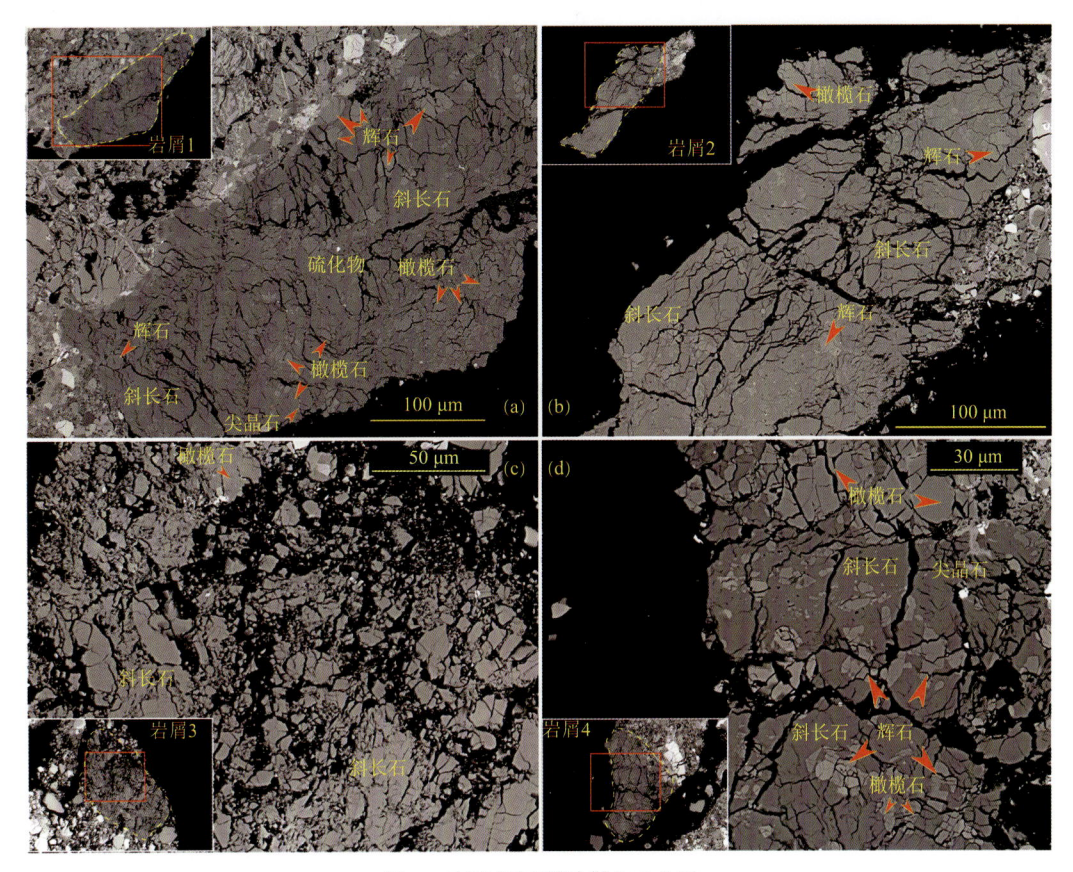

图 1 高地岩屑背散射(BSE)图

(a)辉长质斜长岩岩屑；(b)橄长质斜长岩岩屑；(c)镁质斜长岩岩屑；(d)橄长岩岩屑

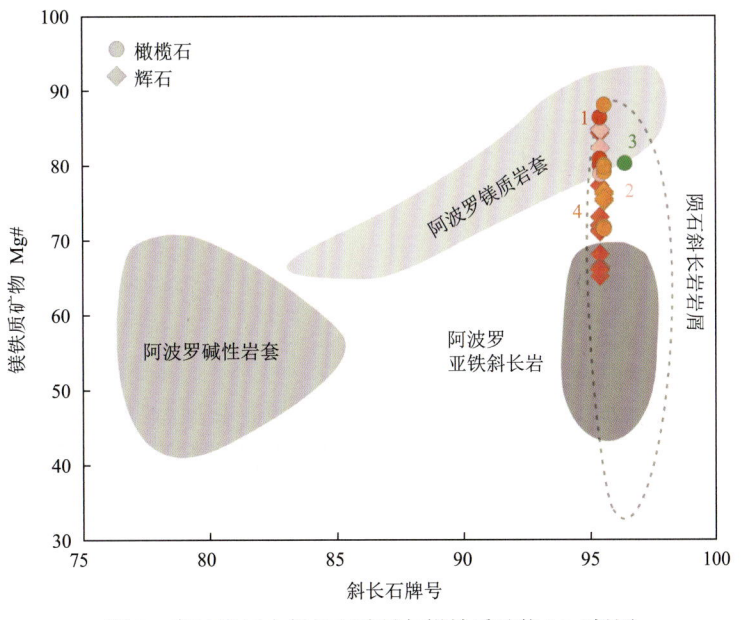

图 2 高地岩屑中斜长石牌号与镁铁质矿物 Mg#投图

致谢

感谢李献华院士对本文工作的鼓励与宝贵意见。感谢汤冬杰、谢宝增、任海平、张迪、原江燕等同志在 TIMA、SEM 与 EPMA 分析工作中的鼎力支持。本项工作受国家自然科学基金(41973010)资助。

参考文献

Arai T, Takeda H, Yamaguchi A, et al. 2008. A new model of lunar crust: asymmetry in crustal composition and evolution. Earth, Planets and Space, 60, 433-444.

Gross J, Treiman A H, Mercer C N. 2014. Lunar feldspathic meteorites: constraints on the geology of the lunar highlands, and the origin of the lunar crust. Earth and Planetary Science Letters, 388, 318-328.

Korotev R L, Jolliff B L, Zeigler R A, et al. 2003. Feldspathic lunar meteorites and their implications for compositional remote sensing of the lunar surface and the composition of the lunar crust. Geochimica et Cosmochimica Acta, 67(24), 4895-4923.

Longhi J, Ashwal L D. 1985. Two-stage models for lunar and terrestrial anorthosites: petrogenesis without a magma ocean. Journal of Geophysical Research: Solid Earth, 90(S02), C571-C584.

Ohtake M, Takeda H, Matsunaga T, et al. 2012. Asymmetric crustal growth on the Moon indicated by primitive farside highland materials. Nature Geoscience, 5(6), 384-388.

Xu X, Hui H, Chen W, et al. 2020. Formation of lunar highlands anorthosites. Earth and Planetary Science Letters, 536, 116138.

硅酸盐液相不混溶作用对嫦娥五号月壤中年轻的高度演化岩屑成因的意义[①]

杨晶[1], 鞠东阳[2,3], 庞润连[2], 李瑞[1,3], 刘建忠[1,4], 杜蔚[2,4,*]

1. 中国科学院地球化学研究所，月球与行星科学研究中心，贵阳 550081
2. 中国科学院地球化学研究所，矿床地球化学国家重点实验室，贵阳 550081
3. 中国科学院大学地球与行星科学学院，北京 100049
4. 中国科学院比较行星学卓越创新中心，合肥 230026

* 通讯作者：
  duwei@mail.gyig.ac.cn

摘要

虽然高度演化的月球岩石样品量比较少，但是它们记录了月球岩浆从玄武质到硅质演化的极端分异过程，对月球样品的岩石学成因研究有重要意义。实验研究证明阿波罗月球样品中的硅质岩无法通过玄武岩分离结晶形成，而是硅酸盐液相不混溶作用的产物(Rutherford et al., 1976)。多种阿波罗月球样品的熔融包裹体中发育硅酸盐液相不混溶现象，但学界对硅酸盐液相不混溶是否可以形成较大规模的、相互分离的"富硅"和"富铁"熔体仍存在很大的争议。本工作对嫦娥五号月壤中的两类具有高度演化成分特征的、非嫦娥五号玄武岩的着陆区外来岩屑样品开展研究，详细的岩相学、矿物学、地球化学和年代学方面的分析并结合热力学计算模拟指示：①A 类岩屑形成于月壳浅部，其母岩浆经历硅酸盐液相不混溶作用，所产生的富硅熔体缓慢结晶形成侵入岩。根据遥感探测结果，推断 A 类岩屑极有可能来自 Aristarchus 撞击坑出露的年轻的(约 25 亿~37 亿年)"花岗质"侵入岩。②根据 B 类岩屑中的钙钛锆石定年(约 26 亿年)推测其为嫦娥五号着陆区的 Em3 玄武岩经历约 75%的分离结晶之后进入硅酸盐液相不混溶区间再进一步演化形成。本研究工作证明硅酸盐液相不混溶作用很可能在形成月球年轻的硅质侵入体和富铁玄武岩的后期演化过程中起到了关键作用，并且嫦娥五号月壤中存在其他较年老的(约 26 亿年)玄武岩。

亮点介绍

- Two types of young highly evolved lithic clasts are identified in Chang'e-5 regolith samples.
- They were formed through silicate liquid immiscibility (SLI) mechanism.
- Our finding indicates that SLI goes a step further to better constrain the current knowledge of the Moon's formation and evolution.

[①] 原文发表于 *Geochimica et Cosmochimica Acta*，2023，340：189-205。

嫦娥五号(CE-5)月壤粉末光片 CE5C0800YJFM00101GP(简写为 01GP)中存在少量具有高度演化特征的岩屑(图 1)。根据岩屑结构和钾长石成分，01GP 样品中的高度演化岩屑可划分为 A 类和 B 类两种类型。

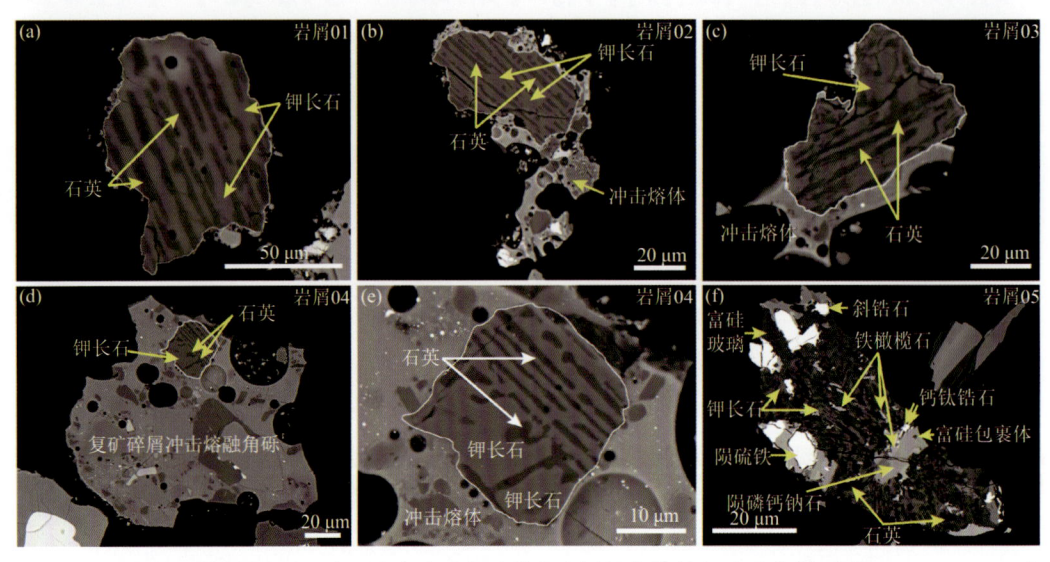

图 1 CE-5 月壤光片样品 01GP 中具有高度演化成分的岩屑的背散射电子照片(修改自 Yang et al., 2023)

A 类岩屑亏损稀土元素，具有典型月球花岗质岩石的 V 形稀土配分模式，其 Th/La 值(约 0.34)高于月球石英二长辉长岩(QMD)和克里普(KREEP)玄武岩(0.11～0.19)。这些地球化学特征支持 A 类岩屑的母岩浆具有类似 KREEP 岩的稀土元素特征(例如 QMD、KREEP 玄武岩和 CE-5 玄武岩)，再经过陨磷钙钠石(白磷钙矿)等矿物的分离结晶之后发生硅酸盐液相不混溶，产生的富硅熔体结晶形成 A 类岩屑。硅酸盐液相不混溶(silicate liquid immiscibility，SLI)，指岩浆在特定的温度压力下分离为两种组成不同但稳定共存的熔体的作用，通常情况下岩浆会分离出富铁和富硅两种熔体。本工作认为 A 类岩屑的形成必然经历 SLI，原因在于：①热力学计算结果表明月球 QMD、KREEP 玄武岩和 CE-5 玄武岩等经过分离结晶，残余熔体势必会进入硅酸盐不混溶区域；②如果不经历 SLI，无论发生分离结晶还是部分熔融，具有类似 KREEP 微量元素特征的源区产生的熔体都会非常富集稀土元素，与 A 类岩屑的地球化学特征不符。另外，A 类岩屑中光滑的石英晶体表明其形成于一个低温(<870 ℃)和缓慢冷却的环境，指示其母岩是一个近月表的浅层侵入体。结合 CE-5 采样区地质背景分析，我们认为 A 类岩屑的源区可能是 Aristarchus 撞击坑出露的富硅质侵入体(模式年龄 25 亿～37 亿年；Chevrel et al., 2009)并通过撞击溅射到 CE-5 采样区域。B 类岩屑可能是具有与 KREEP 岩相似的微量元素特征的母岩浆发生高度分离结晶并伴随 SLI 而形成。通过热力学模拟结合 SLI 过程中的元素分配行为计算，发现 QMD 和 KREEP 玄武岩中不混溶硅酸盐熔体的 La/Yb 值低于 B 类岩屑，而 CE-5 玄武岩中不混溶硅酸盐熔体的轻重稀土之间的分配与 B 类岩屑非常一致(图 2)，但是 CE-5 玄武岩的年龄(约 2.0 Ga；Che et al., 2021；Li et al., 2021)明显较 B 类岩屑中钙钛锆石的结晶年龄(2.57±0.26 Ga)年轻。而 CE-5 玄武岩下伏的 Em3 玄武岩具有与 CE-5

玄武岩十分类似的主微量元素特征(Qian et al., 2018, 2021)，并且其撞击坑绝对模式年龄(约 2.54 Ga; Jia et al., 2020)与 B 类岩屑的形成时间十分接近。因此我们认为 B 类岩屑极有可能形成于 Em3 玄武岩分离结晶后期(分离结晶程度约 75%)的 SLI 过程。

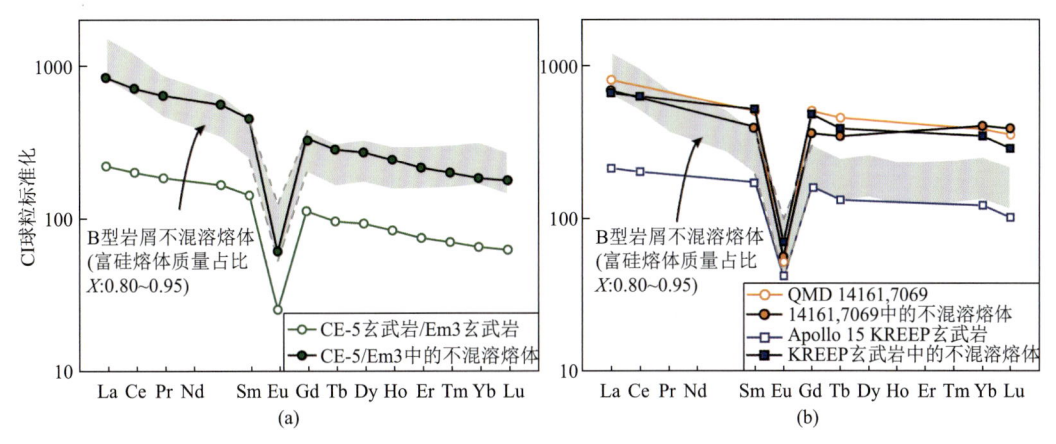

图 2 月球 QMD、KREEP 玄武岩和 CE-5 玄武岩(或 Em3 玄武岩)中不混溶熔体的稀土元素配分模式(修改自 Yang et al., 2023)

综上，该研究表明硅酸盐液相不混溶机制很可能是月球岩浆活动的一个重要影响因素，在月球年轻的硅质侵入体的形成和富铁玄武岩的后期演化过程中起到了至关重要的作用。此外，CE-5 月壤中存在其他较年老的(约 26 亿年)月海玄武岩样品。

致谢

我们由衷感谢 Bernard Charlier、Antonio M. Álvarez Valero、Yanhao Lin 和另一位未署名的审稿人负责本文审稿并对本文提出建设性修改意见。感谢文愿运工程师、李响工程师和何德锋工程师分别提供扫描电镜、电子探针以及激光剥蚀等离子体质谱实验分析工作的技术支持。本文受中国科学院战略性先导科技专项(XDB41000000)、国家自然科学基金面上项目(41773052、41973058)、国家自然科学基金青年基金项目(41603067、42003054)、中国科学院重点部署项目(ZDBS-SSW-JSC007-10)、国家国防科技工业局民用航天技术预先研究项目(D020201)，以及中国博士后科学基金项目(2020M680155)资助。

参考文献

Che X, Nemchin A, Liu D, et al. 2021. Age and composition of young basalts on the Moon, measured from samples returned by Chang'e-5. Science 374: 887-890.

Chevrel S D, Pinet P C, Daydou Y, et al. 2009. The Aristarchus Plateau on the Moon: mineralogical and structural study from integrated Clementine UV–Vis–NIR spectral data. Icarus 199: 9-24.

Jia M, Yue Z, Di K, et al. 2020. A catalogue of impact craters larger than 200 m and surface age analysis in the

Chang'e-5 landing area. Earth Planet. Sci. Lett. 541: 116272.

Li Q-L, Zhou Q, Liu Y, et al. 2021. Two billion-year-old volcanism on the Moon from Chang'E-5 basalts. Nature 600: 54-58.

Qian Y, Xiao L, Head J W, et al. 2021. Young lunar mare basalts in the Chang'e-5 sample return region, northern Oceanus Procellarum. Earth Planet. Sci. Lett. 555: 116072.

Qian Y, Xiao L, Zhao S, et al. 2018. Geology and scientific significance of the Rümker region in northern Oceanus Procellarum: China's Chang'E-5 landing region. J. Geophys. Res., Planet. 123: 1407-1430.

Rutherford M J, Hess P C, Ryerson F J, et al. 1976. The chemistry, origin and petrogenetic implications of lunar granite and monzonite. Lunar Planet. Sci., VII. Houston: Lunar Planet. Inst.: 1723-1740.

Yang J, Ju D, Pang R, et al. 2023. Significance of silicate liquid immiscibility for the origin of young highly evolved lithic clasts in Chang'E-5 regolith. Geochim. Cosmochim Ac. 340: 189-205.

嫦娥五号月壤中外来岩屑指示月球上仍存在未被认识的地质单元

曾小家[1]，李雄耀[1,2,3,*]，刘建忠[1,2,3,*]

1. 中国科学院地球化学研究所，贵阳 550081
2. 中国科学院比较行星学卓越创新中心，合肥 230026
3. 中国科学院太空制造技术重点实验室，北京 100094

* 通讯作者：
lixiongyao@vip.skleg.cn
liujianzhong@mail.gyig.ac.cn

摘要

嫦娥五号月壤中外来岩屑能为认识月表物质翻耕迁移过程、月壳岩石组成多样性和月壳地质演化等提供制约信息。本研究通过对嫦娥五号月壤样品中的外来岩屑开展系统分析，获得了月球 2.0 Ga 年轻玄武岩地质单元上的外来火成岩碎屑组成，发现了月壳特殊岩石碎屑，指示月球上仍存在未被认识的地质单元。研究成果可为规划未来的月球采样和遥感探测任务提供科学支撑。

亮点介绍

- Seven clasts with unique properties, over a sample of more than 3000 contained in the Chang'e-5 lunar sample, do not come from the Chang'e-5 landing site region.
- We associate the exotic clasts with impact-ejected materials from other regions of the Moon, over 50–400 km away from the Chang'e-5 mare unit.
- The pyroclastic bead records a volcanic eruption on the Moon with unique chemical composition, suggesting the presence of unrecognized lunar volcanic eruptions.

---

① 原文发表于 *Nature Astronomy*，2023，7(2)：152-159。

1　为什么关注嫦娥五号月壤中的外来岩屑？

嫦娥五号着陆区为 20 亿年前形成的中钛玄武岩单元(Che et al., 2021; Li et al., 2021; Tian et al., 2021)，比阿波罗计划和月球计划采样区地质单元(>30 亿年)更年轻，嫦娥五号月壤为研究月球年轻地质单元上物质组成和改造提供了新的时间窗口。由于月球表面长期遭受小天体的撞击改造作用，月表物质不断被破碎、翻耕、迁移、混合，使得嫦娥五号采样区的月壤中含有一定量其他区域的溅射物。理论计算和遥感分析结果估计嫦娥五号着陆区含有少量(>10%~20%)其他区域的溅射物质，但是嫦娥五号月壤中外来岩屑(月球其他区域溅射到嫦娥五号采样区的物质)的贡献有多少，是否含有特殊的月壳岩石碎屑，这些外来岩屑对月壳演化有什么指示仍不清楚。准确回答这些问题，能为认识月壳年轻地质单元的月壤翻耕迁移过程、月壳岩石组成多样性和月壳地质演化等提供关键信息。

2　嫦娥五号月壤中外来火成岩碎屑

本研究通过分析嫦娥五号月壤颗粒，识别出 7 颗不同于嫦娥五号中钛玄武岩的火成岩碎屑，包括：高钛玻基斑状岩石碎屑、低钛玄武岩碎屑，橄榄辉石岩碎屑、镁质斜长岩碎屑、高度演化岩石碎屑、富镁橄榄石碎屑和火山玻璃碎屑(图 1)。基于岩石学、矿物学和地球化学分析，发现高钛玻基斑状岩石碎屑可能为月球橄榄玄武岩碎屑，但是与已报道的阿波罗橄榄玄武岩具有不同的矿物组成和成分特征；识别出阿波罗样品中未观察到的镁质斜长岩碎屑，该类岩石主要在斜长质高地角砾岩陨石中被报道，说明月球正面也存在镁质斜长岩；另外，火山玻璃碎屑比阿波罗火山玻璃具有更高的 FeO 含量和更低的 Mg#值，指示月球上存在目前尚未了解的(更演化的)火山喷发活动。

3　嫦娥五号月壤中外来岩屑的研究启示

通过对嫦娥五号月壤中外来岩屑开展分析研究，获得的新认识主要包括：①首次获得月球 2.0 Ga 年轻玄武岩单元上的外来火成岩碎屑组成信息；②发现了月壳特殊岩石碎屑，为揭示月壳组成多样性及岩浆活动多样性提供了证据；③指示了月球上仍存在未被认识的地质单元(如：更演化的火山喷发活动)，为规划未来的月球采样和遥感探测任务提供科学支撑。

致谢

感谢中国科学院战略性先导科技专项、国家国防科技工业局民用航天技术预先研究项目和国家自然科学基金项目的资助。

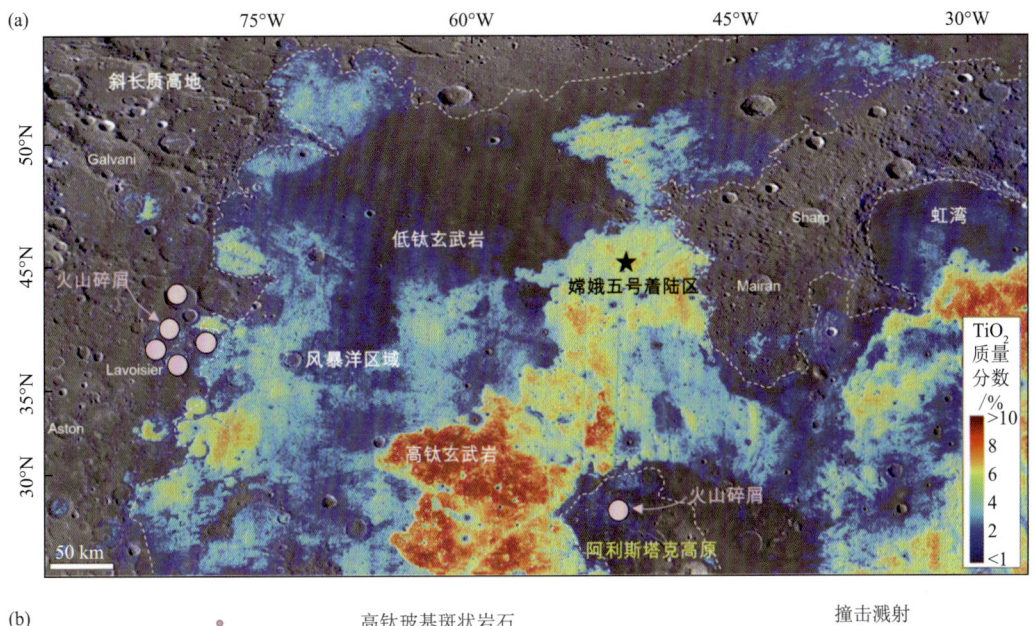

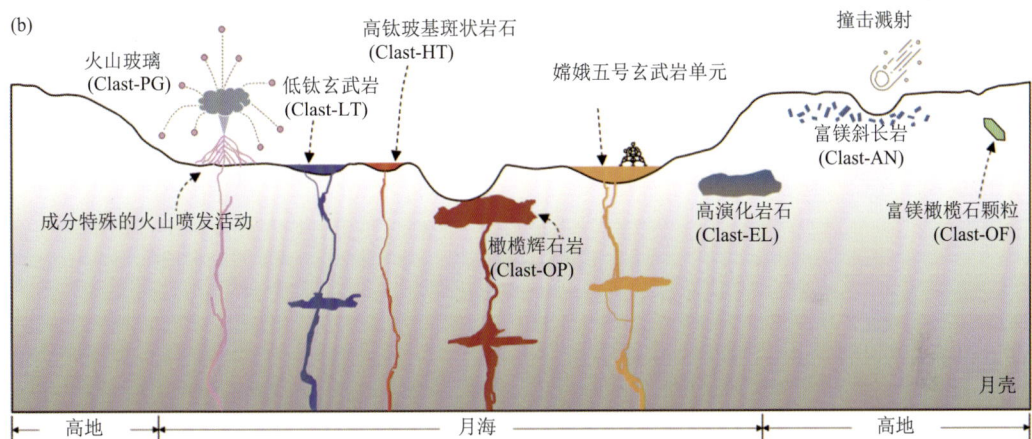

图 1 嫦娥五号月壤中外来岩屑的地质背景示意图

参考文献

Che, X., Nemchin, A., Liu, D., Long, T., Wang, C., Norman, M. D., ... & Webb, S. G.（2021）. Age and composition of young basalts on the Moon, measured from samples returned by Chang'e-5. Science, 374（6569）, 887-890.

Li, Q. L., Zhou, Q., Liu, Y., Xiao, Z., Lin, Y., Li, J. H., ... & Li, X. H.（2021）. Two-billion-year-old volcanism on the Moon from Chang'e-5 basalts. Nature, 600（7887）, 54-58.

Tian, H. C., Wang, H., Chen, Y., Yang, W., Zhou, Q., Zhang, C., ... & Wu, F. Y.（2021）. Non-KREEP origin for Chang'E-5 basalts in the Procellarum KREEP Terrane. Nature, 600（7887）, 59-63.

撞击玻璃和撞击过程

嫦娥五号着陆区的成壤过程：来自撞击玻璃颗粒微观构造的启示[①]

摘要

  撞击玻璃颗粒是月壤的重要组分之一，形成于撞击熔融物冷却或撞击气化物凝结，是研究月壤形成过程、撞击通量等的重要载体。然而，当本地物质具有复杂的物源和演化历史时，撞击玻璃携带的原岩组成信息具有多解性。年轻且来源相对单一的嫦娥五号月壤样品极大减少了物源不确定性的干扰，因此有利于识别撞击玻璃的形成机理并精细刻画月球的成壤过程。本研究通过对嫦娥五号玻璃颗粒系统地进行表面微观形态、内部三维结构和主微量元素地球化学特征综合研究，发现这些玻璃颗粒大多形成于当地月海物质的撞击熔融过程。撞击玻璃表面发育丰富的凸起和凹陷构造大部分是不同相态的本地物质与撞击玻璃低速碰撞的产物。本研究表明嫦娥五号着陆区的月球成壤过程的内部改造主要由本地月壤物质间的低速碰撞导致，受远溅射物和月外物质的直接影响很小。

亮点介绍

- 153 glass particles larger than 20 μm in diameters were separated from 500 mg of Chang'e-5 regolith.
- Crosscutting relationships among surface microstructures revealed intricate regolith reworking processes.
- Protruded and dented microstructures on surfaces of Chang'e-5 glass particles are formed with velocities lower than primary impacts.

闫盼[1]，肖智勇[1,*]，吴蕴华[1]，杨蔚[2]，李金华[2]，谷立新[2]，廖世勇[3]，殷宗军[4]，王浩[5]，田恒次[2]，张弛[2]，吴素萍[4]，马红霞[5]，唐旭[2]，吴石头[5]，惠鹤九[6]，徐于晨[7]，徐伟彪[3]，李秋立[5]，骆方露[1]，刘洋[7]，李献华[5]

1. 中山大学大气科学学院，珠海 519082
2. 中国科学院地质与地球物理研究所，地球与行星物理重点实验室，北京 100029
3. 中国科学院紫金山天文台，南京 210023
4. 中国科学院南京地质古生物研究所，南京 210008
5. 中国科学院地质与地球物理研究所，岩石圈演化国家重点实验室，北京 100029
6. 南京大学地球科学与工程学院，南京 210023
7. 中国科学院国家空间科学中心，北京 100190

* 通讯作者：
xiaozhiyong@mail.sysu.edu.cn

[①] 原文发表于 *Journal of Geophysical Research: Planets*，2022，127：e2022JE007260。

月球表面几乎都被细粒的月壤物质覆盖，月海和高地的平均月壤厚度分别为 5 m 和 10 m（Fa and Wieczorek，2012）。阿波罗计划和月球计划样品研究表明玻璃是月壤的重要组成部分，其中撞击玻璃形成于撞击熔融物冷却或撞击气化物凝结，包含大量月球物质组成、月壤形成过程和月球撞击通量的重要信息(McKay et al.，1991)。由于阿波罗计划和月球计划返回的月壤具有复杂的物源和演化历史(形成年龄大于 3.6 Ga)，基于这些样品中的撞击玻璃研究月球的地质和地球化学特征常具多解性。嫦娥五号从年轻的月海玄武岩平原上带回了表取和钻取的月壤样品，研究发现该月壤成分相对均一，其中的玄武岩岩屑具有一致的形成时间、岩相学和地球化学特征(Li et al.，2021；Tian et al.，2021)。这表明嫦娥五号月壤的原岩主要是本地月海物质，因此，嫦娥五号月壤中的撞击玻璃是研究月球成壤过程的物理和化学机理的可靠载体。本研究从获准的 500 mg 嫦娥五号月壤中挑选出 153 颗粒径大于 20 μm 的玻璃微珠，利用场发射扫描电子显微镜、显微 CT、能谱仪、电子探针、激光剥蚀等离子体质谱仪等分析技术对嫦娥五号玻璃珠开展精细的表面微观形态、内部三维结构和主微量元素地球化学综合研究，为了解月球成壤的微观物理和化学过程提供了端元约束。

1 玻璃颗粒的整体结构和成分特征

玻璃颗粒大多具有不均一的整体结构，例如占据相当部分的颗粒体积的内部孔洞和未完全熔融的碎屑/矿物碎片，是撞击熔融冷却的重要指征，而非火山玻璃或气化物凝结产物(Chao et al.，1970；Delano and Livi，1981；Glass and Simonson，2012)。开展主量元素测试的 33 个玻璃颗粒中，16 个均质的玻璃球粒的主量元素含量与嫦娥五号月壤(Li et al.，2022)以及其中的玄武质岩屑(Tian et al.，2021)的整体成分相似，表明这些撞击玻璃微珠的原岩物质主要是本地月壤和/或基岩，仅 1 粒高-Al/高-K 型的颗粒的原岩可能是富 KREEP 成分的高地物质。另一方面，非均质的玻璃颗粒中未熔融的矿物碎片(例如辉石、橄榄石等)与嫦娥五号玄武岩碎屑中的矿物成分组成一致，表明这些组分也来源于本地月海物质。

2 撞击玻璃表面显微构造

在玻璃微珠表面发现了大量形态丰富的显微构造，按照形态特征，这些显微构造可分为凸起型和凹陷型，按成分特征可进一步分为多个亚类，如孔状硅酸盐熔融层、富铁丘状体、薄饼状硅酸盐熔体、颗粒填充凹陷、蠕虫状熔融条带和撞击微坑等。通过多维度、系统的高分辨率形态-成分耦合研究，认为大部分显微构造形成于不同相态(气态、液态、固态)的本地物质和撞击玻璃的低速碰撞，二者的交汇速度远小于月外物质的典型撞击速度，约 20 km/s（如 Carter and MacGregor，1970）。

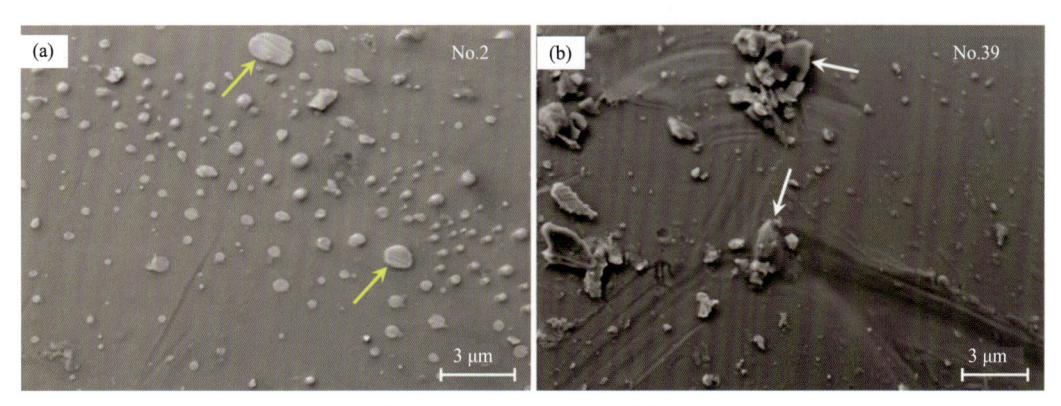

图 1　玻璃颗粒表面的显微构造
(a)簇状和串状分布的凸起；(b)线性擦痕

总之，嫦娥五号月壤中的撞击玻璃主要形成于本地物质熔融，在成壤过程中，不同热物理状态的撞击溅射物(气化物、熔化物和固体颗粒)与已形成的玻璃颗粒发生低速黏附和碰撞的改造过程，受月外物质和来自其他月球地质单元的高速远溅射物的直接贡献很小，这意味着月壤改造过程的主体是本地物质。

致谢

本研究受国家自然科学基金项目(42241108、42273040)、中国科学院战略性先导科技专项项目(XDB41000000)、国家重点研发计划项目(2021YFA0716100)和中国科学院地质与地球物理研究所重点部署项目(IGGCAS-202101)的资助。

参考文献

Carter J L, Mac Gregor I D. 1970. Mineralogy, petrology and surface features of some Apollo 11 samples. Proceeding of the Apollo 11 Lunar Science Conference, 11: 247～265.

Chao E C T, Boreman, J A, Minkin J A, et al. 1970. Lunar glasses of impact origin: physical and chemical characteristics and geologic implications. Journal of Geophysical Research, 75(35): 7445～7479.

Delano J W, Livi K. 1981. Lunar volcanic glasses and their constraints on mare petrogenesis. Geochimica et Cosmochimica Acta, 45(11): 2137～2149.

Fa W, Wieczorek M A. 2012. Regolith thickness over the lunar nearside: results from Earth-based 70-cm Arecibo radar observations. Icarus, 218: 771～787.

Glass B P, Simonson B M. 2012. Distal Impact Ejecta Layers: a Record of Large Impacts in Sedimentary Deposits (2013 th ed). Berlin: Spring.

Li C, Hu H, Yang M, et al. 2022. Characteristics of the lunar samples returned by Chang'E-5 mission. National Science Review, 9(2): nwab188.

Li Q, Zhou Q, Liu Y, et al. 2021. Two billion-year-old volcanism on the Moon from Chang'E-5 basalts. Nature, 600: 54～58.

McKay D S, Heiken G, Basu A, et al. 1991. The lunar regolith. In: Heiken G H, Vaniman D T, French B M, eds. Lunar Sourcebook: a User's Guide to the Moon. Cambridge: Cambridge University Press, 285～356.

Tian H, Wang H, Chen Y, et al. 2021. Non-KREEP origin for Chang'E-5 basalts in the Procellarum KREEP Terrane. Nature, 600: 59～63.

嫦娥五号月壤样品中赛石英和斯石英的发现[①]

摘要

高压矿物作为撞击事件的记录者，可以限定岩石所受冲击温压条件及反演撞击溅射物源区，对研究月表的撞击历史有重要意义。嫦娥五号月壤中的远端溅射物对了解采样区附近的撞击事件及解译采样区地质单元的物质组成非常关键。本研究报道了嫦娥五号月壤中一块含有赛石英、斯石英、似 α-方石英等多种二氧化硅同质多像变体以及二氧化硅玻璃的碎屑。通过详细研究它们的形态特征及分布规律，推断赛石英和斯石英形成机制为固-固相转变；受撞击过程的动力学控制，赛石英作为亚稳相在较低压条件下出现，随温度的升高，部分赛石英转变为斯石英，因此该二氧化硅碎屑记录了一次月表撞击事件的升压和紧随其后的升温和降压过程。赛石英和斯石英共存的关系表明其寄主岩石经历的冲击峰压为 11~40 GPa。通过其形成的温压条件并结合撞击条件模拟计算，推测该二氧化硅碎屑很有可能来自嫦娥五号采样区周围的 Aristarchus 撞击坑。本研究是首次在月球返回样品中确认发现赛石英，为前人通过遥感数据分析提出的嫦娥五号采样区存在远处撞击溅射物的观点提供了重要证据。

庞润连 [1,†], 杨晶 [2,†], 杜蔚 [1,3,*], 张爱铖 [4], 刘世荣 [5], 李瑞 [2,6]

1. 中国科学院地球化学研究所，矿床地球化学国家重点实验，贵阳 550081
2. 中国科学院地球化学研究所，月球与行星科学研究中心，贵阳 550081
3. 中国科学院比较行星学卓越创新中心，合肥 230026
4. 南京大学地球科学与工程学院，南京 210046
5. 中国科学院地球化学研究所，环境地球化学国家重点实验，贵阳 550081
6. 中国科学院大学地球与行星科学学院，北京 100049

† 共同一作
* 通讯作者：duwei@mail.gyig.ac.cn

亮点介绍

- Two high-pressure minerals, seifertite and stishovite were identified in the Chang'e-5 lunar regolith for the first time.
- The coexisting of seifertite and stishovite suggested a peak shock pressure of 11–40 GPa and their host rock delivered from distant crater.
- This study emphasizes the retention of distal ejecta in Chang'e-5 landing site and the importance of studying lunar high-pressure minerals.

[①] 原文发表于 *Geophysical Research Letters*，2022，49：e2022GL098722。

引言

美国和苏联带回了数量较多的月球样品且已进行了长达五十多年的研究,但其中鲜有关于高压矿物的报道,仅在一块阿波罗角砾岩中发现过斯石英和疑似赛石英的二氧化硅相(Kaneko et al., 2015)。赛石英和斯石英为二氧化硅的两个重要高压多形,在固体化学、地球物理以及行星科学等领域都有重要的研究价值。斯石英在受冲击陨石中较为常见,其形成机理相对清晰;而赛石英仅在几块火星陨石和一块月球陨石中发现,其形成机制未得到充分的认识。此外,高温高压实验和理论计算显示,赛石英的稳定压力较高(>100 GPa;例如,Tsuchiya et al., 2004),因此常被当成超高压的指示矿物。然而,自然界中能产生如此高冲击压力的撞击事件极为罕见。考虑到赛石英的热稳定性较差,而高冲击压力往往伴随较高的温度,因此,赛石英的出现能否指示超大撞击事件有待商榷;陨石中斯石英和赛石英的共存机理也尚未清楚。

相比月球陨石来源的不确定性,月球返回样品具有明确的月面坐标等信息,因此在反演月表撞击过程等方面具有不可替代的优势。初步研究表明,嫦娥五号月壤样品主要由玄武岩组成并含一定量的冲击熔融角砾,后者是月表经历多次撞击的物证,可能包含来自较远撞击坑的溅射物(Qian et al., 2021)。这些溅射物可能具有不同于嫦娥五号采样区域岩石的特征,对丰富月球的物质组成和地质过程的认识有重要作用,而寻找其中的高压矿物能为溅射物溯源提供一定的线索。遥感探测研究在大尺度上提供了嫦娥五号着陆区撞击溅射物的分布和来源等信息,而对返回样品进行细致的研究能对这些信息进行验证。

研究结果和主要认识

本次研究中,赛石英和斯石英出现在一块二氧化硅碎屑中,与之共存的还有似 α-方石英的二氧化硅相及二氧化硅玻璃(图 1)。其中,赛石英和斯石英均被二氧化硅玻璃条纹有规律地切割(图 2),形成不同形式的格子结构(赛石英为近直角四边形;斯石英为近六边形),指示它们的形成机制为固态相转变。

透射电镜显微结构分析结果指示,赛石英和似 α-方石英的二氧化硅相之间存在一定的结晶学取向关系,推测 α-方石英为二者固态相转变前的母体矿物,斯石英则可能是由赛石英转变而来。此外,根据赛石英和斯石英的等温转变(TTT)曲线,结合赛石英、斯石英、似 α-方石英的二氧化硅相和二氧化硅玻璃的分布比例,可以估算 α-方石英转变为赛石英,以及赛石英转变为斯石英的转化率分别约为 10%~50%和 20%。

根据前人对二氧化硅的冲击压缩实验研究表明,赛石英和斯石英共存的温压区间为约 50~90 GPa 和约 500~2500 K(Dubrovinsky et al., 2001),但是赛石英易受到冲击热效应破坏(>1100 K;Stöffler et al., 2018),因此不太可能形成于较大冲击压力域。参考有赛石英的月球陨石和火星陨石经历的冲击压力条件,形成本样品中赛石英和斯石英的冲击压力应不超过 40 GPa。另外,根据 Kubo 等(2015)的高温高压实验结果,赛石英可在

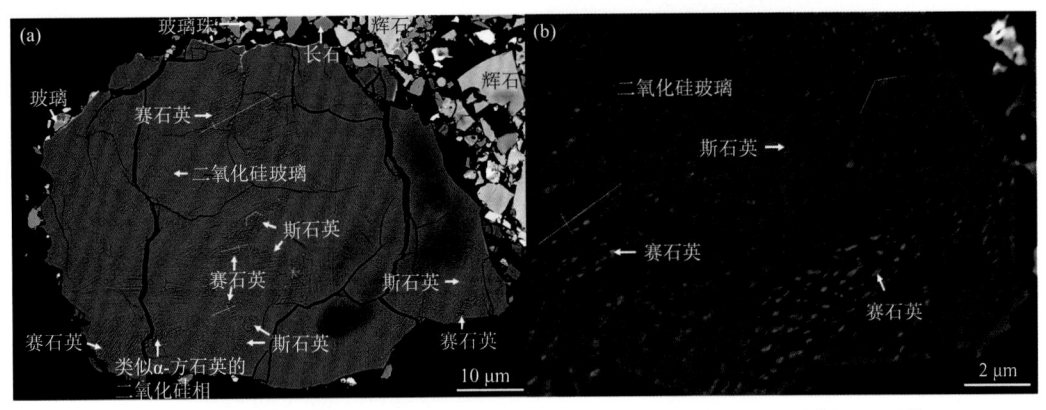

图 1 嫦娥五号月壤样品中含赛石英和斯石英的二氧化硅碎屑的背散射电子图像

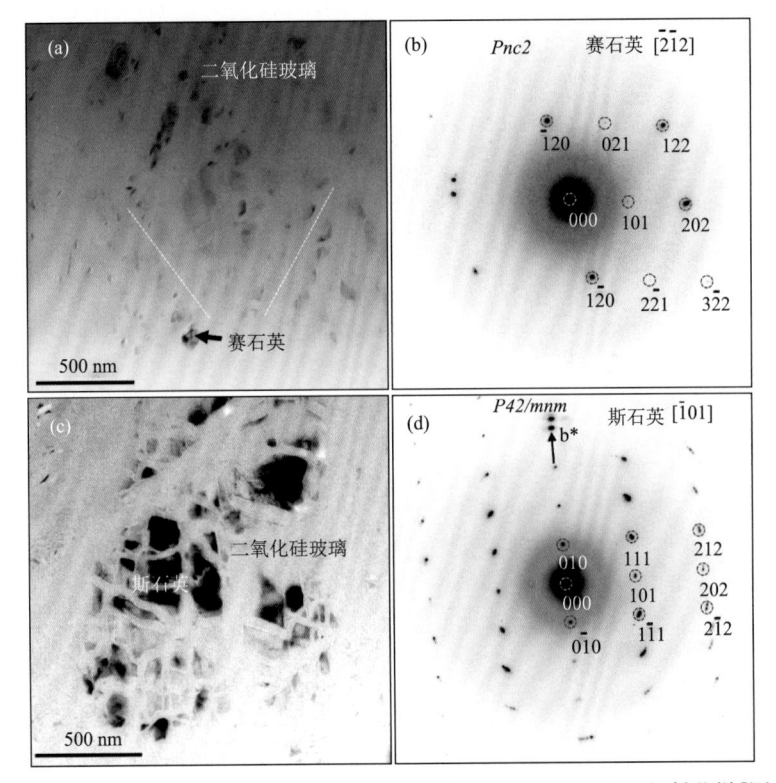

图 2 赛石英和斯石英的透射电子显微镜明场像[图(a)和图(c)]及选区电子衍射花样[图(b)和图(d)]

低至 11 GPa 的条件下由 α-方石英的中间相方石英 X-I 转变形成,且在温度升至 900 K 左右时,赛石英可继续转变为斯石英。因此,赛石英和斯石英共存的压力下限约为 11 GPa。

利用限定的冲击压力范围(11~40 GPa),估算普通球粒陨石质的撞击体直径为 0.25~3.7 km,形成赛石英和斯石英的撞击坑的直径为约 3~32 km(下限值)。考虑到撞击坑计算中参数选择的不确定性,包括撞击角度和撞击坑内存在的压力梯度等,这个范围值应为撞击坑直径的下限。结合前人遥感观测及对嫦娥五号着陆点物源分析结果,Mairan G(直径约 6 km,年龄 480±50 Ma)、Aristarchus(约 40 km,280 Ma)、Harpalus(约 40 km,490±60 Ma)和 Copernicus(约 94 km,约 796 Ma)撞击坑均可能是赛石英和斯石英的来源坑。但考虑到赛石英和斯石英具有较低的热稳定性，它们的源坑形成越年轻，赛石英和斯石英受到后期热扰动的概率越小，其保存可能性越高。因此，在此嫦娥五号样品中发现的赛石英和斯石英最有可能来自于 Aristarchus 撞击坑。

致谢

该工作受到了国家自然科学基金（41603067、41773052、41973058 和 42003054）、中国科学院战略性先导科技专项（XDB 41000000）、国家国防科技工业局民用航天技术预先研究项目（D020201）、中国科学院重点部署项目（ZDBS-SSW-JSC007-10、ZDBS-SSW-JSC007-15）以及中国博士后科学基金（2020M680155）共同资助，一并感谢。

参考文献

Dubrovinsky, L., Dubrovinskaia, N., Saxena, S., et al.（2001）. Pressure-induced transformations of cristobalite. Chemical Physics Letters, 333, 264–270.

Kaneko, S., Miyahara, M., Ohtani, E., et al.（2015）. Discovery of stishovite in Apollo 15299 sample. American Mineralogist, 100, 1308–1311.

Kubo, T., Kato, T., Higo, Y., et al.（2015）. Curious kinetic behavior in silica polymorphs solves seifertite puzzle in shocked meteorite. Science Advances, 1, e1500075.

Qian, Y., Xiao, L., Head, J. W., et al.（2021）. Copernican-aged（< 200 Ma）impact ejecta at the Chang'e-5 landing site: statistical evidence from crater morphology, morphometry, and degradation models. Geophysical Research Letters, 48, e2021GL095341.

Stöffler, D., Hamann, C., and Metzler, K.（2018）. Shock metamorphism of planetary silicate rocks and sediments: proposal for an updated classification system. Meteoritics & Planetary Science, 53, 5–49.

Tsuchiya, T., Caracas, R., and Tsuchiya, J.（2004）. First principles determination of the phase boundaries of high-pressure polymorphs of silica. Geophysical Research Letters, 31, L11610.

嫦娥五号撞击玻璃成分揭示撞击熔融和玄武岩成因

杨蔚[1,*]，陈意[2]，王浩[2]，田恒次[1]，惠鹤九[3]，肖志勇[4]，吴石头[2]，张迪[2]，周琴[5]，马红霞[2]，张驰[1]，胡森[2]，李秋立[2]，林杨挺[1]，李献华[2]，吴福元[2]

1. 中国科学院地质与地球物理研究所，地球与行星物理院重点实验室，北京 100029
2. 中国科学院地质与地球物理研究所，岩石圈演化国家重点实验室，北京 100029
3. 南京大学地球科学与工程学院，南京 210023
4. 中山大学大气科学学院，珠海 519080
5. 中国科学院国家天文台，北京 100012
* 通讯作者：yangw@mail.iggcas.ac.cn

摘要

月壤中的撞击玻璃是研究其物质来源和月球撞击历史的重要对象。中国科学院地质与地球物理研究所研究团队对嫦娥五号月壤样品中的玻璃珠进行了系统的岩石学和地球化学研究，发现它们可以分为三类：①中钛玄武质（TiO_2 质量分数=4.1%～6.5%）；②低钛玄武质（TiO_2 质量分数=1.3%～3.9%）；③高铝（Al_2O_3 质量分数>15%）。其中，中钛玄武质玻璃占绝大多数（约94%），它们与嫦娥五号玄武岩的组成一致，指示它们的物源主要是本地的玄武岩或月壤。因此，中钛玄武质玻璃提供了另一种估算嫦娥五号玄武岩平均成分的方法。研究团队基于此计算了嫦娥五号玄武岩的微量元素组成，结果表明，嫦娥五号玄武岩比克里普物质具有更高的 La/Yb (3.71)、Sm/Yb (1.76)、Sr/Yb (31.6) 和 $(Eu/Eu^*)_N$ (0.45)，指示其源区克里普物质的贡献非常有限（0.3%）。该研究结果不仅揭示了嫦娥五号月壤的主要物质来源，而且为嫦娥五号玄武岩成因提供了重要制约。

亮点介绍

- Fifty-four clean glass spherules containing neither relict clasts nor crystals from the Chang'e-5（CE5）regolith were divided into three groups: mid-Ti basaltic, low-Ti basaltic, and high-Al.

- The TiO_2, Al_2O_3, MgO and CaO contents of the mid-Ti basaltic glasses show negative correlations with SiO_2, while the Na_2O, K_2O and P_2O_5 positively correlate with SiO_2, yielding a positive correlation between the CIPW normative plagioclase and olivine. These variations likely result from differential vaporization of SiO_2, strongly suggesting an impact origin of these glasses.

- The mid-Ti basaltic glasses provide another approach for estimating the average composition of the CE5 basalt. Chemical modeling indicates that the contribution of KREEP-rich materials in the mantle source should be less than 0.3%. The trace element characteristics of the CE5 basalt can be reproduced by extensive (80%) fractional crystallization after low-degree (2%) melting.

---

① 原文发表于 *Geochimica et Cosmochimica Acta*，2022，335：183-196。

玻璃是月壤中的常见组分，形成于高温熔融的月球岩石或土壤的突然冷却淬火。月球玻璃可能是火山成因，来源于火山喷发的岩浆，或是冲击成因，形成于陨石撞击产生的高温熔融。那么，嫦娥五号月壤中的玻璃是火山成因还是冲击成因？它们来源于哪里？揭示了怎样的地质过程？为了回答这些问题，中科院地质与地球物理研究所团队对嫦娥五号月壤样品中 54 颗玻璃珠开展了实验研究（图 1）。

图 1　嫦娥五号月壤（CE5C0100YJFM00103）中的玻璃珠

研究人员按成分将玻璃珠分为低钛、中钛、高铝三种类型，其中中钛玻璃珠的主量和微量元素成分与嫦娥五号月壤全岩（Li et al., 2022; Zong et al., 2022）以及月壤中的玄武岩岩屑全岩一致（Tian et al., 2021），表明这些玻璃珠是本地玄武岩冲击熔融形成的。中钛玻璃珠的稀土元素配分模式与嫦娥五号月壤全岩成分类似，但是 $(Sm/Yb)_N$、Zr/Y、Sc/Sm 和 $(Eu/Eu^*)_N$ 比值与 KREEP 不同。中钛玻璃珠的 TiO_2、Al_2O_3、MgO 和 CaO 与 SiO_2 含量呈负相关，Na_2O、K_2O 和 P_2O_5 与 SiO_2 呈正相关，CIPW 标准斜长石与橄榄石含量也呈正相关。这很可能是撞击熔融过程中 SiO_2 的挥发所致，表明这些中钛玻璃珠为撞击作用所形成。

尽管嫦娥五号玄武岩的 LREE 富集形式与 KREEP 非常相似，但模拟计算表明源区与 KREEP 物质的直接混合并不能解释玻璃珠的负 Eu 异常以及较高的 LREE/HREE 比值。玻璃珠的 $(Eu/Eu^*)_N$ 值指示源区 KREEP 的混染量不能超过 0.3%，否则会显著降低该比值。最后，研究团队提出嫦娥五号玄武岩富集微量元素特征是源区低程度（2%）部分熔融和高程度（80%）分离结晶的结果，这进一步支持了 Tian 等（2021）的研究结果。

致谢

本研究得到中国科学院战略性先导科技专项（XDB 41000000）、中国科学院重点部署项目（ZDBS-SSW-JSC007-15）、中国科学院跨学科创新团队项目、国家国防科技工业局民用航天技术预先研究项目（D020203）和中国科学院地质与地球物理研究所重点自主部署项目（IGGCAS-202101）的资助。

参考文献

Li C, Hu H, Yang MF, et al. 2022. Characteristics of the lunar samples returned by Chang'e-5 mission. Natl. Sci. Rev. 9(2): nwab188.

Tian HC, Wang H, Chen Y, et al. 2021. Non-KREEP origin for Chang'e-5 basalts in the Procellarum KREEP Terrane. Nature 600, 59–63.

Zong K, Wang Z, Li J, et al. 2022. Bulk compositions of the Chang'E-5 lunar soil: insights into chemical homogeneity, exotic addition, and origin of landing site basalts. Geochim. Cosmochim. Acta. 335, 284-296. doi.org/10.1016/j.gca.2022.06.037.

微陨石撞击对月壤的改造：嫦娥五号月壤中歧化反应成因的纳米相铁[①]

摘要

太空风化过程是复杂物理化学过程的集合，包括微陨石、太阳风、宇宙射线等对月球表面的改造。这些过程使行星表面岩石破碎、细化、胶结，并使矿物形成纳米相铁（np-Fe⁰）、非晶层、辐射径迹等典型结构。纳米相铁的形成改变了矿物的光学性质，导致遥感光谱的曲线变暗红移等，其形成机制常被归因于蒸发沉积或太阳风还原。本研究分析了嫦娥五号返回样品中的细粒月壤中的微撞击坑，发现次级撞击引发 Fe^{2+} 歧化形成了纳米相铁 np-Fe⁰，该过程没有太阳风、蒸发沉积的参与，是全新的"太空风化"模式。该现象的发现，突破了数十年来人类对月表纳米相铁形成于传统的分解、还原的二元反应机理认知。低速撞击在太阳系广泛存在，太空风化的"新模式"可推演至主小行星带及外太阳系天体，为今后的航天探测以及采样返回任务提供实际指导。

亮点介绍

- A close look at microcraters on a lunar grain from the Chang'e-5 returned sample shows evidence of formation of nanophase metallic iron（np-Fe⁰）via disproportionation of Fe^{2+} triggered by secondary impacts, with no space weathering contribution from the solar wind.

李琛 [1,2], 郭壮 [1], 李阳 [1,3,*], 邰凯瑞 [1], 魏奎先 [2,*], 李雄耀 [1,3], 刘建忠 [1,3], 马文会 [2,4]

1. 中国科学院地球化学研究所，月球与行星科学研究中心，贵阳 550081
2. 昆明理工大学 冶金与能源工程学院，昆明 650093
3. 中国科学院 比较行星学卓越创新中心，230026
4. 昆明理工大学真空冶金国家工程研究中心，昆明 650093

* 通讯作者：
liyang@mail.gyig.ac.cn
kxwei2008@hotmail.com

[①] 原文发表于 *Nature Astronomy*，2022，6: 1156-1162。

1 引言

月壤颗粒表面的 np-Fe⁰ 是无大气天体空间风化的主要特征，因为 np-Fe⁰ 的存在会影响反射光谱结果[1,2]。np-Fe⁰ 的主要形成机制是蒸发沉积和太阳风还原。这两种还原机制代表了微陨石的影响和太阳风的辐照，对太空风化机理的深入研究需要仔细审视这两个过程[3]。

撞击事件持续在无大气天体表面发生。大的撞击可以决定天体的演化历史，而小的撞击会改变无大气天体表面矿物的性质。月球是典型的近地天体，月球土壤中 np-Fe⁰ 的存在会影响其测量的反射光谱结果[4,5]。主带小行星天体的演化程度远低于近地天体。如果 np-Fe⁰ 也存在于主带小行星天体的矿物中，将有助于解释遥感探测的结果。然而，微陨石撞击诱导形成 np-Fe⁰ 的充要条件难以建立。

太阳风携带大量氢离子(H^+)和氦离子(He^+)持续轰击月球表面，通过离子注入实验模拟的太阳风产物可以用 XPS 检测到 Fe⁰ 的形成，但未检测到具有晶体结构的 np-Fe⁰。因此，仅靠太阳风的辐照很难形成 np-Fe⁰。在真空条件下使用脉冲激光辐照模拟空间风化的实验也表明，可以在没有 H^+ 的情况下生产 np-Fe⁰。撞击事件的初始效应是对矿物的压缩，高压也会导致 Fe⁰ 的形成，这表明歧化反应是 Fe^{3+} 生成的替代假设。

2 结果与讨论

嫦娥 5 号月壤中的橄榄石颗粒(Fa92.6)在样品的分析区域中存在六个形态相似的微型陨石坑。从多个微陨石坑中，使用聚焦离子束扫描电镜(FIB-SEM)制备了两个选定微型陨石坑的 FIB 切片。透射电子显微镜图像(TEM)图像显示(图 1)，这两个不同直径的陨石坑具有相似的结构特征，包括：①撞击过程中惯性力产生的凹陷区和陨石坑；②橄榄石在撞击体的动能产生的温度和压力作用下形成的非晶层；③非晶层中 np-Fe⁰ 含量丰富，浅层直径较大≈10 nm，深层直径较小≈3 nm；④非晶区域边缘的单晶橄榄石的晶体结构中产生了缺陷；⑤冲击延伸方向产生的附加非晶区；⑥撞击坑周围存在溅射沉积物；⑦表面覆盖的外来撞击体残余物。微撞击坑最外层存在撞击体残留物。撞击体残留物不含 Fe，np-Fe⁰ 中不存在 S 和 Ni 也表明 np-Fe⁰ 是原位形成的。

两个微陨石坑成分的接近表明这组微陨石坑可能具有相同的起源，即相同的撞击事件。Fe 的电子能量损失谱(EELS)的 $L_{2,3}$ 谱线表明撞击体不富含铁。在橄榄石基质和玻璃中都有 Fe^{2+} 的谱峰(707.5 eV)。此外，在冲击层和非晶层的混合区有 Fe^{3+} 峰(709.5 eV)。计算得到的不同压力下歧化反应的吉布斯自由能值表明高压极大地促进了该反应。在低于 $1×10^9$ Pa 的压力下，反应几乎不进行，但在 $5×10^9$ Pa 以上的压力下，由于具备合适的热力学条件，反应进行。$5×10^{10}$ Pa 以上的进一步加压对反应几乎没有影响。同时计算出的不同压力下分解反应的吉布斯自由能值表明，低压显著促进了分解反应。在高于 101325 Pa 的压力下，反应难以进行，而在低于 1 Pa 的压力下，反应在较高温度下更容易进行。

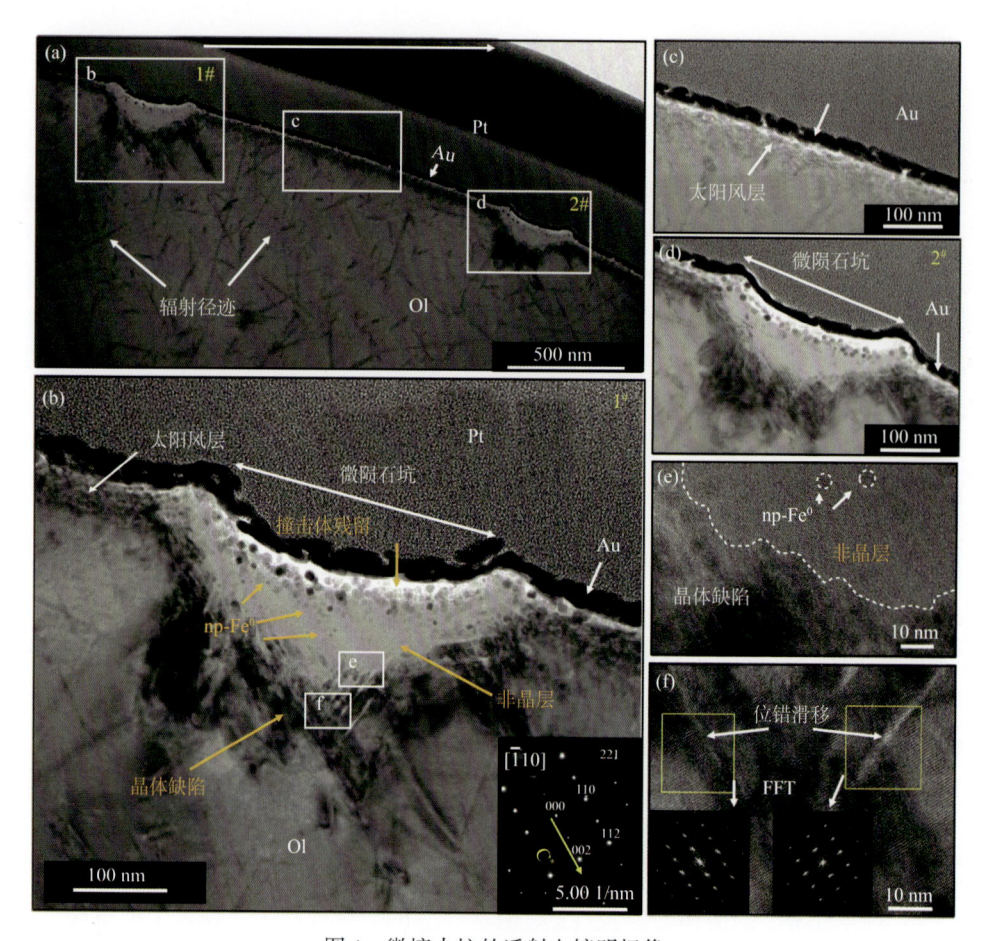

图 1 微撞击坑的透射电镜明场像

非晶层内没有气泡并具有高价态 Fe^{3+} 表明 H 对微陨石坑中 np-Fe^0 的形成贡献微弱。因此，太阳风注入还原的贡献是微弱的，在撞击过程中最有可能发生歧化反应。可能的反应式为：

$$3Fe^{2+}_{\text{in melts}} = Fe_{\text{nanophase}} + 2Fe^{3+}_{\text{in melts}}$$

撞击过程的最大压力估计约为 2.26×10^{10} Pa，结合热力学计算表明撞击过程产生的动压力足以引起歧化。小粒径铁在弱对流条件下可能会聚成大粒径铁。歧化反应是产生内部小粒径 np-Fe^0 颗粒的主要因素。

致谢

该成果得到中国科学院战略性先导科技专项(XDB41000000)、国家自然科学基金重点项目(41931077)等项目的资助。

参考文献

[1] HAPKE B. Space weathering from Mercury to the asteroid belt [J]. Journal of Geophysical Research: Planets, 2001, 106(E5): 10039-73.
[2] PIETERS C M, NOBLE S K. Space weathering on airless bodies [J]. Journal of Geophysical Research: Planets, 2016, 121(10): 1865-84.
[3] GU L, CHEN Y, XU Y, et al. Space weathering of the Chang'e-5 lunar sample from a mid-high latitude region on the Moon [J]. Geophysical Research Letters, 2022, 49(7): e2022GL097875.
[4] SASAKI S, NAKAMURA K, HAMABE Y, et al. Production of iron nanoparticles by laser irradiation in a simulation of lunar-like space weathering [J]. Nature, 2001, 410(6828): 555-7.
[5] TANG H, WANG S, LI X. Simulation of nanophase iron production in lunar space weathering [J]. Planetary and Space Science, 2012, 60(1): 322-7.

月球表面普遍存在撞击成因的三价铁[①]

鲜海洋[1]，朱建喜[1]，杨宜坪[1]，李珊[1]，林枭举[1]，席佳鑫[1]，邢介奇，吴逍[1]，杨红梅[1]，周秦[2]，Akira Tsuchiyama[1]，何宏平[1,*]，徐义刚[3,*]

1. 中国科学院广州地球化学研究所，矿物学与成矿学重点实验室/广东省矿物物理与材料研究开发重点实验室，广州 510640
2. 中国科学院广州地球化学研究所，有机地球化学国家重点实验室，广州 510640
3. 中国科学院广州地球化学研究所，同位素地球化学国家重点实验室，广州 510640

* 通讯作者：
hehp@gig.ac.cn
yigangxu@gig.ac.cn

摘要

自阿波罗时代以来，月球的极度还原状态就被大众所熟知。已有研究报道了具较高氧化还原电势的三价铁(Fe^{3+})可赋存于极度还原的月球表面，但Fe^{3+}在月表的赋存状态、成因及其演化仍无定论。我们利用嫦娥五号样品对这一问题开展了研究。利用透射电子显微镜-电子能量损失谱(STEM-EELS)，我们发现嫦娥五号样品的(冲击)凝结玻璃中含有大量由微陨石撞击导致的歧化反应产生的Fe^{3+}，Fe^{3+}在总铁含量($\sum Fe$)的占比可达 40%以上。这一由微陨石撞击导致的二价铁歧化反应同时也是月球凝结玻璃中纳米单质铁的主要形成途径之一。月表普遍存在的(冲击)凝结玻璃中大量三价铁的发现，预示着月球表面存在着比人们以往认识更多的Fe^{3+}，且Fe^{3+}的含量还会随着微陨石撞击作用的持续进行而不断累积。

亮点介绍

- High content of ferric iron in lunar agglutinate glass has been disclosed.
- The ferric iron in agglutinate glass was produced by micro-meteoroid impacts induced charge disproportionation.
- The ferric iron content on the Moon could progressively increase with the ongoing micrometeoroid impacts.

[①] 原文发表于 *Nature Astronomy*，2023，7：280-286。

铁元素是能够记录太阳系氧化还原状态的关键元素之一。在阿波罗时代，科学家通过研究返回的月球样品发现，月球样品中的铁元素主要以还原性的 Fe^{2+} 和 Fe^0 两种状态存在，仅含有极少量氧化性的 Fe^{3+}（质量分数<1 %），因此推测认为无大气的月球表面和其内部均呈极度还原的状态。然而，近年的研究报道了月球样品中可能含有更高含量的 Fe^{3+}（如 Cymes et al., 2023）。

月球 Fe^{3+} 的赋存形式和成因仍是凝聚在月球科学上空的一团乌云。传统观点认为月球 Fe^{3+} 的形成主要有两种途径：一是月球岩浆通过脱除 H_2 和 CO 等还原性气体，使得月球岩浆氧化性提高，进而使 Fe^{2+} 和 Fe^0 被氧化成 Fe^{3+}；二是月球表面本身存在的以及返回样品在转移过程中发生的次生氧化作用。此外，近期科学家通过研究糸川小行星返回的样品认为，太阳风注入过程中伴随 H_2O 生成的歧化反应也能够在无大气天体表面产生 Fe^{3+}（Hicks et al., 2020）。由此可见，传统认知将月表 Fe^{3+} 主要归因于外部因素对月球原生还原性物质的氧化。然而，作为一个典型的无大气天体，月球表面无时无刻不遭受还原性的太阳风辐照和微陨石撞击等太空风化作用。因此，Fe^{3+} 在极度还原的月球表面究竟如何赋存、形成及演化还不得而知。

针对上述问题，我们选择了嫦娥五号月球样品（CE5C0400YJFM00408）中由微陨石撞击作用形成而普遍存在的凝结玻璃为研究对象。首先在月壤样品中挑选了约 100 μm 尺寸的凝结碎屑颗粒，并通过扫描电子显微镜（SEM）对凝结颗粒表面进行了详细观察。在凝结玻璃表面观察到了由微陨石撞击作用产生的玻璃棒以及纳米单质铁球，确认了其微陨石撞击成因。通过聚焦离子束（FIB）制备透射电子显微镜（TEM）可观测的薄片，我们对凝结玻璃及其中赋存的纳米单质铁进行了形态、化学成分和结构分析，发现纳米单质铁为通常太空风化产生的 α-铁，平均尺寸为 16.2 nm，比文献报道的 TEM 观测阿波罗样品中的单质铁更大（图1）。

为获取嫦娥五号凝结玻璃中的三价铁含量，我们采用 EELS 对样品中铁的价态进行了定量分析，结果表明嫦娥五号凝结玻璃中含有大量 Fe^{3+}（$Fe^{3+}/\sum Fe >0.4$），含量远高于以往研究获得的值。研究团队分析认为，如此高含量的 Fe^{3+} 不可能由外部因素氧化产生，而是凝结玻璃在形成过程中 Fe^{2+} 发生歧化反应所产生（图2）。这一歧化反应可发生在微陨石撞击形成的高温高压阶段，也可能发生在冲击熔融冷却阶段。月表普遍存在的凝结玻璃中大量三价铁的发现预示着月球表面存在着比人们以往认识更多的 Fe^{3+}，且 Fe^{3+} 的含量还会随着微陨石撞击作用的持续进行而不断累积。

致谢

本研究得到中国科学院重点部署项目（ZDBS-SSW-JSC007-11）、中国科学院广州地球化学研究所所长基金重大项目（2022SZJJZD-03）和中国科学院青年创新促进会项目（2021353）资助。

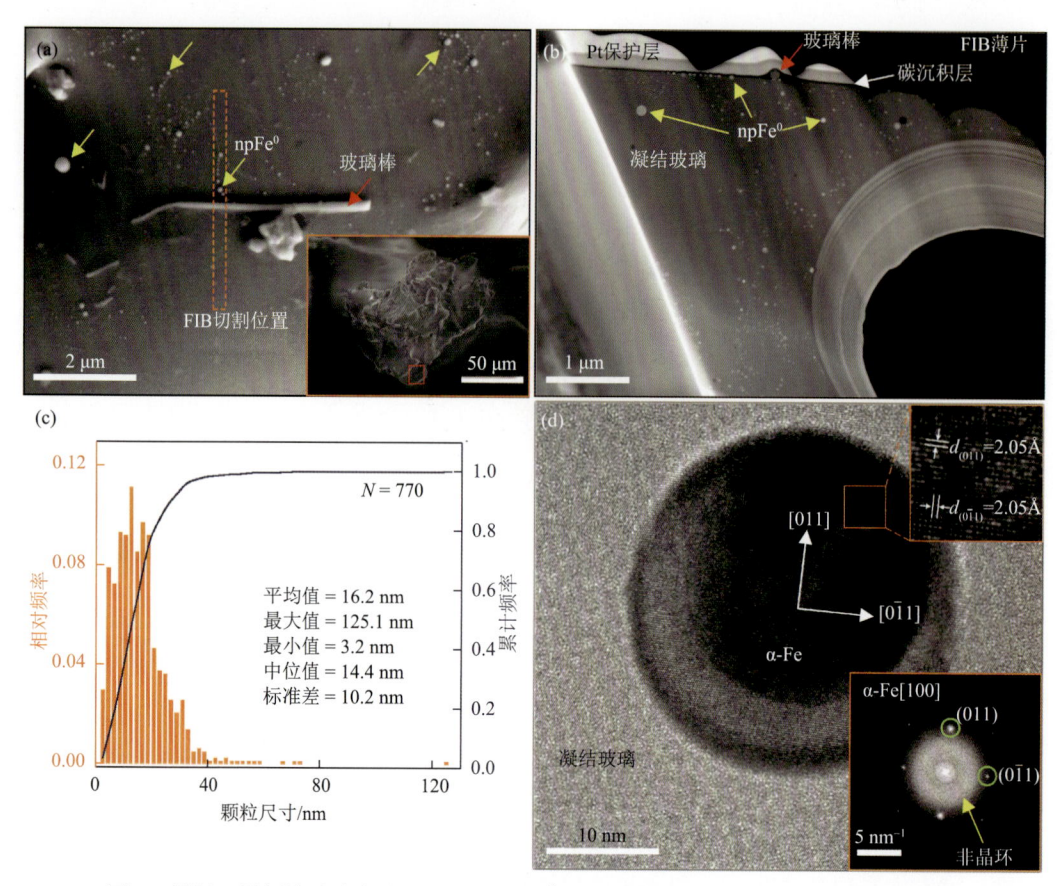

图 1 嫦娥五号凝结玻璃中纳米零价铁（npFe⁰）的微观赋存状态（引自 Xian et al., 2023）
(a) 嫦娥五号凝结玻璃表面的二次电子 SEM 图像；(b) 凝结玻璃 FIB 薄片到 HAADF-STEM 图像；(c) 凝结玻璃中的 npFe⁰ 粒度分布特征；(d) npFe⁰ 的 HRTEM 图像和 FFT 图

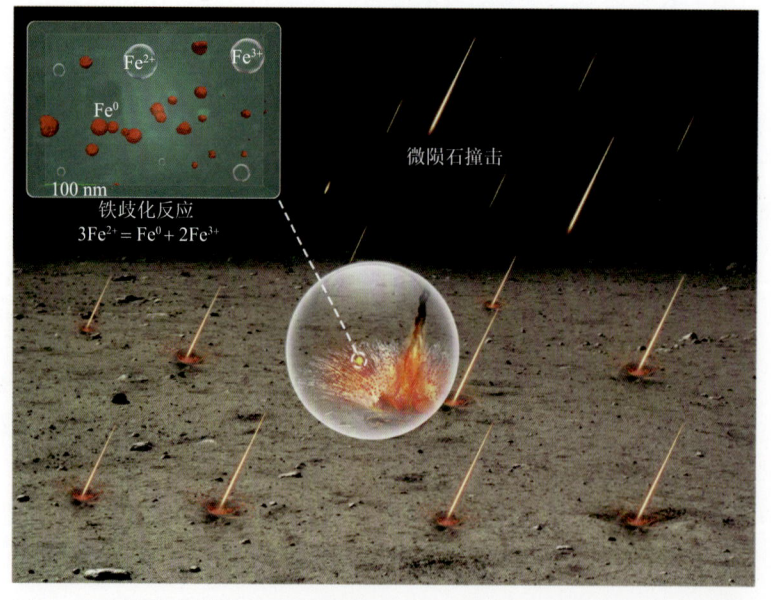

图 2 月球凝结玻璃中微陨石撞击致歧化反应示意图（引自 Xian et al., 2023）

参考文献

Cymes, B. A., Burgess, K. D., Stroud, R. M. 2023. Detection of ferric iron in an exsolved lunar pyroxene using electron energy loss spectroscopy (EELS): implications for space weathering and redox conditions on the Moon. Meteorit. Planet. Sci., 58(2), 259–274.

Hicks, L. J., Bridges J. C., Noguchi T., et al. 2020. Fe-redox changes in Itokawa space-weathered rims. Meteorit. Planet. Sci., 55(12), 2599–2618.

Xian, H., Zhu, J., Yang, Y., et al. 2023. Ubiquitous and progressively increasing ferric iron content on the Lunar surfaces revealed by the Chang'e-5 sample. Nat. Astron., 1–7. https://doi.org/10.1038/s41550-022-01855-0.

月 壤 应 用

嫦娥五号月球土壤的地外光合作用[①]

姚颖方[1,2,3,†], 王璐[3,†], 朱熹[3,†], 涂文广[3,†], 周勇[1,2,3,*], 刘汝林[3], 孙俊川[3], 陶博[1], 王程[1], 余习文[1], 高麟峰[1], 曹媛[1], 王冰[1], 李朝升[1], 姚伟[4], 熊宇杰[5,*], 杨孟飞[4], 汪卫华[4], 邹志刚[1,2,3,4,6,*]

1. 南京大学物理学院,环境材料与再生能源研究中心,江苏省纳米技术重点实验室,固体微结构物理国家重点实验室,南京 210093
2. 南京大学现代工程与应用科学学院,人工微结构科学与技术协同创新中心,南京 210093
3. 香港中文大学科学与工程学院,深圳 518172
4. 中国空间技术研究院,北京 100094
5. 中国科学技术大学化学与材料科学学院,合肥 230026
6. 澳门科技大学澳门系统工程学院,澳门 999078

† 共同一作
* 通讯作者:
zhouyong1999@nju.edu.cn
yjxiong@ustc.edu.cn
zgzou@nju.edu.cn

摘要

鉴于正在进行的载人深空探测,开发月球生命保障系统具有极高的技术重要性和科学趣味性。月球原位资源利用可以为月球居住和旅行提供生命保障的物质基础。基于对结构和成分的分析,嫦娥五号月壤样品具有在月球上实现太阳能转换的潜力,即可以作为地外人工光合成(EP)催化剂。通过评估嫦娥五号月球样品的光伏驱动水分解、光催化和光热催化的性能,发现以太阳能、水和月球土壤为原料,能够实现地外水分解和 CO_2 转换,为月球生命提供一系列目标产物,包括 O_2、H_2、CH_4、CH_3OH。因此,我们提出了一个可能在月球上实现的地外人工光合成途径,这将有助于我们构建"零能耗"的地外生命保障系统。

亮点介绍

- Chang'e-5 lunar soil was utilized as the catalyst to convert CO_2 and water into O_2, H_2, CH_4, and CH_3OH.
- An photosynthesis pathway has been proposed based on the lunar soil performance.

[①] 原文发表于 *Joule*, 2022, 6: 1008-1014。

在月球上的长期生存应是迈向载人深空探索长征的第一个里程碑(Harbaugh et al., 2009)。最大限度地原位利用月球资源，包括极端环境温度(–173～–127℃)(Logan et al., 1970)和强烈的太阳辐照(Stubbs et al., 2014)，可以帮助我们在月球上建立一个地外基地，用于生命保障和航天器发射/制造(Fears, 1951)。与其他地外生存技术相比(Hecht et al., 2021)，地外人工光合成(EP)(Yang et al., 2021)可利用月球的资源与环境条件来获得燃料和能量供应生产。这种技术能够在宽温度范围内运行，能耗少，能量转化率高。此外，光合成主要将人类呼吸产生的 CO_2 和水转化为地外生存必须的氧气和碳氢化合物(Hayne et al., 2021)。实现这一目标可以极大地提高人类生存的可行性和持久性，并具有很高的经济效益。

月壤是月球上最丰富的资源之一，是原位资源利用(ISRU)的重要组成部分(Anand et al., 2012)。与地球上的催化剂相比，利用月壤或从月壤中提取的有效成分作为月球上分解水的光催化剂，可大大降低航天器的载荷。嫦娥五号(CE-5)月壤样品从催化角度为我们提供了研究月壤的绝佳机会。因此，本报告首先通过形貌观察和相分析，了解 CE-5 月壤的组成和结构，确定月壤中可能的催化活性物质。此后，本报告评估了 CE-5 月壤的人工光合成性能，并根据这些性能进一步提出了一个可行的月球人工光合成策略，为实现"零能耗"的月球生命保障系统奠定了物质基础。

结果

月壤成分分析

本项目通过 TEM 图像进行了形貌表征，如图 1(a)～(c)。我们观察到了玻璃相、单晶相和多孔结构。通过机器学习分析了 CE-5 样品的 XRD 数据[图 1(d)]，并对潜在的催化活性成分进行预测。从 XRD 发现，CE-5 样品的矿物结构[图 1(b)，3°～85°]与阿波罗的数据(编号 12041，5°～55°)(ODR，2022)有明显不同[图 1(e)]。相比较而言 CE-5 样品中最年轻的火星玄武岩样品含有铁和镁的成分，比如正磷酸盐、氧化物、辉石和辉石，而缺少硅和铝的成分，包括硅石、斜长石和鸽子石。同时用其他表征技术检测月壤的元素组成，XPS、SEM 和 TEM[图 1(f)]，以上表征都验证了月壤中有富含铁和镁的玄武岩。因此，可以根据 XRD 的结果初步推断，氧化钛($Ti_{2n}O_{2n-1}$)、锐钛矿(TiO_2)(Fujishima and Honda，1972)、钛铁矿(FeTiO$_3$)(Puthirath Balan et al.，2018)和陨硫铁(FeS)(Zhou et al.，2019)可用作光催化材料；黄铁矿辉绿岩(Hausmann et al.，2021)可用于光伏驱动水电解(PV-EC)；斜方辉石[(Mg, Fe)SiO$_3$]、辉石[(Ca, Na)(Mg, Fe, Al, Ti)(Si, Al)$_2$O$_6$]、钛铁矿、铬矿(FeCr$_2$O$_4$)、金红石和橄榄石[(Mg, Fe)$_2$SiO$_4$](Cai et al.，2021)可用于 CO_2 光热催化(PTC)。

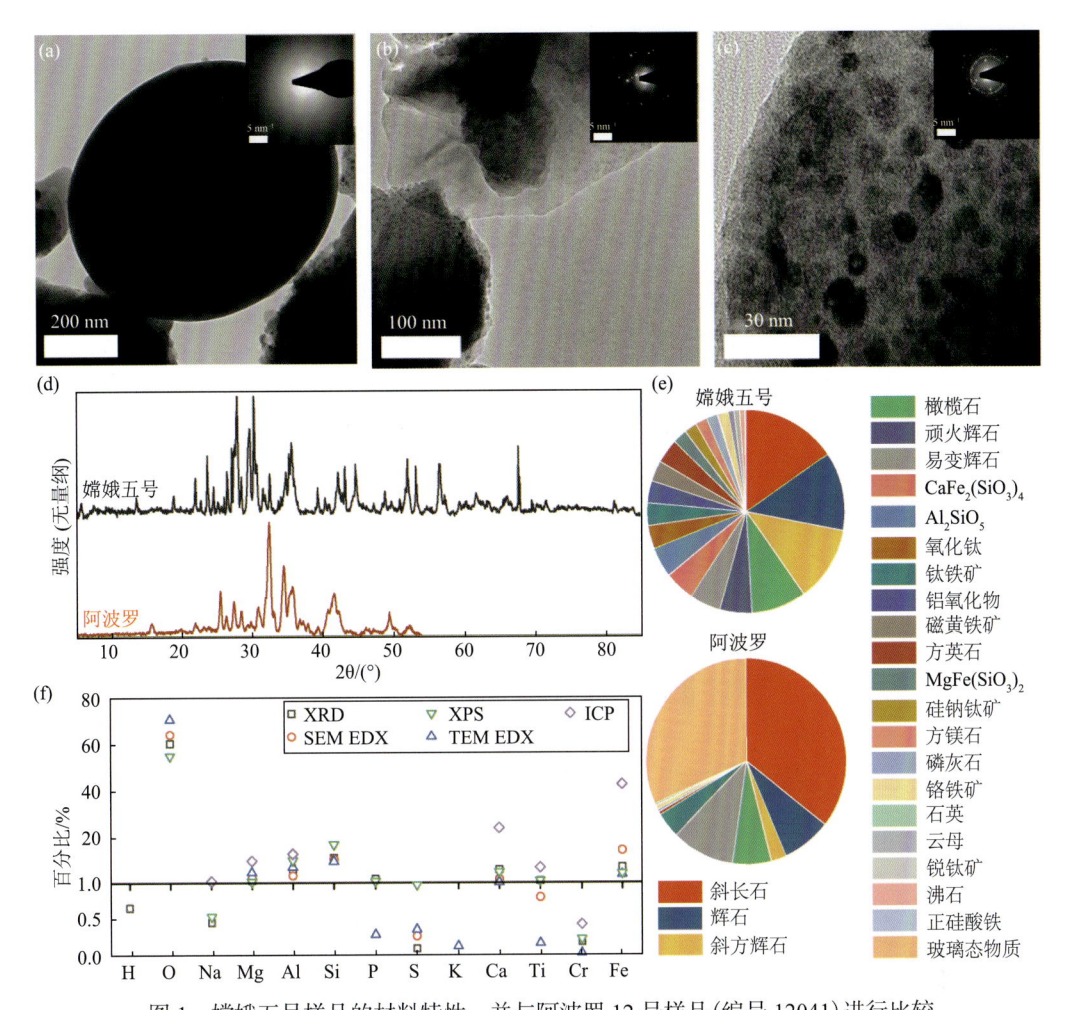

图1 嫦娥五号样品的材料特性,并与阿波罗12号样品(编号12041)进行比较

(a)~(c)嫦娥五号月壤样品的透射电子显微镜(TEM)图像:(a)玻璃相,(b)单晶相,(c)多孔结构;(d)嫦娥五号月球样品和和阿波罗样品的X射线衍射(XRD)图像数据;(e)机器学习分析XRD得到的嫦娥五号样品和阿波罗样品的材料组成;(f)通过X射线衍射(XRD)、X射线光电子能谱(XPS)、扫描电子显微镜(SEM)、能量色散X射线光谱(EDX)、透射电镜(TEM)分析嫦娥五号样品的元素成分

月壤催化性能分析

本项目采用 CE-5 月壤作为系列催化剂,并分析性能。包含①CE-5 月壤作为阳极电催化剂和阴极电催化剂应用在于光伏电解水(PV-EC)技术,可实现 1%的太阳能制氢(STH)效率;②CE-5 月壤用作光催化 CO_2 还原催化剂[图 2(b)],该样品的 CO 产量为 6.07±1.83 μmol/(g·h),选择性为 96.8%;③CE-5 月壤用作光热 CO_2 加氢催化剂[图 2(c)],令在接近月球环境温度条件下,产物主要是甲醇和甲烷。甲醇和甲烷的产速分别约为 22.9 μmol/(g·h) 和 15.2 μmol/(g·h),其中甲醇选择性约为 60%[图 2(c)]。

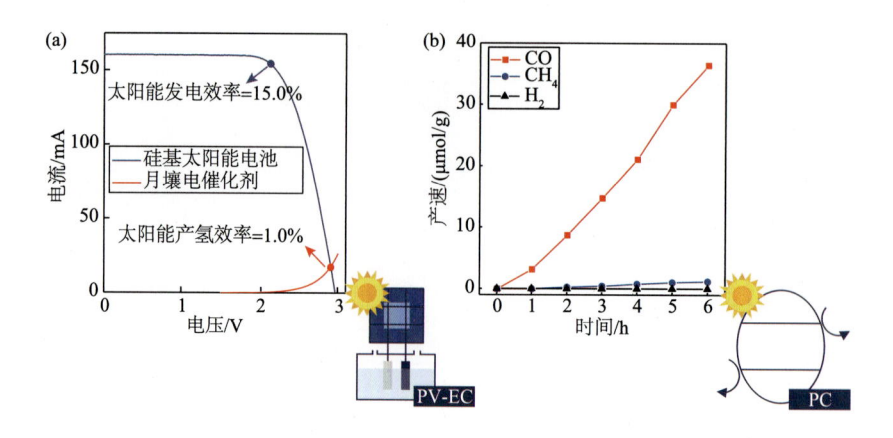

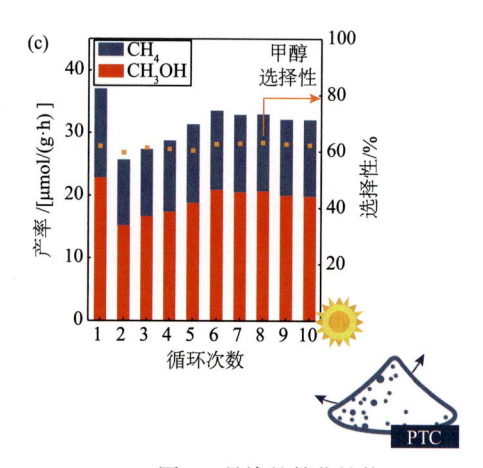

图 2　月壤的催化性能

(a) PV-EC 水分解过程，CE-5 月壤被用于析氢和析氧反应；(b) 光催化 CO_2 还原，月壤被用作 CO_2 还原的光催化剂；(c) 光热催化 CO_2 加氢，月壤被用作光热催化剂，并将 CE-5 样品与阿波罗-12 样品（编号 12041）的性能进行比较

拟定的地外人工光合成（EP）策略

基于上述不同太阳能技术的催化性能，我们了 提出了一种组合式太阳能转换途径，即地外人工光合成（图 3）。该方案是针对地外环境，尤其是针对月球环境提出的。在极端的环境温度下（低至 -173 ℃），CO_2 通过冷凝从"空气"中直接分离出来。然后，嫦娥五号月壤被用作水分解和光热二氧化碳加氢反应的催化剂，将呼吸废气转化为 O_2、H_2、CH_4 和 CH_3OH。在这项工作中，我们确定了 CE-5 月壤的晶体成分，并尝试用 CE-5 月壤作为 EP 催化剂来评估 EP 技术的可能性。虽然目前 CE-5 月球样品的催化性能不能完全满足地外生存的要求，尤其是无法与地球上最高效的 PV-EC（Wang et al.，2022）、光催化（Wagner et al.，2020）及 PTC 催化剂相媲美，但通过对月球样品进行结构优化、形貌修饰和成分改进，可以显著优化其性能。这为建立 ISRU 系统提供了一种可能的策略，该系统可以适应极端的月球环境，且仅需要消耗月球上的太阳能、水和月壤。基于这个系统，我们可以实现一个"零能耗"的环境和生命保障系统，并真正支持月球探索、研究和旅行。

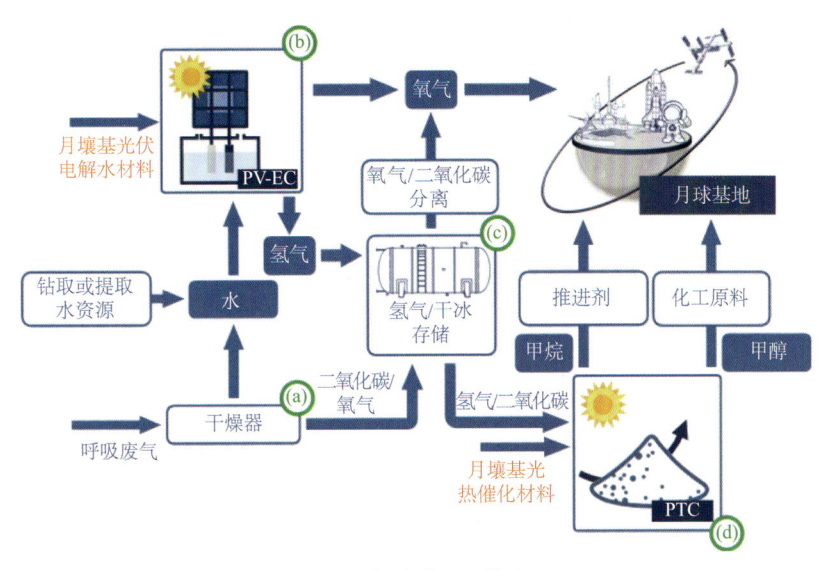

图 3　拟定的 EP 策略

(a) 呼吸废气（含 H_2O、CO_2、O_2）脱水分离 H_2O，形成干燥的 CO_2 和 O_2，分离的 H_2O 加入钻取的水中，用于饮用和 PV-EC 过程，CO_2 和 O_2 转入气瓶中；(b) 利用月壤作为催化剂进行 PV-EC，生成 H_2 和 O_2，而 H_2 被转入气瓶中，O_2 则用于呼吸；(c) 夜间温度低至 -173℃，在一定气压条件下，CO_2 会凝结成干冰；(d) 在白天，月球温度上升到 127℃ 左右，适合用月壤进行光热二氧化碳加氢反应

致谢

这项工作主要由国家重点研发计划（2020YFA0710302）、合肥微尺度物质科学国家研究中心项目（KF2020006）支持。感谢国家国防科技工业局民用航天技术预先研究项目（B0108）。

参考文献

Anand, M., et al. 2012. A brief review of chemical and mineralogical resources on the Moon and likely initial in situ resource utilization (ISRU) applications. Planet. Space Sci. 74, 42–48.

Cai, M.J., et al. 2021. Greenhouse-inspired supra-photothermal CO_2 catalysis. Nat. Energy 6, 807–814.

Fears, F.D. 1951. Interplanetary bases-the moon and the orbital space station. J. Space Flight 3, 4–5.

Fujishima, A., and Honda, K. 1972. Electrochemical photolysis of water at a semiconductor electrode. Nature 238, 37–38.

Harbaugh, J., et al. 2009. Marshall Space Flight Center. NextStop, the Moon (NASA).

Hausmann, J.N., et al. 2021. Evolving highly active oxidic iron (III) phase from corrosion of intermetallic iron silicide to master efficient electrocatalytic water oxidation and selective oxygenation of 5-hydroxymethylfurfural. Adv. Mater. 33, e2008823.

Hayne, P.O., et al. 2021. Micro cold traps on the moon. Nat. Astron. 5, 169–175.

Hecht, M., et al. 2021. Mars oxygen ISRU EXPeriment (MOXIE). Space Sci. Rev. 217, 9.

Logan, L.M., et al. 1970. Infrared emission spectra: enhancement of diagnostic features by the lunar environment. Science 169, 865–866.

ODR. 2022. Display records - lunar regolith XRD (open data repository).

Puthirath Balan, A.P., et al. 2018. A non-van der Waals twodimensional material from natural titanium mineral ore ilmenite. Chem. Mater. 30, 5923–5931.

Stubbs, T.J., et al. 2014. Dependence of lunar surface charging on solar wind plasma conditions and solar irradiation. Planet. Space Sci. 90, 10–27.

Wagner, A., Sahm, C.D., and Reisner, E. 2020. Towards molecular understanding of local chemical environment effects in electro- and photocatalytic CO_2 reduction. Nat. Catal. 3, 775–786.

Wang, B., et al. 2022. General synthesis of high-entropy alloy and ceramic nanoparticles in nanoseconds. Nat. Synth. 1, 138–146.

Yang, L.Q., et al. 2021. Extraterrestrial artificial photosynthetic materials for in-situ resource utilization. Natl. Sci. Rev. 8, nwab104.

Zhou, G., et al. 2019. Photoinduced semiconductor-metal transition in ultrathin troilite FeS nanosheets to trigger efficient hydrogen evolution. Nat. Commun. 10, 399.

月壤原位资源利用用于高效地外燃料和氧气资源供给[①]

钟元[1,†], 刘敬祥[1,†], 朱青[1,†], 江亚文[1], 余习文[2], 王新玉[1], 张飞[1], 尚伟伟[1], 龙冉[1,*], 姚颖方[2,*], 姚伟[3], 江俊[1,*], 罗毅[1], 汪卫华[3], 邹志刚[2,*], 熊宇杰[1,*]

1. 中国科学技术大学，合肥 230026
2. 南京大学，南京 210093
3. 中国空间技术研究院，北京 100094

† 共同一作
* 通讯作者：
  longran@ustc.edu.cn
  yaoyingfang@nju.edu.cn
  jiangj1@ustc.edu.cn
  zgzou@nju.edu.cn
  yjxiong@ustc.edu.cn

摘要

可持续的燃料和氧气供应是人类在月球建立地外定居点的必要条件。然而，有限的燃料和氧气供应限制了人类在月球上的生存。在此，我们演示了利用原位资源月壤进行地外燃料和氧气生产。我们将铜负载于月壤上，并用于电催化 CO_2 转化，这种材料显示出甲烷的高效生产。此外，我们采用月壤的模拟组分之一（$MgSiO_3$）负载铜，在 600 mA/cm^2 下，其 CH_4 法拉第效率可达 72.05%，CH_4 生成速率为 0.8 mL/min。同时，阳极可以实现 2.3 mL/min 的 O_2 生成速率。我们开发的从催化剂制备到电催化 CO_2 转化过程易于操作，可以通过机器人系统全自动化完成，从而形成一个高效的地外燃料和氧气生产智能操作系统，有望推动人类文明向外星定居点发展。

亮点介绍

- We have comprehensively demonstrated the practicability of in-situ lunar soil utili-zation for highly efficient extraterrestrial fuel and oxygen supply via electrocatalytic CO$_2$ conversion.
- After loading with Cu species, the selected silicate from lunar soil（i.e., MgSiO$_3$）can reach a methane production rate of 0.8 mL/min at 600 mA/cm^2. Concurrently, oxygen can be produced with a production rate of 2.3 mL/min.
- We have demonstrated the full accessibility of our catalyst preparation process and developed a robotic system for achieving unmanned electrocatalytic CO$_2$ conversion.

[①] 原文发表于 *National Science Review*，2023，10：nwac200。

1 引言

为了实现月球开发和定居，燃料和氧气的可持续供应是一个关键的问题(Yao et al., 2022)。在地球上，以二氧化碳(CO_2)和水(H_2O)作为原料，通过光伏和电催化相结合，生产碳氢化合物燃料[例如甲烷(CH_4)和乙烯(C_2H_4)]以及氧气(O_2)，已经被证明是可行的(Birdja et al., 2019)。这启发我们将这一技术应用于建设地外定居点。原位资源利用(ISRU)技术因克服了地外探测任务有限运输负荷的问题而引起科学界的广泛关注(Anand et al., 2012)。原位利用月球自身资源用于电催化 CO_2 转化，可以极大地促进月球上人工合成技术进步。

本文中，我们首先演示了将嫦娥五号(CE-5)返回任务获得的月壤用于 CO_2 电催化转化为碳氢燃料和氧气的可行性。然后，分析了月壤中用于电催化反应的活性成分，建立了一个高度可控的催化剂制备程序。此外，考虑到地外空间有限的人力资源，我们使用机器人系统来实现无人催化剂制备和电解槽组装。我们的工作展示了可持续供应燃料和氧气，以实现人类在月球上定居的重要策略。

2 结果

2.1 月壤上的二氧化碳电催化转化

在这项工作中，我们从 CE-5 返回任务中获得了月壤[图 1(a)]。在 Cu 改性后，我们进行了 CO_2 电催化转化实验。实验表明，Cu/月壤电催化 CO_2 转化产生的所有产物都是有价值的燃料，即 H_2、CH_4、CO 和 C_2H_4，验证了将月壤用于燃料生产的可行性。

图 1　月壤理化性质(CE-5 样品)

(a)月壤光学图像；(b) Cu/月壤扫描电子显微镜(SEM)图像；(c) Cu/月壤中 Cu、Al、Ca、Mg、Fe、Ti、Si 和 O 元素分布图

我们的进一步目标是确定月壤中电催化 CO_2 转化为 CH_4 的主要活性成分。由于月壤极其有限和珍贵，我们使用地球上成分和结构与月壤相似的辉石(augite-E)进一步研究。通过一系列实验，我们确认了月壤中 $MgSiO_3$ 具有最优异的活性。通过在 $MgSiO_3$ 上负载铜，在电流密度为 600 mA/cm^2 条件下，电催化 CO_2 还原产生 CH_4 的法拉第效率为 72.05%，对应的 CH_4 生产速率为 0.8 mL/min。同时，阳极可实现 2.3 mL/min 的氧气产生速率。该性能可以与地球上现有的电催化剂性能相媲美(Zhou et al., 2022)，展现出月壤资源化利用的巨大潜力。

2.2 无人化和可扩展的燃料和氧气生产

鉴于在这项工作中，最终目标是建立一个大规模的无人化电催化燃料和氧气生产系统，为此，我们开发了一套用于电催化 CO_2 转换的机器人系统，实现了催化剂制备、电解槽组装与电催化反应的全过程无人操作(图 2)。另外，考虑到不同地区月壤的不同组成，这种基于月壤的原位筛选催化剂配方的智能操作系统，可以在未来实现最佳性能。

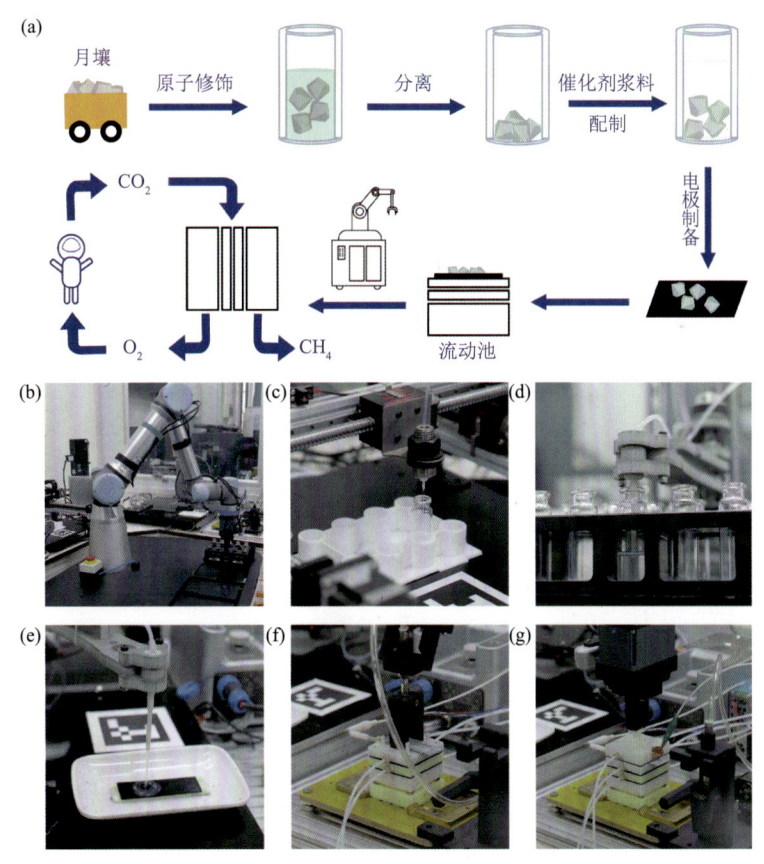

图 2 无人化利用月壤进行 CO_2 电催化转化的装置和程序示意图

3 结论

简而言之，我们证实了原位利用月壤，通过电催化 CO_2 转化进行高效地外燃料和氧气供应的可行性。在电流密度为 600 mA/cm^2 的条件下，选取的月壤中的硅酸盐（即 MgSiO$_3$）负载铜后，CH$_4$ 生产速率可达 0.8 mL/min。同时，阳极可以 2.3 mL/min 的速率生产氧气。更重要的是，我们开发了一个机器人系统，实现了从催化剂制备、电解槽组装与电催化反应的全过程无人操作。这项工作的研究不仅是月壤原位资源利用（ISRU）的重大进展，也为地外定居点可持续供应生存必需品提供了见解。此外，本工作在催化剂设计方面的发现也为地球上开发高效电催化 CO$_2$ 还原催化剂提供了重要的见解。

致谢

所有使用月壤样品的实验都是在南京大学完成的。

参考文献

Anand M, Crawford IA and Balat-Pichelin M et al. A brief review of chemical and mineralogical resources on the moon and likely initial in situ resource utilization（ISRU）applications.Planet Space Sci 2012；74: 42–8.

Birdja YY, Perez-Gallent E and Figueiredo MC et al. Advances and challenges in understanding the electrocatalytic conversion of carbon dioxide to fuels. Nat Energy 2019；4: 732–45.

Yao Y, Wang L and Zhu X et al. Extraterrestrial photosynthesis by Chang'E-5 lunar soil. Joule 2022；6: 1008–14.

Zhou X, Shan J and Chen L et al. Stabilizing Cu^{2+} ions by solid solutions to promote CO$_2$ electroreduction to methane. J Am Chem Soc 2022；144: 2079–84.